六角体系 MnCoGe/MnNiGe 基合金磁相变调控及其磁热效应

马胜灿　著

北　京
冶　金　工　业　出　版　社
2025

内容提要

本书共7章，主要内容包括固态相变及其磁热效应的基础知识、MnCoGe 基合金磁相变调控及磁热性质、MnCoGe 基合金磁场驱动相变、双向调节元素比例建立统一理论解释 MnCoGe 基合金的磁场驱动相变、MnNiGe 基合金非磁性元素替代实现铁磁性转变、MnCoGe/MnNiGe 基合金创新制备工艺，以及 $Mn_{0.98}$CoGe 合金的巨大负热膨胀等。

本书可供从事磁相变合金及其功能性质研究的科研人员和大中专院校师生及从事磁性材料研究的工程技术人员参考。

图书在版编目（CIP）数据

六角体系 MnCoGe/MnNiGe 基合金磁相变调控及其磁热效应 / 马胜灿著. -- 北京 : 冶金工业出版社, 2025. 7. -- ISBN 978-7-5240-0322-9

Ⅰ. TG145

中国国家版本馆 CIP 数据核字第 2025JZ7926 号

六角体系 MnCoGe/MnNiGe 基合金磁相变调控及其磁热效应

出版发行 冶金工业出版社　　**电　　话** (010)64027926
地　　址 北京市东城区嵩祝院北巷 39 号　　**邮　　编** 100009
网　　址 www. mip1953. com　　**电子信箱** service@ mip1953. com

责任编辑　王梦梦　美术编辑　吕欣童　版式设计　郑小利
责任校对　葛新霞　责任印制　禹　蕊
唐山玺诚印务有限公司印刷
2025 年 7 月第 1 版，2025 年 7 月第 1 次印刷
710mm×1000mm　1/16；13. 25 印张；254 千字；199 页
定价 90. 00 元

投稿电话　(010) 64027932　投稿信箱　tougao@ cnmip. com. cn
营销中心电话　(010) 64044283
冶金工业出版社天猫旗舰店　yjgycbs. tmall. com
(本书如有印装质量问题，本社营销中心负责退换)

前　言

磁性相变合金是一类特种金属功能材料，在相变点附近具有丰富的物理性质，尤其是一级磁相变合金，更是表现出了巨大的诸如磁热效应、磁电阻、磁致应变、磁形状记忆等功能性质，是一种极具应用前景的新型功能材料。六角体系 MnCoGe/MnNiGe 基合金是近年来备受关注的一类新型磁结构相变合金，在相变点附近产生巨大的磁热效应。但是正分的 MnCoGe 和 MnNiGe 合金磁有序相变温度远低于晶体结构转变，导致磁性相变附近磁热效应很小，人们通过各种办法来调控结构转变使之与磁性相变耦合；但是又发现此系列合金，尤其是 MnCoGe 基合金，相变很难被磁场驱动，导致相变点附近功能性质研究仅限于磁热效应；同时该系列合金力学性能很差，不利于实际应用。

本书作者针对上述问题展开研究，首先调控结构相变和磁相变耦合，实现一级磁结构相变，着力提高材料的磁热效应（大的等温磁熵变和绝热温变），同时实现磁场驱动相变，进一步提高磁热效应，拓展相变点附近其他功能性质研究，同时通过创新制备工艺，提高合金的力学稳定性。

本书共 7 章，第 1 章绪论部分，概述了固态相变及其磁热效应的基础知识；第 2 章主要讲述 MnCoGe 基合金的相变调控和磁热性质；第 3 章主要讲述逆向思维，打破传统认知，在 MnCoGe 基合金中通过增大价电子浓度的方法实现磁场驱动相变；第 4 章针对 MnCoGe 基合金主要通过调节元素比例试图建立统一理论解释磁场驱动相变；第 5 章主要针对 MnNiGe 基合金打破传统思维，采用非磁性主族元素替代磁性过渡族元素的方法实现铁磁性转变；第 6 章主要针对 MnCoGe 和 MnNiGe 基合金创新制备工艺，制备出带材和棒材样品，提高力学性能；第 7 章主要介绍 $Mn_{0.98}CoGe$ 合金磁结构相变点附近大的晶格体积变化导致的晶格负膨胀。

本书相关的研究工作得到国家自然科学基金项目（50831006、51261022、51561023、51671097、52061014 和 52101223）、江西省主要学科学术技术带头人培养计划——领军人才项目（20204BCJ22004）、江西省自然科学基金重点项目（20192ACB20004）、江西省教育厅科技计划重点项目（GJJ170487）、金属磁性材料及器件江西省重点实验室资助项目（2024SSY05061）、江西理工大学科研启动金项目（3401223257），以及历届江西省研究生创新专项资金项目（YC2015-S310、YC2019-S303、YC2023-S629、YC2022-S657 和 YC2023-S638）、江西理工大学优秀博士学位论文培养项目（YB2017010）和江西省自然科学基金面上项目、江西省教育厅一般科技计划项目等项目的共同资助，在此一并表示感谢！

本书内容包括本人攻读博士学位期间所取得的相关工作成果及参加工作以后指导学生所做的相关研究工作的成果，在此对母校南京大学物理学院和我的恩师都有为院士和王敦辉教授表示衷心地感谢！对攻读博士学位期间帮助过我的师兄弟韩志达、张成亮、轩海成、龚元元等表示衷心感谢！同时对工作单位南昌航空大学和江西理工大学给予的支持表示感谢！对一路走来给予我支持和帮助的所有同事表示感谢！对本人指导的从事与本书相关研究工作的博士和硕士学生侯东、苏媛、张林、刘凯、柯慧、吴圆、葛青、杨胜、宋颖、张智硕等同学，以及对本书相关研究结果进行整理的博士和硕士学生任伟、杜艳敏、罗青、邓志鹏、吴一麦、王瑞启、王占林、蒋丽婷等同学表示感谢！

由于作者学术水平和撰写时间所限，书中不当之处，恳请读者批评指正。

马胜灿
2025年元月
于江西理工大学

目　录

1 绪　　论

1.1 固态相变简介

相变是自然界的常见现象，从广义上讲，构成物质的微观粒子的聚合状态（相状态）发生变化的过程均称为相变，比如从液相到固相的凝固过程或者从液相到气相的汽化过程[1]。金属、陶瓷等固态材料在温度、压力、磁场等外界因素发生改变时，其内部组织或结构会发生变化，即发生一种相状态到另一种相状态的转变，这种转变就称为固态相变，相变发生前后的相状态分别称为母相（旧相）和新相。固态相变发生前后，新相和母相之间必然存在某种差别，这些差别或者表现在晶体结构上，比如固相中不同晶体结构之间的转变等；或者表现在化学成分的变化上，比如固溶体的脱溶分解等；或者表现在某种物理性质的跃变，比如顺磁体到铁磁体转变、顺电体到铁电体转变、正常导体到超导体转变、金属到绝缘体转变等。这几种差别要么单独存在，要么兼而有之。本书所研究的磁性相变合金中，其固态相变种类就很多，许多材料往往在不同的条件下会发生不同类型的相变，因此掌握这些合金固态相变的规律，就可以采取一定的措施（如施加应力、磁场、热处理等）来调控固态相变，以获得预期的性能，达到想要的结果，充分发挥磁性相变合金的应用潜力及根据性能要求开发新型相变合金。

1.1.1 固态相变的热力学分类

相变点上，两相的热力学势（自由能）应该相等，即系统的热力学势相变前后保持连续。但作为热力学势的各阶导数（如熵、体积、比热容等）却可能发生不连续的跃变。相变级数 n 被定义为：在相变点系统的热力学势的第 $n-1$ 阶导数保持连续，而其 n 阶导数则是不连续的[1-3]。

根据相变前后的热力学函数的变化，可将固态相变分为一级相变和二级相变[1-3]。发生相变时，相变前后的两个相，即新相 α 和旧相 β 的吉布斯自由能 G 和热力学势 μ 相等，即 $G_\alpha = G_\beta$，$\mu_\alpha = \mu_\beta$，此时热力学势的一级偏微商不相等的相变称为一级相变。

$$\left(\frac{\partial \mu_\alpha}{\partial T}\right)_p \neq \left(\frac{\partial \mu_\beta}{\partial T}\right)_p \tag{1.1}$$

$$\left(\frac{\partial \mu_\alpha}{\partial p}\right)_T \neq \left(\frac{\partial \mu_\beta}{\partial p}\right)_T \tag{1.2}$$

已知

$$\left(\frac{\partial \mu}{\partial T}\right)_p = -S \tag{1.3}$$

$$\left(\frac{\partial \mu}{\partial p}\right)_T = V \tag{1.4}$$

所以

$$\left.\begin{array}{l} S_\alpha \neq S_\beta \\ V_\alpha \neq V_\beta \end{array}\right\} \tag{1.5}$$

即在发生一级相变时，熵 S 和体积 V 将发生不连续变化，这意味着一级相变存在相变潜热和体积变化，焓 H 的突变就表示相变潜热。上述所提到的凝固、汽化等物态变化，以及伴随晶体结构变化的金属固态相变都是一级相变。应该注意的是虽然一级相变前后两相的自由能相等，但结构重组需要越过势垒或者新相形成需要提供正值的界面能，结果导致升温与降温过程发生相变的温度 T_+ 和 T_- 并不相等，$T_- < T_t < T_+$，这就是一级相变的热滞现象[2]。在铁磁体（铁电体）的一级相变中，温度保持不变，让磁场（电场）变化，也可以得到磁场（电场）导致的一级相变，并存在类似的磁滞（电滞）现象。

对二级相变，相变前后两相的热力学势相等，热力学势的一级偏微商也相等，但热力学势的二级偏微商不相等[1-3]，即

$$\left(\frac{\partial \mu_\alpha}{\partial T}\right)_p = \left(\frac{\partial \mu_\beta}{\partial T}\right)_p \tag{1.6}$$

$$\left(\frac{\partial \mu_\alpha}{\partial p}\right)_T = \left(\frac{\partial \mu_\beta}{\partial p}\right)_T \tag{1.7}$$

$$\left(\frac{\partial^2 \mu_\alpha}{\partial T^2}\right)_p \neq \left(\frac{\partial^2 \mu_\beta}{\partial T^2}\right)_p \tag{1.8}$$

$$\left(\frac{\partial^2 \mu_\alpha}{\partial p^2}\right)_T \neq \left(\frac{\partial^2 \mu_\beta}{\partial p^2}\right)_T \tag{1.9}$$

$$\left(\frac{\partial^2 \mu_\alpha}{\partial T \partial p}\right) \neq \left(\frac{\partial^2 \mu_\beta}{\partial T \partial p}\right) \tag{1.10}$$

已知

$$\left(\frac{\partial^2 \mu}{\partial T^2}\right)_p = -\left(\frac{\partial S}{\partial T}\right)_p = -\frac{1}{T}\left(\frac{\partial H}{\partial T}\right)_p = -\frac{c_p}{T} \tag{1.11}$$

$$\left(\frac{\partial^2 \mu}{\partial p^2}\right)_T = \left(\frac{\partial V}{\partial p}\right)_T = \frac{1}{V}\left(\frac{\partial V}{\partial p}\right)_T = VK \tag{1.12}$$

$$\frac{\partial^2\mu}{\partial T\partial p}=\left(\frac{\partial V}{\partial T}\right)_p=\frac{1}{V}\left(\frac{\partial V}{\partial T}\right)_p=V\lambda \tag{1.13}$$

式中，$K=\frac{1}{V}\left(\frac{\partial V}{\partial p}\right)_T$ 为等温压缩系数；$\lambda=\frac{1}{V}\left(\frac{\partial V}{\partial T}\right)_p$ 为等压膨胀系数；$c_p=\left(\frac{\partial H}{\partial T}\right)_p$ 为比定压热容。

可见相变发生时，$S_\alpha=S_\beta$，$V_\alpha=V_\beta$，$c_{p\alpha}\neq c_{p\beta}$，$K_\alpha\neq K_\beta$，$\lambda_\alpha\neq\lambda_\beta$。即在二级相变时，相变潜热和体积没有变化，但是比定压热容 c_p、压缩系数 K、等压膨胀系数 λ 发生突变。材料的部分有序化转变、铁磁转变及超导体转变均属于二级相变[1,3]。

图 1.1 画出了一级和二级相变发生前后两相的自由能、熵及体积的变化，由图可明显看出，一级相变相变点附近熵和体积不连续，二级相变相变点附近熵和体积连续变化，但由图 1.2 可看出比定压热容在二级相变点附近出现突变。

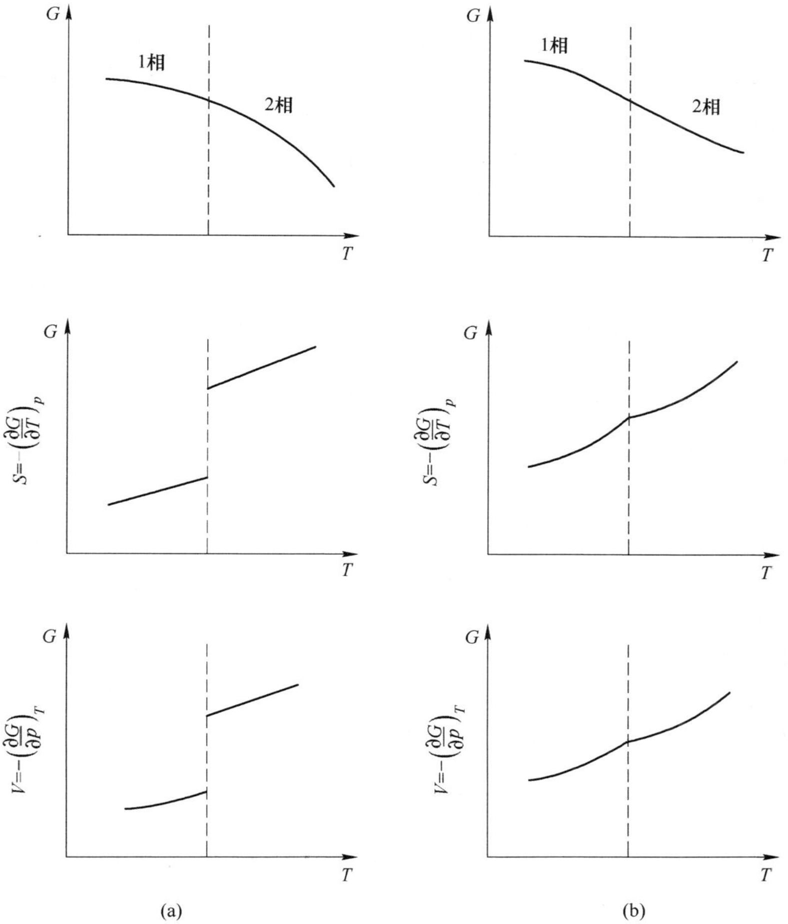

图 1.1 一级（a）和二级（b）相变发生时两相的自由能、熵及体积的变化

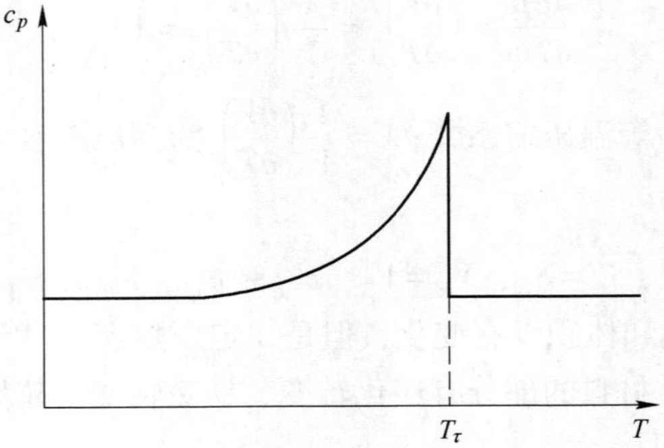

图 1.2 二级相变中比定压热容随温度的变化

1.1.2 固态相变的其他分类

除了从热力学观点来讨论相变，作为重要补充，还可以从其他方面来讨论固态相变的分类，比如从相变过程中原子迁移情况，可将相变分为扩散型相变和非扩散型相变；从相变方式上可将相变分为有核相变和无核相变等[1,3]。

扩散型相变是指相变发生时，相界面的移动是通过原子近程或远程扩散而进行的相变，又称“非协同型”转变。只有温度足够高，原子活动能力足够强时才发生扩散型相变。扩散型相变的基本特点是：(1) 相变过程中有原子扩散运动，相变速率受原子扩散速度所控制；(2) 新相和母相成分往往不同；(3) 只有因新相和母相比热容不同而引起的体积变化，没有宏观形状改变[3]。

相变过程中原子不发生扩散，参与转变的所有原子都发生协调一致的运动，这样的相变称为非扩散（no diffusion or diffusionless）型相变，也称“协同型”转变。非扩散型相变时，原子仅做有规则的迁移以使晶体点阵发生改组。迁移时，相邻原子相对移动距离不超过一个原子间距，相邻原子的相对位置保持不变。非扩散型相变的一般特征是：(1) 存在由于均匀切变引起的宏观形状改变，可在预先制备的抛光试样表面上出现浮突现象；(2) 相变不需要通过扩散，新相和母相的化学成分相同；(3) 新相和母相之间存在一定的晶体学位向关系；(4) 某些材料发生非扩散型相变时，相界面移动速度极快，可接近声速。非扩散型相变又称位移型（displacive）相变[4]，这类相变的原子位移图像明确，而且又和一些重要的物理性质的变化结合在一起，成为近年来结构相变研究的热点，比如本书所研究的 Ni-Mn-Co-Sn 合金的马氏体相变及中间相变，还有 MnCoGe 基合金的 TiNiSi 型结构和 Ni_2In 型结构之间的相变，它们都属于非扩散型相变或者称位移型相变。

1.2　磁性相变合金中的磁热效应

磁制冷是以磁性材料的磁热效应为基础的一种制冷方式。相对于传统的气体制冷方式，它在制冷效率，环境保护等方面都具有显著的优势，已经越来越受到各国科学家的重视。磁制冷基本原理是借助磁制冷材料的磁热效应（又称磁卡效应，magnetocaloric effect），即磁制冷材料磁化时向外界放出热量，退磁时从外界吸取热量，达到制冷目的。

1.2.1　磁制冷和磁热效应

磁制冷原理如图 1.3 所示[5]，处在等温状态下的磁性固体在外磁场作用下被磁化，杂乱无章的磁矩开始在磁场作用下沿磁场排列，系统的磁有序度增加（磁熵减小），材料温度升高，向外放热；去除磁场时，磁矩又变得杂乱无序，系统的磁有序度减小（磁熵增加），材料冷却，温度低于周围温度，开始从周围吸收热量。磁制冷领域中一个重要的研究方向就是寻找具有大磁熵变的磁制冷工质。

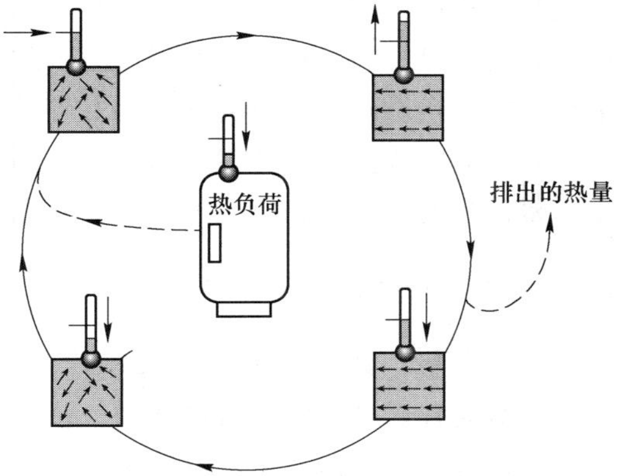

图 1.3　磁制冷原理示意图
[左边和右边分别表示磁性材料处在低磁场（$H=0$）和高磁场（$H>0$）]

磁制冷的研究可以追溯到 140 多年前，1881 年 Warburg 首先观察到金属铁在外加磁场中的热效应[6]。20 世纪初，Langevin 第一次展示通过改变顺磁材料的磁化强度导致可逆温度变化[7]。1918 年 Weiss 和 Piccard 从实验中发现 Ni 的磁热效应[8]。1926 年 Debye、1927 年 Gianque 两位科学家分别从理论上推导出可以利用绝热去磁制冷的结论后[9-10]，极大地促进了磁制冷的发展。1933 年 Hudson 以顺磁盐 $Gd_2(SO_4)_3 \cdot 8H_2O$ 为工质成功获得了 1 K 以下的超低温[11]，此后磁制冷的研究得到了蓬勃发展。1976 年 Brown 首次实现了室温磁制冷后[12]，人们开始转向寻找高性能的室温磁制冷材料的研究。和传统的气体压缩制冷相比，磁制冷具有高效节能、绿色环保、运行可靠、尺寸小、质量轻等优点，是公认的下一代制冷技术。

磁热效应是磁性材料的一种固有特性，它是指外磁场的变化所引起的材料自身磁熵改变和同时伴随着的材料吸、放热过程。物质由原子构成，原子由电子和原子核构成，电子有自旋磁矩还有轨道磁矩，这使得有些物质的原子或离子带有磁矩。磁性物质从一种有序态变化到另一种有序态或无序态，或相反由无序态变为一种有序态（也包括顺磁材料的离子或原子磁矩在外磁场的作用下，趋向于沿外磁场方向排列，从而形成较为有序的状态），往往伴随着熵值的变化，这就是通常所说的磁熵变（magnetic entropy change）。前面提到的磁场作用下磁有序度的变化导致熵的变化从而使得系统本身与周围环境有热量交换就是利用顺磁盐类材料绝热去磁在低温区获得磁制冷的原理。但高温区的磁制冷不能采用顺磁状态的磁性物质，因为这时磁自旋的热激发能量 $K_B T$ 较大，为了得到制冷所必需的熵变化，需要有非常强的外加磁场。因此在高温区，磁制冷主要是利用磁性相变材料在相变温度附近磁化强度的突变引起大的磁熵变进行磁制冷的，因此磁相变材料，尤其是磁性相变合金，在磁制冷发展中就扮演了越来越重要的角色。另外，Nikitin 等人指出，除了相变温度附近由于磁化引起的交换能的变化对磁热效应的贡献外，由于自发磁化矢量转动引起的磁各向异性能的变化以及由于磁致应变所引起的磁弹能的改变对磁相变合金的磁热效应也有着很大的贡献[13]，这就大大拓宽了磁性相变合金在磁制冷发展中的研究和应用范围。

1.2.2　磁热效应的热力学基础

衡量一个材料磁热效应大小的参数有 2 个：等温磁熵变 ΔS_M 和绝热磁温变 ΔT_{ad}。本节从热力学角度来分析这两个物理量，并讨论影响其大小的因素。

磁性系统由自旋体系、晶格体系即传导电子体系组成。达到热平衡状态时，各体系的温度都相等，等于磁性系统的温度 T。磁性系统的熵 $S(T,H)$ 是磁场强度 H 和绝对温度 T 的函数，它是磁熵 S_M，晶格熵 S_L 和电子熵 S_E 之和，即

$$S(T,H) = S_M(T,H) + S_L(T) + S_E(T) \tag{1.14}$$

在磁制冷循环状态变化中，仅有磁熵 S_M 可以通过外磁场的变化而改变，对磁制冷作出贡献。电子熵 S_E 和晶格熵 S_L 仅是绝对温度 T 的函数，低温（$T<20$ K）下可以忽略不计。所以低温磁制冷材料可以选用顺磁盐类。但是对于高温磁制冷材料（$T>80$ K），晶格熵已经不能再忽略。此时，一般希望磁熵在总熵中所占比例尽可能大，因此高温磁制冷工质一般都选用高磁化强度的铁磁性材料。

在磁场强度 H、温度 T、压力 p（对固体磁制冷材料，若忽略热膨胀，可以不考虑压力 p 的影响）的磁性材料体系，其热力学性质可以用吉布斯函数 $G(M,T)$ 来描述，对体系的吉布斯函数微分可得到：

（1）磁熵：

$$S_M(M,T) = -\left(\frac{\partial G}{\partial T}\right)_H \tag{1.15}$$

（2）磁化强度：

$$M(T,H) = -\left(\frac{\partial G}{\partial H}\right)_T \tag{1.16}$$

（3）熵的全微分：

$$\mathrm{d}S_\mathrm{M} = \left(\frac{\partial S}{\partial T}\right)_H \mathrm{d}T + \left(\frac{\partial S}{\partial H}\right)_T \mathrm{d}H \tag{1.17}$$

在恒磁场下，定义磁比热容：

$$C_H = T\left(\frac{\partial S}{\partial T}\right)_H \tag{1.18}$$

由方程（1.15）和方程（1.16）可得热力学的麦克斯韦关系。

$$\left(\frac{\partial S}{\partial H}\right)_T = \left(\frac{\partial M}{\partial T}\right)_H \tag{1.19}$$

将方程（1.18）和方程（1.19）代入式（1.17）可得

$$\mathrm{d}S_\mathrm{M} = \frac{C_H}{T}\mathrm{d}T + \left(\frac{\partial M}{\partial T}\right)_H \mathrm{d}H \tag{1.20}$$

对于方程（1.20）：

（1）绝热条件下，$\mathrm{d}S=0$，可得

$$\mathrm{d}T = -\frac{T}{C_H}\left(\frac{\partial M}{\partial T}\right)_H \mathrm{d}H \tag{1.21}$$

于是得到了绝热条件下由于外磁场的变化而产生的温度变化——绝热磁温变：

$$\Delta T_\mathrm{ad}(T,H) = -\int_0^H \frac{T}{C(T,H)} \times \frac{\partial M(T,H)}{\partial T}\mathrm{d}H \tag{1.22}$$

（2）等温条件下，$\mathrm{d}T=0$，可得

$$\mathrm{d}S_\mathrm{M} = \left(\frac{\partial M}{\partial T}\right)_H \mathrm{d}H \tag{1.23}$$

积分得

$$\Delta S_\mathrm{M} = S_\mathrm{M}(T,H>0) - S_\mathrm{M}(T,H=0) = \int_0^H \left(\frac{\partial M}{\partial T}\right)_H \mathrm{d}H \tag{1.24}$$

如能通过实验测得 $M(T,H)$ 及 $C_H(H,T)$，根据方程（1.22）和方程（1.24）便可求出绝热磁温变 ΔT_ad 和等温磁熵变 ΔS_M。由于磁性相变合金在相变点附近磁化强度 M 发生突变，使 $\left(\frac{\partial M}{\partial T}\right)_H$ 在相变温度附近出现极大值，所以磁熵变在相变点附近也呈现最大值。

由以上讨论，得出了磁热效应的两种普遍的表征方法：等温磁熵变 ΔS_M 和绝热磁温变 ΔT_ad，它们的计算方法分别对应式（1.24）和式（1.22），根据 Pecharsky 和 Gshneidner 的讨论，它们之间的关系可以近似由下式表示[4]：

$$\Delta T\,(T,p,H)_{p,\Delta H} \cong \Delta S\,(T,p,H)_{p,\Delta H}\,\frac{T}{C\,(T,p,H)_{p,H}} \tag{1.25}$$

从式（1.25）可以看出，绝热磁温变大小的决定因素除磁熵变和温度外，还要求比热容要小。一般来说，金属材料的比热容要小于氧化物材料，因此磁性相变合金比氧化物更适合作为磁制冷工质。

1.2.3　磁卡效应的测量

1.2.3.1　磁性测量方法

由于磁性材料的磁化强度 M 是温度和磁场强度 H 的函数，实际测量中一般采用间接测量磁化强度的方法。先测得一系列不同温度下的等温磁化 M-H 曲线，然后根据式（1.24）进行数值积分计算，通过下式：

$$\Delta S_{\mathrm{M}} = \int_0^H \left(\frac{\partial M(T,H)}{\partial T}\right)_H \mathrm{d}H = \frac{\partial}{\partial T}\int_0^H M(T,H)\,\mathrm{d}H \tag{1.26}$$

就可得到磁性相变合金在相变点附近的等温磁熵变 ΔS_{M}。若再测出零场比热容，还可以确定出绝热磁温变 ΔT_{ad}。虽然采用数值积分的办法会造成一定的积累误差，但是由于其可靠性高，可重复性好，操作起来简便而被广泛采用。

近年来，围绕着利用麦克斯韦关系，即式（1.26）来计算一级磁相变材料磁熵变时产生了一些争议[14-19]，Amaral 等人注意到了由磁不可逆性和混合相所造成的一级磁相变材料磁熵变的虚高现象[14]。随后 Liu、Zou 及 Cui 等人也指出了混合相对利用麦克斯韦关系计算一级磁相变材料磁熵变的影响[15-17]。尽管如此，并不是说麦克斯韦关系对计算磁熵变就失效了。首先麦克斯韦关系用来计算二级磁相变材料的磁熵变还是很有用的，其次，Liu、Cui、Caron 和 Oliveira 等人[15-16,18-19]通过研究发现，在计算一级磁相变材料的磁熵变时，只要小心处理并加以适当改进测量或计算方法，麦克斯韦关系还是可以用的，尤其是对于没有明显磁滞和变磁性相变的一级磁相变材料，用麦克斯韦关系计算磁熵变，结果还是很可信的。

1.2.3.2　比热容测量方法

根据热力学基本的关系式，可以得到由比热容计算熵的方法：

$$S(T,H) = \int_0^T \frac{C(T,H)}{T}\mathrm{d}T \tag{1.27}$$

只要测出零场和磁场强度 H 下的比热容，便可由下式算出磁熵变：

$$\Delta S_{\mathrm{M}}(T,H) = \int_0^T \frac{C(T,H>0) - C(T,H=0)}{T}\mathrm{d}T \tag{1.28}$$

相对磁性测量来说，利用比热容方法测量磁熵变可靠性很好[15-16]。

1.3　磁性相变合金的研究进展

磁性相变合金，尤其是磁性一级相变合金由于其在相变点附近表现出了丰富的物理性质、相变易调控及在室温附近的潜在应用，一直以来都是人们研究的热点。相对于一级磁相变来说，二级磁相变相变点附近磁化强度的变化不很剧烈，从而磁熵变的数值相对小，但二级磁相变材料的相变温度区相对较宽，因此其制冷能力可以达到一个很大的数值。这就使得二级磁相变在磁制冷的发展中占有不可或缺的地位。最常见的是金属 Gd[20]，由于它的相变温度在室温附近，磁卡效应也相对较大，如图 1.4 所示，仍然是人们公认的性质很好的磁制冷材料，目前大部分的制冷机都是采用 Gd 作为制冷工质。但稀土 Gd 容易氧化，耐腐蚀性不好，因此王敦辉等人在这方面做了大量的工作，通过掺杂拓宽了 Gd 的应用温区，提高了它的化学稳定性[21-22]。另外，对于二级磁相变，除了传统意义上的铁磁到顺磁相变，人们也研究并报道了不同铁磁态之间的自旋重取向相变及其磁热效应[23]。

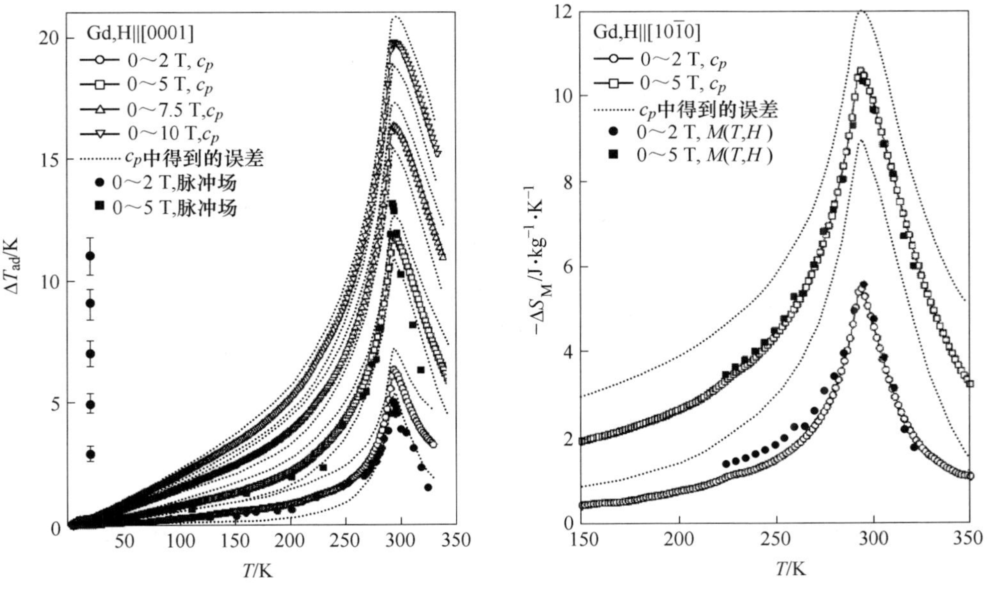

图 1.4　金属 Gd 的磁卡效应

对一级磁相变，1997 年 Pecharsky 和 Gschneidner 发现 $Gd_5Si_{4-x}Ge_x$系列合金具有大的磁卡效应[24-25]，随后 Hu 等人、Tegus 等人又分别在 $LaFe_{13-x}Si_x$ 和 $MnFeP_{0.45}As_{0.55}$系列合金中发现了大的磁熵变[5,26]。它们都属于一级磁相变合

金，磁卡效应是金属 Gd 的 2~7 倍，居里温度还在或者易被调节到室温附近，因此一级磁相变合金在室温磁热效应的发展中越来越受到人们的关注。相对于二级磁相变来说，一级磁相变合金根据相变过程中是否伴随晶体结构上的改变通常被分为两大类[28]，一类是磁结构相变合金，在这类合金中，温度和磁场可诱导磁化强度和晶格结构同时发生改变，但这类合金有一个不好的特点是相变过程中伴随有很大的热滞和磁滞[24-25]；另一类是磁弹性相变合金，在这类合金中，温度和磁场可以诱导磁化强度在相变过程中发生跃变，相变前后晶体结构不发生变化，但是晶格会发生扭曲，有时也会伴随有晶胞体积的变化[26-27]。本节简要介绍这两类磁相变合金近年来的研究进展。

1.3.1　磁结构相变合金

1997 年，Pecharsky 和 Gschneidner 报道了在 $Gd_5Si_{4-x}Ge_x$ 系列合金中发现的巨磁热效应（gaint magnetocaloric effect）[24-25]，如图 1.5 所示。

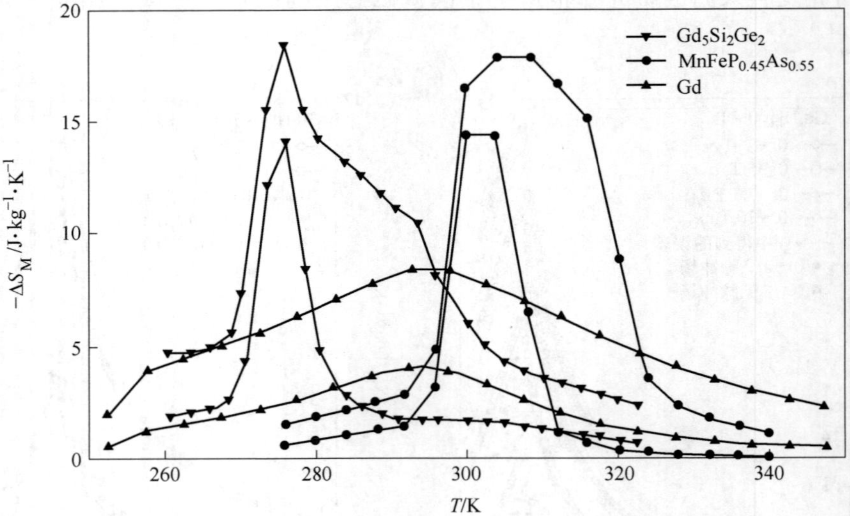

图 1.5　$MnFeP_{0.45}As_{0.55}$、$Gd_5Si_2Ge_2$ 合金及金属 Gd 的磁熵变

在该系列合金中，温度或磁场的变化可以诱导出从正交到单斜的结构相变，同时磁化强度也发生跃变，因此其被称为磁结构相变。这种相变是剧烈的一级相变，相变过程中伴随有较大的热滞和磁滞。随后在 $Tb_5(Si,Ge)_4$、$Dy_5(Si,Ge)_4$ 等具有相同磁结构相变的系列合金中也发现了大的磁热效应[29-30]，如图 1.6 和图 1.7 所示。由于磁场诱导的磁结构相变也带来了电阻率和晶胞体积上的变化，因此在 $Gd_5Si_{4-x}Ge_x$ 相变点附近也能观察到较大的磁电阻和磁致应变效应[31-32]，如图 1.8 所示。但对于 $R_5(Si,Ge)_4$ 这类合金来说，合金性能对原材料的纯度要

求非常苛刻，如果 C、O 等杂质元素含量过高，相变类型就从一级变为二级，相变过程也不伴随结构相变，导致磁热效应减小，大的热滞和磁滞及昂贵的 Gd、Ge 元素等原因都限制了这类合金的实际应用。

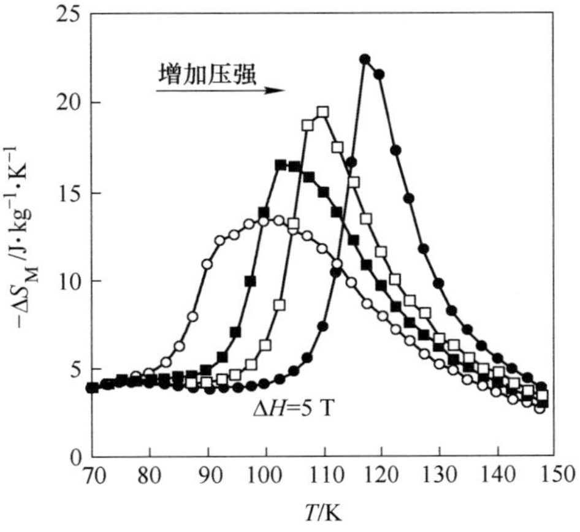

图 1.6 $Tb_5Si_2Ge_2$ 合金中的磁热效应

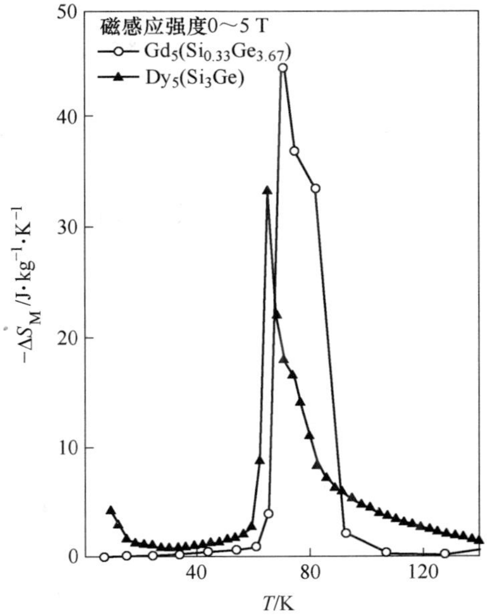

图 1.7 $Dy_5(Si_3Ge)$ 和 $Gd_5(Si_{0.33}Ge_{3.67})$ 中的磁热效应

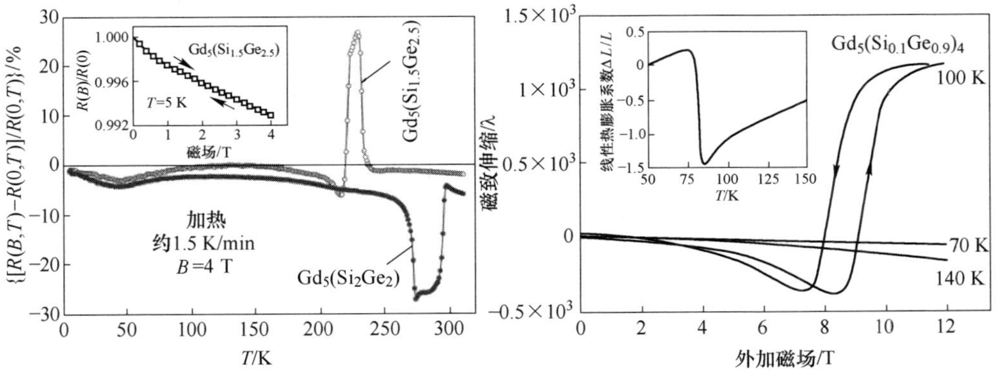

图 1.8 $Gd_5(Si,Ge)_4$ 合金中的磁电阻效应和磁致伸缩效应

MnAs 基系列合金在室温附近发生剧烈的铁磁到顺磁一级相变，该相变伴随着从低温六角 NiAs 结构到高温正交 MnP 结构的结构相变过程，因此在相变温度

附近磁化强度发生突变，诱导出一个很大的磁热效应[33]。2001 年 Wada 等人在 $MnAs_{1-x}Sb_x$ 系列合金中发现了巨室温磁热效应，如图 1.9 所示[33]。2006 年 Campos 等人在 $Mn_{1-x}Fe_xAs$ 合金中发现了远高于热力学预测极限的庞磁热效应[34]，如图 1.10 所示。在随后的研究中，由于 $Mn_{1-x}Fe_xAs$ 合金的庞磁熵变值引起了很大的争议，围绕此类合金的磁热效应人们进行了广泛的研究，发现该庞磁热效应可能来源于磁场诱导的晶格结构相变，这种庞磁热效应可能是个虚高，混合相存在造成的影响也应对此庞磁热效应有贡献[15]。

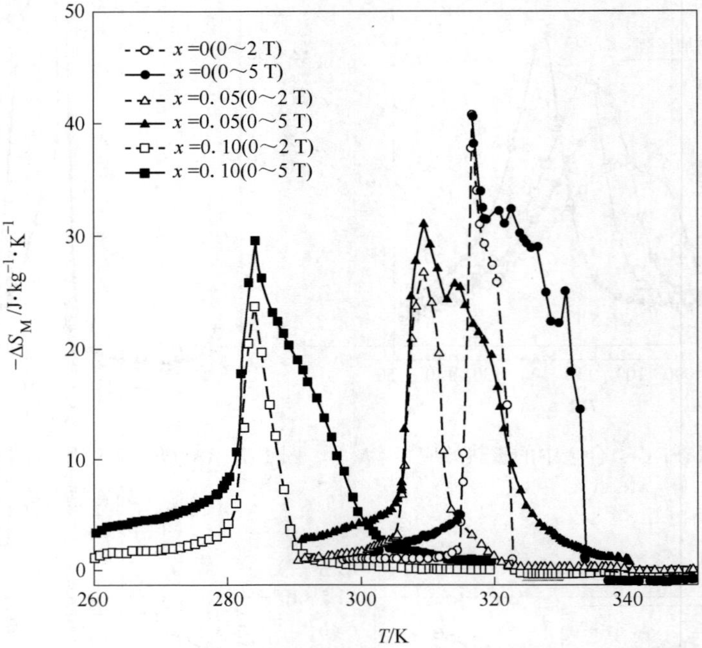

图 1.9　$MnAs_{1-x}Sb_x$ 合金的磁熵变

2004 年，Sutou 等人报道了一类新型 Ni-Mn-X(X=In,Sn,Sb) 铁磁形状记忆合金[35]，这类合金具有受磁场和温度诱导的从低温弱磁性马氏体到高温铁磁性奥氏体的马氏体相变，在马氏体相变过程中伴随着磁化强度、电阻率及晶胞体积的突变，因此在这类合金中也相继发现了大的磁电阻效应、大的磁热效应、磁滞应变效应[36-38]，分别如图 1.11～图 1.13 所示，使得这类合金近年来受到广泛研究。对于那些富含 Mn 的 Ni-Mn-X 合金，由于低温下反铁磁作用的增强，也观察到大的交换偏置现象等[39]，如图 1.14 所示。人们也通过各种手段调节相变，使马氏体相变时温度接近室温，更有利于实际应用。但是由于马氏体相变是剧烈的结构相变，相变前后的自由能势垒比较高，由此带来了很大的热滞和磁滞，再加上变磁性临界场较高，限制了它在低磁场下的应用。

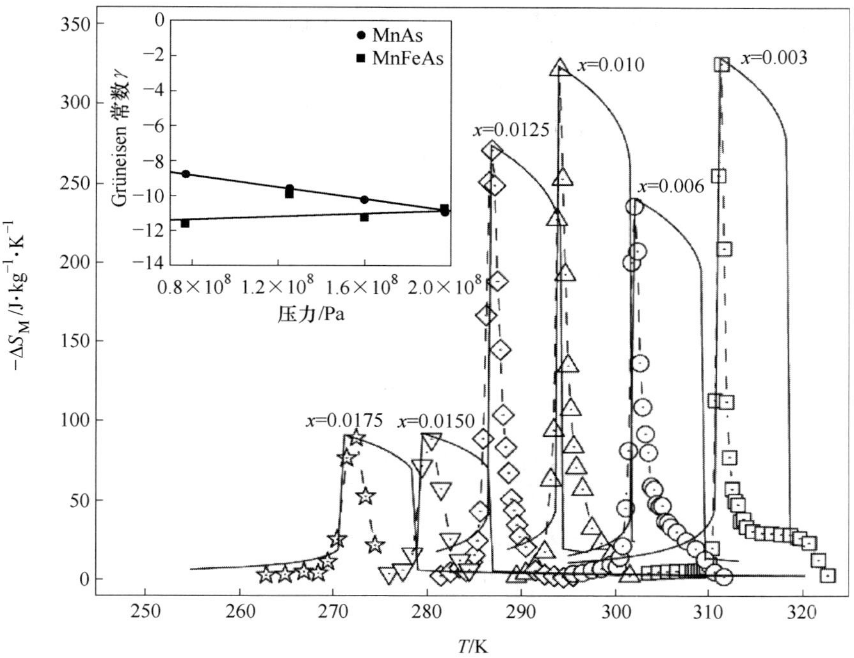

图 1.10 $MnFe_{1-x}As_x$ 合金中的磁熵变

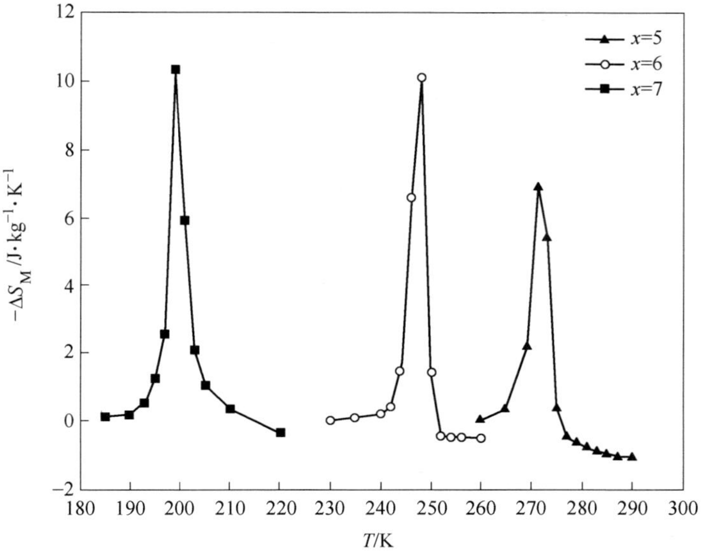

图 1.11 $Ni_{50-x}Mn_{39+x}Sn_{11}$ 合金的磁热效应

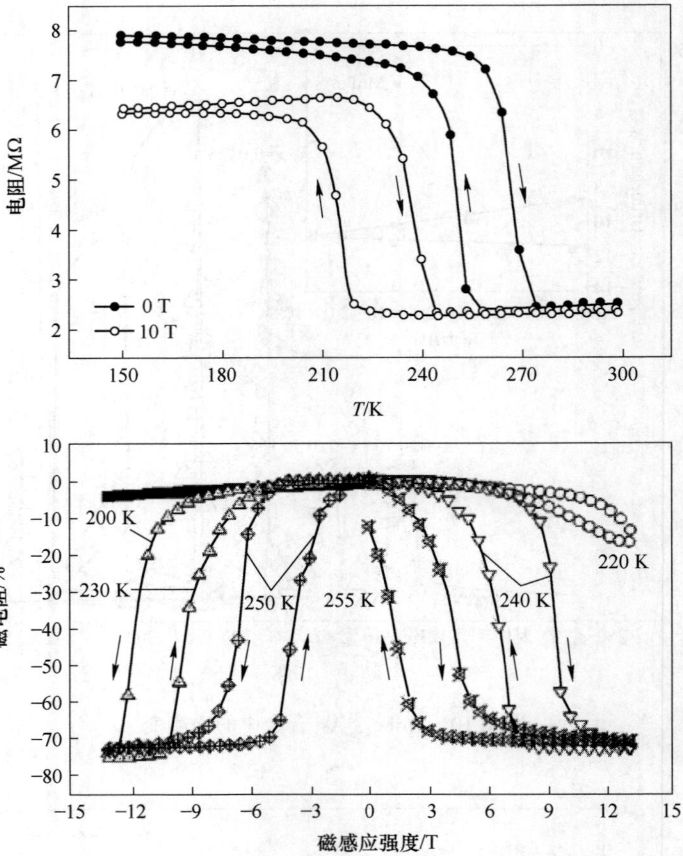

图 1.12 $Ni_{41}Co_9Mn_{39}Sb_{11}$ 合金的磁电阻效应

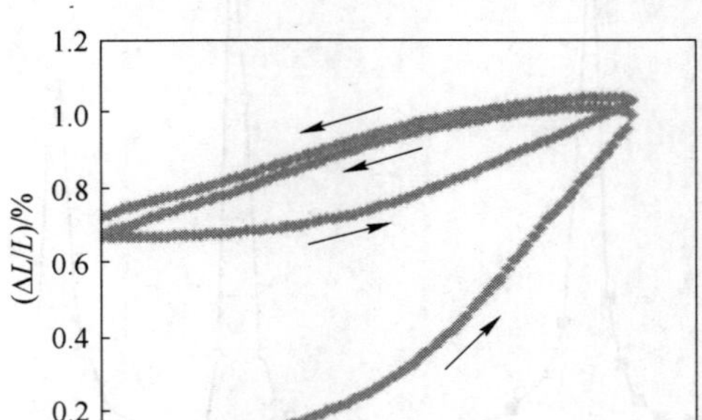

图 1.13 $Ni_{43}Co_7Mn_{39}Sn_{11}$ 合金的磁致应变效应

($T=310$ K，$\varepsilon_0=1.3\%$)

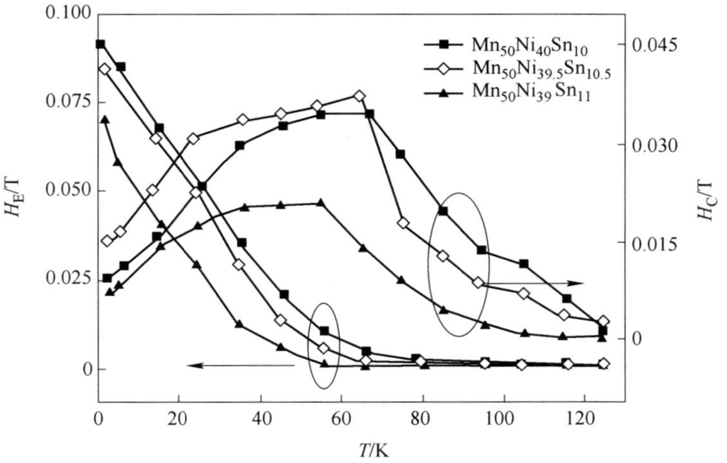

图 1.14　$Mn_{50}Ni_{40-x}Sn_{10+x}$合金的磁偏置场和矫顽场

1.3.2　磁弹性相变合金

2001 年 Hu 等人在 $NaZn_{13}$相的 $LaFe_{11.4}Si_{1.6}$合金中发现了巨磁热效应[26]，如图 1.15 所示。该合金在相变温度附近发生一级磁相变，磁化强度发生突变，伴随的是晶格发生大的负膨胀，晶格常数发生跃变，正是磁化强度的跃变及晶格大的负膨胀导致了这类合金中大的磁热效应，相对于磁结构相变来说，晶体结构并没有发生改变，因此称之为磁弹性相变。随后人们在具有相同结构的 $LaR(Fe,Si)_{13}$、$La(Fe,Co,Si)_{13}$、$La(Fe,Co,Al)_{13}$及这类合金的氢化物中相继发现了大的磁热效应[15-16,40-42]，并且 Co、Al 等元素的掺杂及 H 原子间隙位掺杂可以把相变温度调到室温附近[40-42]。这类合金在居里温度以上可观察到磁场诱导的从顺磁相到铁磁相的巡游电子变磁性。除了磁化强度以外，在相变温度附近，电阻率也发生突变，导致了大的磁电阻效应[43]，晶格的负膨胀也导致了这类合金中大的磁致伸缩效应，如图 1.16 所示[44]。但是这类合金变磁性临界场较高，再加上对温度比较敏感，在一定程度上限制了这类合金的实际应用。

Tegus 等人于 2002 年研究并报道了 $MnFeP_{0.45}As_{0.55}$合金具有可以和 $Gd_5Si_{4-x}Ge_x$系列材料相媲美的室温磁卡效应[5]，如图 1.4 所示。此合金具有 Fe_2P 型六角结构，在这种结构中，Mn 原子占据 3(*g*) 晶格，Fe 原子占据 3(*f*) 晶格，P 和 As 原子分别占据 2(*c*) 和 1(*b*) 晶格。在居里温度以上，可观察到磁场诱导的顺磁到铁磁的变磁性相变。相变过程中，晶体结构不发生改变，只是金属离子之间的间距发生改变从而导致 Fe、Mn 离子磁矩发生变化。随后的研究中，MnFeP(Si,Ge) 系列合金也被相继发现具有大的磁热效应[45-46]，磁场诱导的一级磁相变是大的磁热效应的直接来源[27,47]。

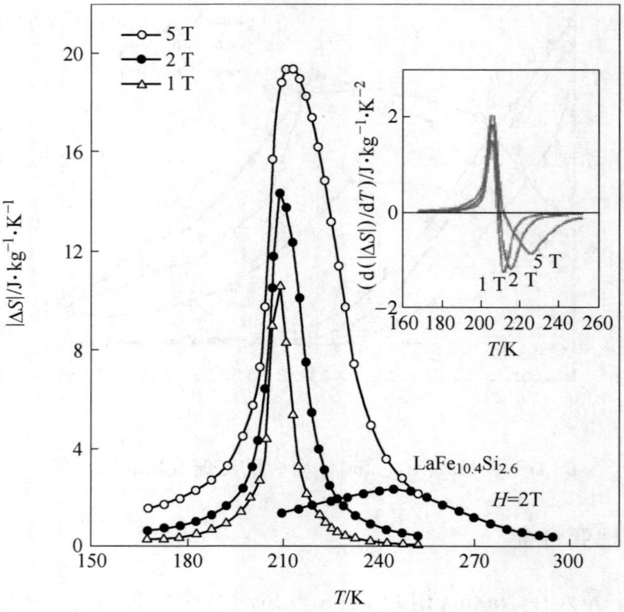

图 1.15　$LaFe_{11.4}Si_{1.6}$ 合金中的巨磁熵变效应

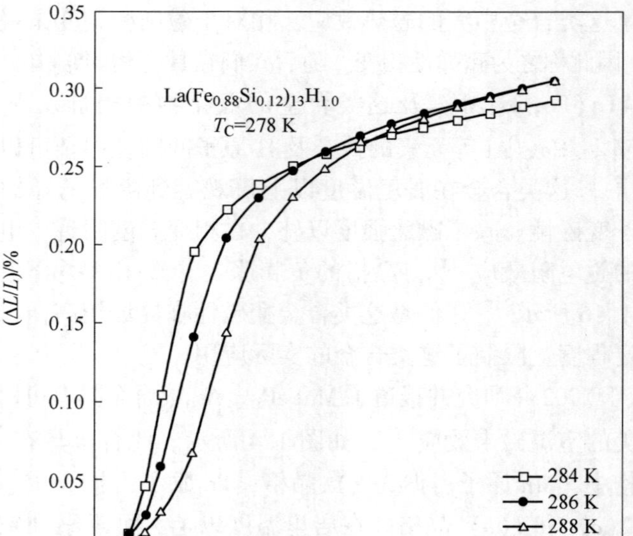

图 1.16　La-Fe-Si-H 合金中的磁致伸缩效应

1.4　压力、热处理等外界因素对磁相变的调控及对合金物理性质的影响

前面的内容简单回顾了磁性相变，尤其是磁性一级相变合金的研究进展。在磁性相变合金的研究进程中，为了有效地调节相变，使相变点更接近室温，便于实际应用，同时也是为了在相变点附近获得人们渴望的性质，压力、热处理等外界因素对合金磁相变的调控近年来也受到人们普遍的关注。

1.4.1　静压力对磁相变的调控及对合金物理性质的影响

研究证明前面提到的几种一级磁相变合金几乎都存在明显的磁弹耦合效应（magnetoelastic effect），对这些磁相变合金施以静压力，合金的相变温度及一级相变的相关物理性质都会发生变化，因此人们常利用静压力来调控磁相变合金的磁相变。图 1.17 为 $Tb_5Si_2Ge_2$ 合金在不同静压力下的热磁行为及线性热膨胀随温度的变化[29]，由图可以看出静压力使合金的居里温度随压力的增大而升高。再由图 1.6 $Tb_5Si_2Ge_2$ 合金的磁热效应随静压力的变化可以看出，压力的增大导致了合金磁热效应的增强[29]。

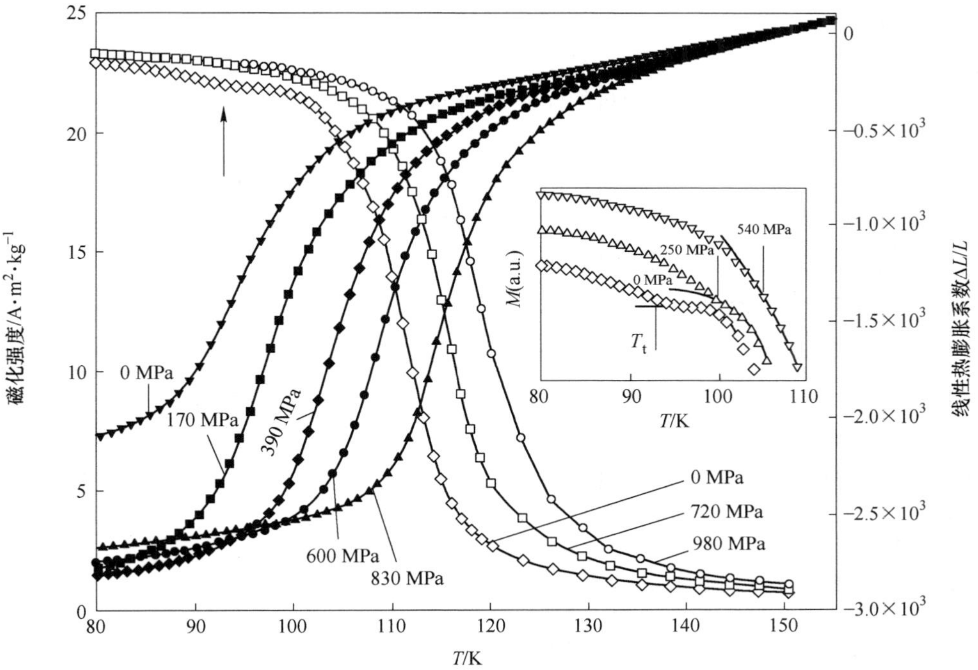

图 1.17　$Tb_5Si_2Ge_2$ 合金在不同静压力下的热磁曲线及线性热膨胀随温度的变化

图 1.18 为 MnAs 合金在不同静压力下的磁熵变随温度变化图。由图 1.18 可以看出，在静压力作用下，MnAs 合金的居里温度减小，磁熵变值先随压力的增大而增大，后随压力的增大又减小[48]。

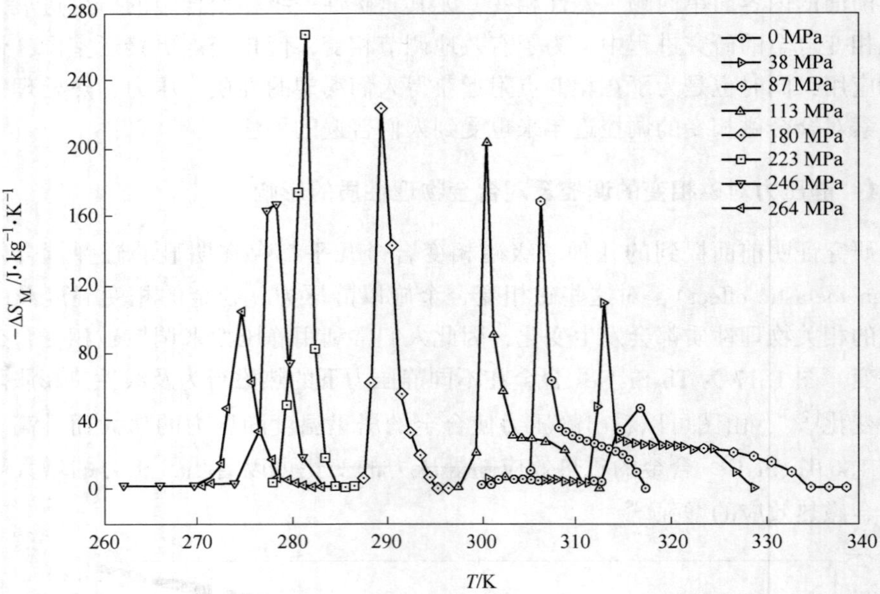

图 1.18　MnAs 合金在不同静压力下的磁熵变

图 1.19 为 NiMnIn 合金在不同静压力作用下的低场热磁曲线，由图可以看出压力也明显改变了 Ni-Mn-X 铁磁形状记忆合金马氏体转变温度，随着压力的增大，马氏体转变温度向高温移动，但是压力对奥氏体居里温度的影响就没有对马氏体相变的影响明显[49]。

正如上所述，由于 $La(Fe,Si)_{13}$ 系列合金中存在明显的磁弹耦合作用，故在静压力作用下，合金的居里温度明显降低[50]，如图 1.20 和图 1.21 所示，同时由这两个图也可以看出随压力的增大合金的一级相变特征增强，磁滞增加，甚至可使合金的变磁性分裂成几个阶段进行[51-52]，磁熵变值也明显随压力的增加而增大。

1.4.2　化学压力对磁相变的调控及对合金物理性质的影响

人们在研究中不仅使用静压力来调控合金的磁相变及影响其物理性质，为了获得理想的性能，人们还通过化学元素缺位[52-53]、不同原子半径的元素相互取

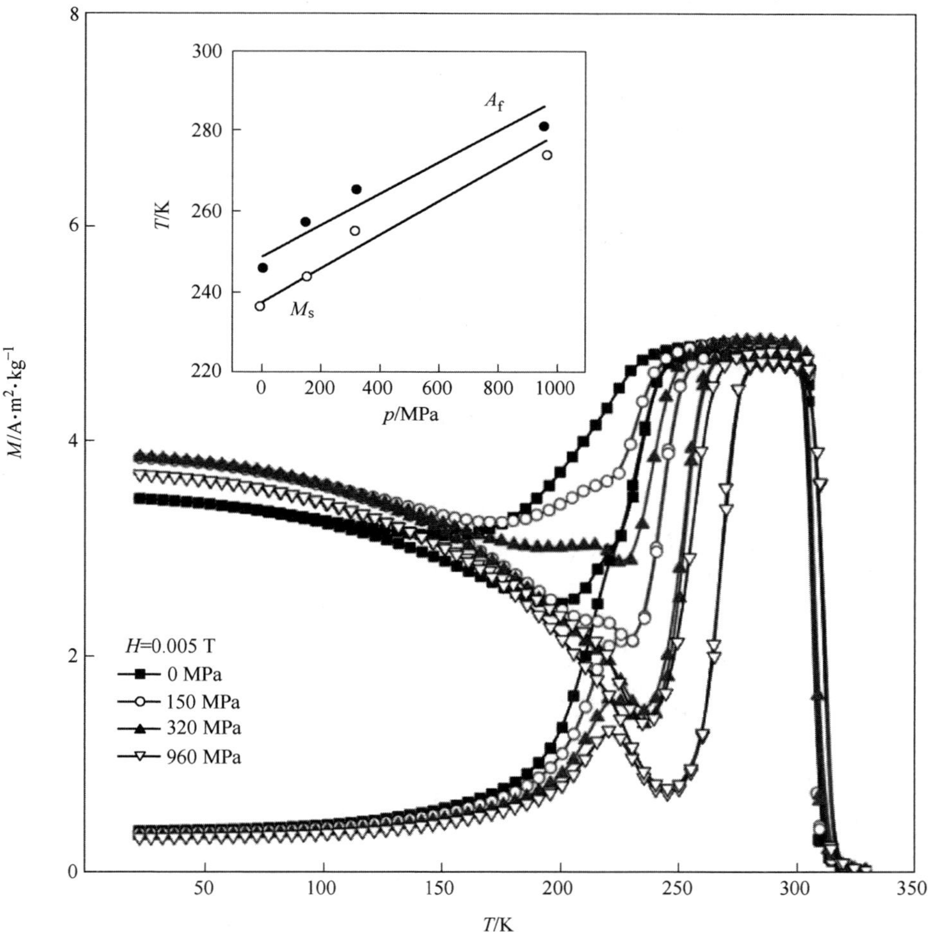

图 1.19 NiMnIn 合金在不同静压力作用下的热磁行为

代[54-55]、间隙位原子掺杂[51,56-58]等方法给磁性相变合金施以“化学压力”的影响，从而达到调节相变的目的。图 1.22 所示为 $Mn_{1.9-x}Ni_xGe$ 合金通过过渡元素缺位把磁相变从两个顺磁态调节到反铁磁到铁磁态之间，实现了一级磁结构相变，从而在这种合金中获得了大的磁热效应[52]。图 1.23 所示 $CoMnGe_{1-x}Sn_x$ 合金中大半径的 Sn 元素取代小半径的 Ge 元素，也实现了相变性质及相变温度的调控[55]。

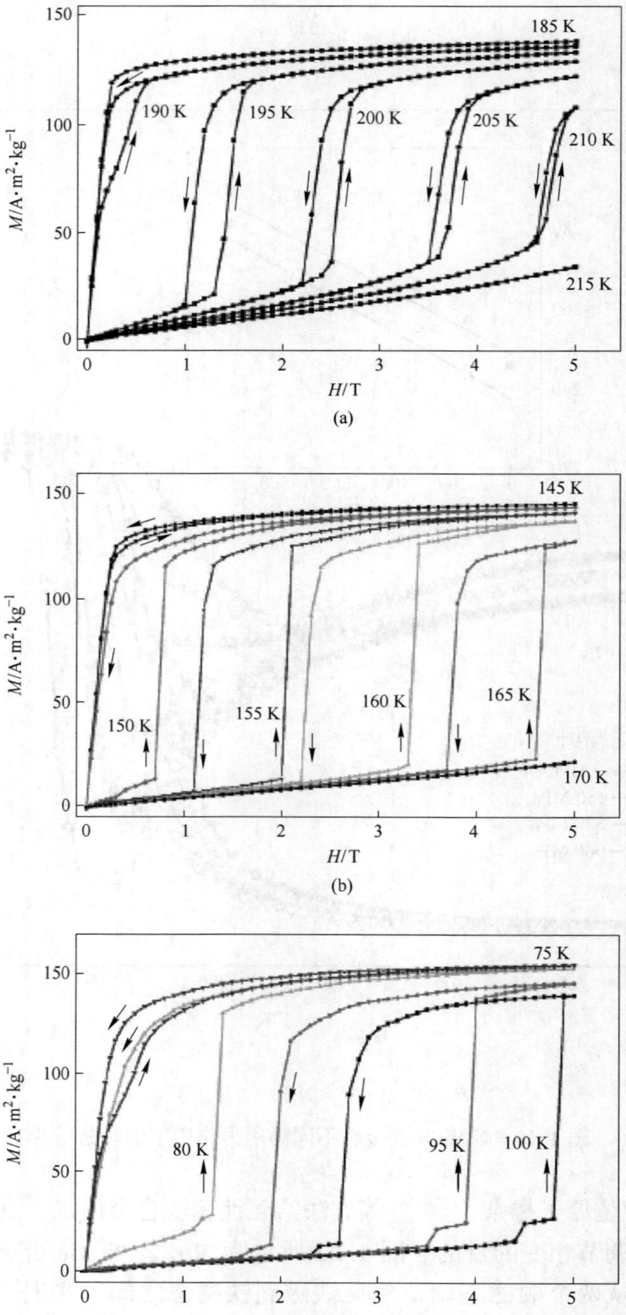

图 1.20　不同压力下 $LaFe_{11.6}Si_{1.4}$ 合金的等温磁化曲线

（a）$p=0$ MPa；（b）$p=450$ MPa；（c）$p=830$ MPa

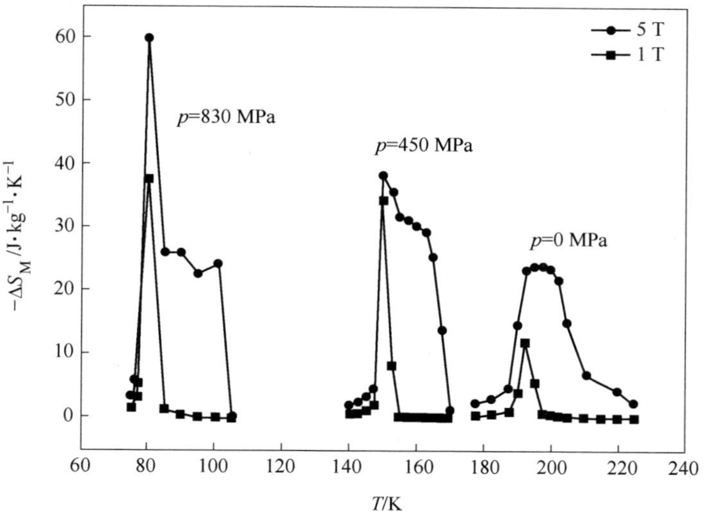

图 1.21　不同压力下 $LaFe_{11.6}Si_{1.4}$合金的等温磁熵变

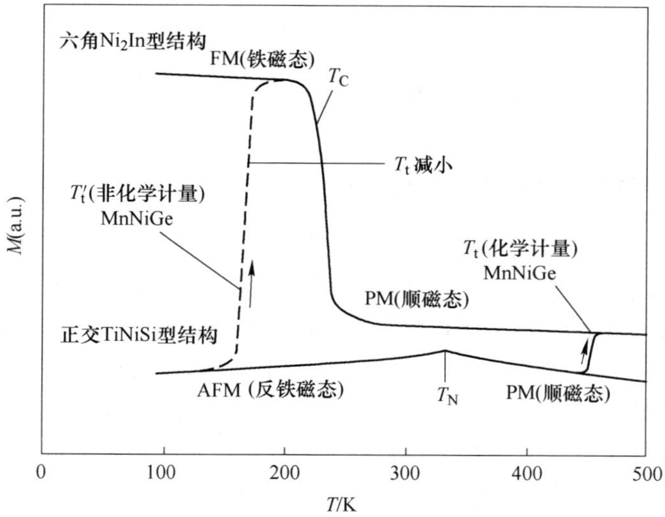

图 1.22　$Mn_{1.9-x}Ni_xGe$ 合金中相变的调节示意图

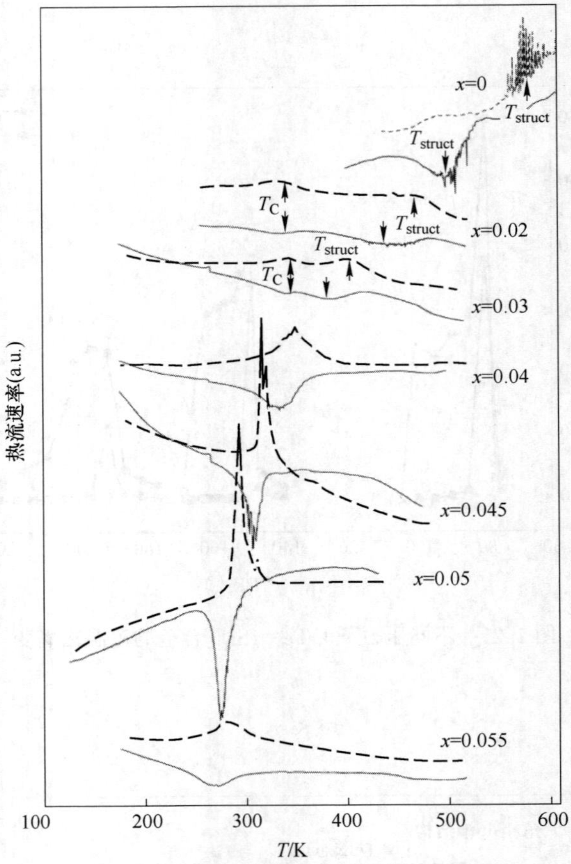

图 1.23　$CoMnGe_{1-x}Sn_x$ 合金中相变的调节

1.4.3　热处理对磁相变的调控及对合金物理性质的影响

除了块材以外，人们对于磁性相变合金的条带也进行了很广泛的研究[45,59-60]。对于块材来说，要想获得稳定的相结构，往往需要把熔炼后的铸态样品在真空条件或者保护气氛下进行长时间的退火处理，这样就导致了材料的制备成本高，不利于大规模生产。相对而言，用熔体快淬方法制备金属条带不需要长时间的退火处理就能使样品成相，大大节约了制备时间，降低了材料生产成本，适合大规模生产。但是对于刚制备出来的快淬态的条带来说，样品内部的内应力还比较大，样品中原子也并没有处于能量较低的平衡态，因此对快淬条带进行短时间的退火处理，更有利于样品形成稳定的相，并且热处理也能明显影响样品的磁性能及相关物理性质。因此热处理也是调控合金磁相变及影响其相关物理性质的一个有效手段。

笔者课题组的 Xuan 等人就利用熔体快淬的办法制备出了 Ni-Mn-Sn 合金条带，并进行了系统的研究，发现短时间的退火能使样品晶粒明显增大，降低内应力，使样品内部原子位置更加稳定，提高了合金的马氏体转变温度，并在马氏体相变温度附近观察到了大的磁热效应和磁电阻[61]，如图 1.24 和图 1.25 所示。此外，Liu 等人在 Ni-Mn-In-Co 条带中也开展了热处理对马氏体相变和相关物理性质影响的研究[62]。

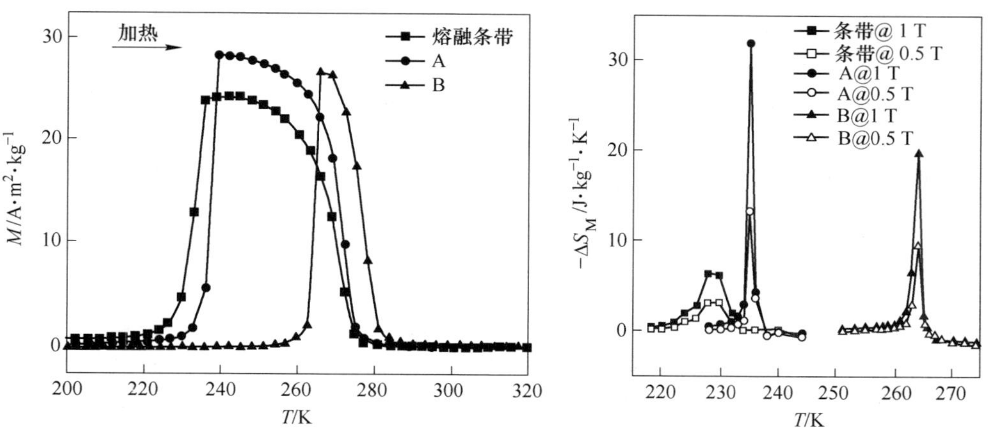

图 1.24 Ni-Mn-Sn 合金条带的热磁曲线和磁熵变

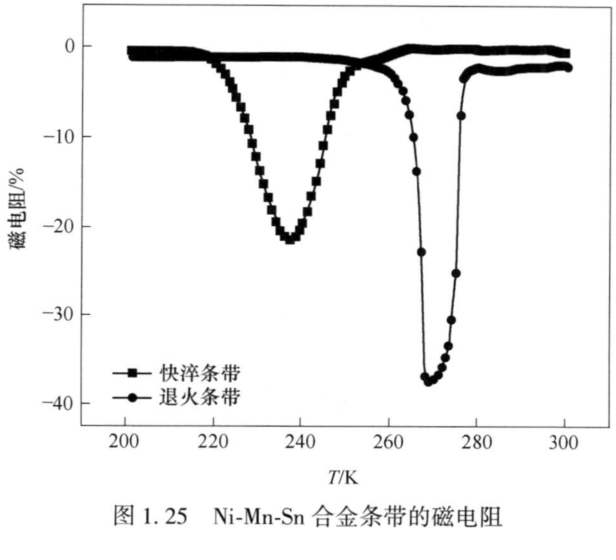

图 1.25 Ni-Mn-Sn 合金条带的磁电阻

参考文献

[1] 徐祖耀. 相变物理 [M]. 北京：科学出版社，1999.

[2] 冯端. 金属物理学 [M]. 北京：科学出版社，1998.

[3] 徐洲，赵连城. 金属固态相变原理 [M]. 北京：科学出版社，2004.

[4] Lindgard P A, Mouritsen O G. Fluctuation effects in first-order phase transitions: theory and model for martensitic transformations [J]. Physical Review B, 1990, 41: 688.

[5] Tegus O, Brück E, Buschow K H J, et al. Transition-metal-based magnetic refrigerants for room-temperature applications [J]. Nature, 2002, 415 (6868): 150-152.

[6] Warburg E. Magnetische untersuchungen [J]. Annals of Physics, 1881, 13: 141.

[7] Langevin P. Magnetisme et theorie deselectrons [J]. Annals de Chimie et de Physique, 1905, 5: 70.

[8] Weiss P, Piccard A. Surunnouveau phenomene magnetocalorique [J]. Comptes Rendus Chimie, 1918, 166: 325.

[9] Debye P. Einige bemerkungen zurmagnetisierung beitiefer temperatur [J]. Annals of Physics, 1926, 81: 1154.

[10] Gianque J. A thermodynamic treatment of certain magnetic effects. A proposed method of producing temperatures considerably below 1 absolute [J]. Journal of the American Chemical Society, 1927, 49: 1864.

[11] Hudson R D. Principle and application of magnetic cooling [J]. Amsterdam: North-Holland, 1972, 27: 52-53.

[12] Brown G V. Magnetic heat pumping near room temperature [J]. Journal of Applied Physics, 1976, 47: 3673.

[13] Nikitin S A, Skokov K P, Koshkid'ko Y S, et al. Giant rotating magnetocaloric effect in the region of spin-reorientation transitionin the $NdCo_5$ single crystal [J]. Physical Review Letters, 1990, 41: 688.

[14] Amaral J S, Amaral V S. The effect of magnetic irreversibility on estimating the magnetocaloric effect from magnetization measurements [J]. Applied Physics Letters, 2009, 94: 042506.

[15] Liu G J, Sun J. R, Shen J, et al. Determination of the entropy changes in the compounds with a first-order magnetic transition [J]. Applied Physics Letters, 2007, 90: 032507.

[16] Zou J D, Shen B G, Shen J, et al. The magnetocaloric effect of $LaFe_{11.6}Si_{1.4}$, $La_{0.8}Nd_{0.2}Fe_{11.5}Si_{1.5}$, and $Ni_{43}Mn_{46}Sn_{11}$ compounds in the vicinity of the first-order phase transition [J]. Advanced Materials, 2009, 21: 693.

[17] Cui W B, Liu W, Zhang Z D. The origin of large overestimation of the magnetic entropy changes calculated directly by Maxwell relation [J]. Applied Physics Letters, 2010, 96: 222509.

[18] Caron L, Ou Z Q, Nguyen T T, et al. On the determination of the magnetic entropy change in materials with first-order transitions [J]. Journal of Magnetism and Magnetic Materials, 2009, 321: 3559.

[19] Oliveira N A, von Ranke P J. Magnetocaloric effect around a magnetic phase transition [J]. Physical Review B, 2008, 77: 214439.

[20] Dan'kov S Y, Tishin A M, Pecharsky V K, et al. Magnetic phase transitions and the magnetothermal properties of gadolinium [J]. Physical Review B, 1998, 57: 3478.

[21] Wang D H, Huang S L, Han Z D, et al. Enhanced Curie temperature and magnetic entropy change in H-doped Gd ribbon [J]. Journal of Alloys and Compounds, 2004, 377: 72.

[22] Wang D H, Huang S L, Han Z D, et al. The magnetic entropy changes in $Gd_{1-x}B_x$ alloys [J]. Solid State Communications, 2004, 131: 97.

[23] Rocco D L, Amaral J S, Leitão J V, et al. Percolation processes and spin-reorientation of $PrNi_{5-x}Co_x$ [J]. Physical Review B, 2009, 79: 014428.

[24] Pecharsky V K, Gschneidner Jr K A. Giant magnetocaloric effect in $Gd_5(Si_2Ge_2)$ [J]. Physical Review Letters, 1997, 78 (23): 4494.

[25] Pecharsky V K, Gschneidner Jr K A. Tunable magnetic regenerator alloys with a giant magnetocaloric effect for magnetic refrigeration from 20 K to 290 K [J]. Applied Physics Letters, 1997, 70 (24): 3299.

[26] Hu F X, Shen B G, Sun J R, et al. Magnetic entropy change in $Ni_{51.5}Mn_{22.7}Ga_{25.8}$ alloy [J]. Applied Physics Letters, 2001, 78: 3675.

[27] Szymczak R, Nedelko N, Lewińska S, et al. Comparison of magnetocaloric properties of the $Mn_{2-x}Fe_xP_{0.5}As_{0.5}$ ($x = 1.0$ and 0.7) compounds [J]. Solid State Sciences, 2014, 36: 29-34.

[28] Trung N T, Biharie V, Zhang L, et al. Giant magnetocaloric effects by tailoring the phase transitions [J]. Applied Physics Letters, 2010, 96: 162507.

[29] Morellon L, Arnold Z, Magen C, et al. Pressure enhancement of the giant magnetocaloric effect in $Tb_5Si_2Ge_2$ [J]. Physical Review Letters, 2004, 93: A 137201.

[30] Gschneidner Jr K A, Pecharsky V K, Pecharsky A O, et al. The nonpareil $R_5(Si_xGe_{1-x})_4$ phases [J]. Journal of Alloys and Compounds, 2000, 214: 303-304.

[31] Levin E M, Pecharsky V K, Gschneidner Jr K A. Magnetocaloric effect and magnetic refrigeration [J]. Journal of Magnetism and Magnetic Materials, 2000, 210: 181.

[32] Morellon L, Blasco J, Algarabel P A, et al. Nature of the first-order antiferromagnetic-ferromagnetic transition in the Ge-rich magnetocaloric compounds $Gd_5(Si_xGe_{1-x})_4$ [J]. Physical Review B, 2000, 62: 1022.

[33] Wada H, Tanabe Y. Giant magnetocaloric effect of $MnAs_{1-x}Sb_x$ [J]. Applied Physics Letters, 2001, 79: 3302.

[34] De Campos A, Rocco D L, Carvalho A M G, et al. Ambient pressure colossal magnetocaloric effect tuned by composition in $Mn_{1-x}Fe_xAs$ [J]. Nature Materials, 2006, 5: 802.

[35] Sutou Y, Imano Y, Koeda N, et al. Magnetic and martensitic transformations of NiMnX (X = In,Sn,Sb) ferromagnetic shape memory alloys [J]. Applied Physics Letters, 2004, 85: 4358.

[36] Han Z D, Wang D H, Zhang C L, et al. Low-field inverse magnetocaloric effect in

$Ni_{50-x}Mn_{39+x}Sn_{11}$ Heusler alloys [J]. Applied Physics Letters, 2007, 90: 042507.

[37] Yu S Y, Ma L, Liu G D, et al. Magnetic field-induced martensitic transformation and large magnetoresistance in NiCoMnSb alloys [J]. Applied Physics Letters, 2007, 90 (24): 242501.

[38] Kainuma R, Imano Y, Ito W, et al. Metamagnetic shape memory effect in a Heusler-type $Ni_{43}Co_7Mn_{39}Sn_{11}$ polycrystalline alloy [J]. Applied Physics Letters, 2006, 88: 192513.

[39] Xuan H C, Cao Q Q, Zhang C L, et al. Large exchange bias field in the Ni-Mn-Sn Heusler alloys with high content of Mn [J]. Applied Physics Letters, 2010, 96: 202502.

[40] Hu F X, Shen B G, Sun J R, et al. Very large magnetic entropy change near room temperature in $LaFe_{11.2}Co_{0.7}Si_{1.1}$ [J]. Applied Physics Letters, 2002, 80: 826.

[41] Hu F X, Shen B G, Sun J R, et al. Large magnetic entropy change in a Heusler alloy $Ni_{52.6}Mn_{23.1}Ga_{24.3}$ single crystal [J]. Physical Review B, 2001, 64: 012409.

[42] Zhao J L, Shen J, Shen B G, et al. Enhancement of the magnetocaloric effect and magnetic transition temperature in $LaFe_{11.5}Al_{1.5}$ by hydrogenation [J]. Solid State Communications, 2010, 150: 2329.

[43] Hu F X, Wang G J, Wang J, et al. Magnetic entropy change and magnetoresistance in the $LaFe_{11.375}Al_{1.625}$ compound [J]. Journal of Applied Physics, 2002, 91: 7836.

[44] Fujieda S, Fujita A, Fukamichi K, et al. Giant isotropic magnetostriction of itinerant-electron metamagnetic $La(Fe_{0.88}Si_{0.12})_{13}H_y$ compounds [J]. Applied Physics Letters, 2001, 79: 653.

[45] Trung N T, Ou Z Q, Gortenmulder T J, et al. Tunable thermal hysteresis in MnFe(P,Ge) compounds [J]. Applied Physics Letters, 2009, 94: 102513.

[46] Cam Thanh D T, Brück E, Trung N T, et al. Structure, magnetism, and magnetocaloric properties of $MnFeP_{1-x}Si_x$ compounds [J]. Journal of Applied Physics, 2008, 103: 07B318.

[47] Liu D M, Yue M, Zhang J X, et al. Origin and tuning of the magnetocaloric effect in the magnetic refrigerant $Mn_{1.1}Fe_{0.9}(P_{0.8}Ge_{0.2})$ [J]. Physical Review B, 2009, 79: 014435.

[48] Gama S, Coelho A A, de Campos A, et al. Pressure-induced colossal magnetocaloric effect in MnAs [J]. Physical Review Letters, 2004, 93: 237202.

[49] Mañosa L, Moya X, Planes A, et al. Effects of hydrostatic pressure on the magnetism and martensitic transition of Ni-Mn-In magnetic superelastic alloys [J]. Applied Physics Letters, 2008, 92: 012515.

[50] Sun Y, Arnold Z, Kamarad J, et al. Pressure enhancement of the giant magnetocaloric effect in $LaFe_{11.6}Si_{1.4}$ [J]. Applied Physics Letters, 2006, 89: 172513.

[51] Lyubina J, Nenkov K, Schultz L, et al. Multiple metamagnetic transitions in the magnetic refrigerant $La(Fe,Si)_{13}H_x$ [J]. Physical Review Letters, 2008, 101: 177203.

[52] Zhang C L, Wang D H, Cao Q Q, et al. Magnetostructural phase transition and magnetocaloric effect in off-stoichiometric $Mn_{1.9-x}Ni_xGe$ alloys [J]. Applied Physics Letters, 2008, 93: 122505.

[53] Liu E K, Zhu W, Feng L, et al. Vacancy-tuned paramagnetic/ferromagnetic martensitic

transformation in Mn-poor $Mn_{1-x}CoGe$ alloys [J]. Europhysics Letters, 2010, 91: 17003.

[54] Zhang C L, Wang D H, Cao Q Q, et al. The magnetostructural transformation and magnetocaloric effect in Co-doped $MnNiGe_{1.05}$ alloys [J]. Journal of Physics D: Applied Physics, 2010 43: 205003.

[55] Hamer J B A, Daou R, Özcan S, et al. Phase diagram and magnetocaloric effect of alloys [J]. Journal of Magnetism and Magnetic Materials, 2009, 321: 3535.

[56] Hu F X, Wang J, Chen L, et al. Effect of the introduction of H atoms on magnetic properties and magnetic entropy change in metamagnetic Heusler alloys Ni-Mn-In [J]. Applied Physics Letters, 2009, 95: 112503.

[57] Xuan H C, Wang D H, Zhang C L, et al. Boron's effect on martensitic transformation and magnetocaloric effect in $Ni_{43}Mn_{46}Sn_{11}B_x$ alloys [J]. Applied Physics Letters, 2008, 92: 102503.

[58] Trung N T, Zhang L, Caron L, et al. Giant magnetocaloric effects by tailoring the phase transitions [J]. Applied Physics Letters, 2010, 96 (17): 172504.

[59] Liu X B, Altounian Z, Tu G H. The structure and large magnetocaloric effect in rapidly quenched $LaFe_{11.4}Si_{1.6}$ compound [J]. Journal of Physics: Condensed Matterials, 2004, 16: 8043.

[60] Hernando B, Sánchez Llamazares J L, Santos J D, et al. Magnetocaloric effect in melt spun $Ni_{50.3}Mn_{35.5}Sn_{14.4}$ ribbons [J]. Applied Physics Letters, 2008, 92: 012513.

[61] Xuan H C, Deng Y, Wang D H, et al. Effect of annealing on the martensitic transformation and magnetoresistance in Ni-Mn-Sn ribbons [J]. Journal of Physics D: Applied Physics, 2008, 41: 215002.

[62] Liu J, Woodcock T G, Scheerbaum N, et al. Influence of annealing on magnetic field-induced structural transformation and magnetocaloric effect in Ni-Mn-In-Co ribbons [J]. Acta Materiaia, 2009, 57: 4911.

2 MnCoGe 基合金磁相变调控及磁热性质

2.1 引　言

一级磁性相变合金由于在相变点附近表现出丰富的物理性质、相变易调控及在室温附近的潜在应用，一直以来都是人们研究的热点。近年来基于过渡族元素 Mn 的一级磁性相变合金得到人们的广泛关注，例如著名的 MnFePAs(Si,Ge) 合金[1-2]，Ni-Mn-X（X = In,Sn,Sb）铁磁形状记忆合金[3-9]。因为此类合金不含价格昂贵且易氧化的稀土元素，所以生产成本相对低廉并且制备工艺相对简单；同时，Mn 离子在一些合金中可以贡献出很高的磁矩值，有时可达 4 μ_B[10]；另外，Mn 离子在合金中会表现出丰富多样的化合价，并且随着合金中原子间距、价电子浓度等的改变，Mn 的磁性状态也会随之发生变化，从而导致 Mn 在合金中能表现出丰富的磁性行为。在众多的 Mn 基合金中，MnTX（T 代表过渡金属元素 Co 或 Ni，X 代表 Si 或 Ge）合金更是得到了广泛的研究[11-24]。MnTX 合金中存在复杂的相邻原子之间的耦合，比如，Mn-Mn、Mn-T、T-T 等，且耦合类型还随着 T 和 X 原子半径的不同发生变化，因此 MnTX 合金表现出了非常多样的磁性状态[11]。比如 MnCoSi 和 MnNiGe 具有独特的螺旋反铁磁结构，而 MnNiSi 和 MnCoGe 合金却是简单的共线铁磁体[11]。

MnCoGe 合金在室温下表现为一个共线铁磁体结构，具有正交 TiNiSi 结构（空间群 *Pnma*），饱和磁化强度为 4.13 μ_B，居里温度（T_C）为 345 K[14] 或者为 355 K[15]）。随着温度的升高，在温度为 650 K 时会发生一个从低温正交 TiNiSi 相到高温六角 Ni_2In 相（空间群 $P6_3/mmc$）的非扩散型（diffusionless）结构相变[16-18]（有文献报道该结构相变属热弹性马氏体相变[17,21]），这种结构相变会伴随着很大的体积负膨胀（约 3.9%）[15-16]。可见，正分的 MnCoGe 合金居里温度低于其结构相变温度将近 300 K，居里温度和结构相变之间的温度差距使得磁结构耦合很难发生[19-20]。另外，Ni_2In 结构有着不同于 TiNiSi 结构的饱和磁化强度和居里温度，分别为 2.76 μ_B 和 275 K[18]，根据上述分析可得 MnCoGe 合金的结构相变发生在两个顺磁态之间，并且磁化强度变化量很小，因此在热磁曲线上不容易识别出来这个结构相变的发生，如图 2.1 所示。

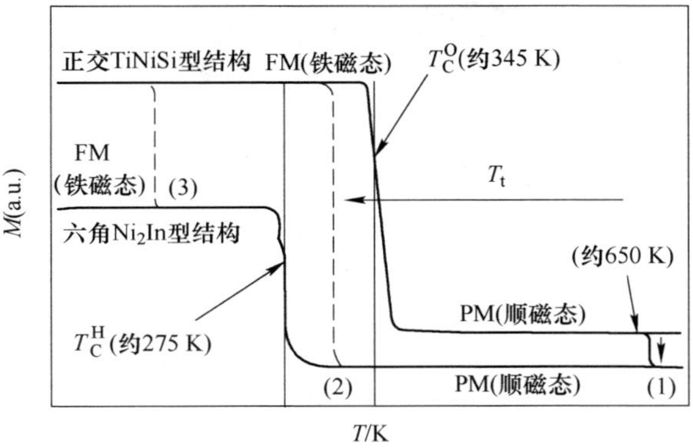

图 2.1　MnCoGe 合金的磁结构相变示意图

MnCoGe 合金六角 Ni_2In 型结构或正交型 TiNiSi 结构结晶，在两相中 MnCoGe 均表现为典型的具有二级磁相变的铁磁体。具体来说，对于 MnCoGe 合金，如果能将结构相变温度调低到两个相居里温度之间的区域，即从图 2.1 中（1）位置降到（2）位置，那么就可以实现从铁磁态（FM）TiNiSi 相到顺磁态（PM）Ni_2In 相的一级磁结构相变，这种磁结构相变将伴随着磁化强度的突变[19-21]。实际上，由于六角 Ni_2In 相在很低的温度仍有少量存在[17,19-20]，因此这时的磁结构相变发生在 TiNiSi 和 Ni_2In 混合相的 FM 态和几乎单一 Ni_2In 相的 PM 态之间[19-20]。如果继续降低温度到低于 Ni_2In 相居里温度的区域，即图 2.1 中的（3）位置，那么磁结构相变将发生在两个 FM 态之间[17,21]。由于调控磁相变对于实际应用有着很重要的意义，因此人们利用多种办法来调低 MnCoGe 合金的结构相变温度，实现对其磁相变的调控，一般来说有以下几种：

（1）间隙位原子掺杂[19]。通过间隙位原子 B 的掺杂来调控磁相变和结构相变耦合，从而在 $MnCoGeB_x$（x = 0.02，0.03，0.05）合金中发现了一个与一级磁结构相变相关的巨大磁热效应（magnetocaloric effect，MCE）。图 2.2 所示为 $MnCoGeB_x$合金的热磁曲线，由图可以看出少量 B（x = 0.02，0.03）原子间隙位掺杂降低了 MnCoGe 合金的结构相变温度，发生急剧的磁相变表明了从低温 FM 态到高温 PM 状态的磁化强度的突变，因此在室温附近获得了剧烈的一级磁结构耦合相变。随着 B 元素掺杂量的增大（x = 0.05），较高的硼浓度进一步扩大了六角结构的稳定范围，阻碍了结构和磁相变的同时发生，伴随而来的一级转变特征的消失导致了 MCE 的减小。间隙位原子 B 的掺杂导致 MnCoGe 合金的结构相变温度降低，从表 2.1 中也可以看出。

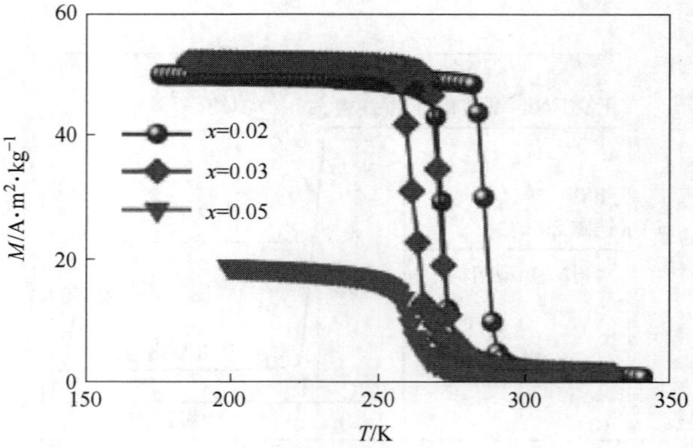

图 2.2　$MnCoGeB_x$ 合金的热磁曲线[19]

表 2.1　MnCoGe 基合金的居里温度、热滞、磁熵变、饱和磁矩及不同 B 掺杂量下相比例的变化[19]

样品	T_C/K	ΔT_{hys}/K	$-\Delta S_{max}$ /J · kg^{-1} · K^{-1}	M_S (μ_B/f. u.)	相比例（体积分数）/%	
					正交相 (orth.)	六角相 (hex.)
MnCoGe[33]	345	0	5.6	4.13	100.0	0.0
$MnCoGeB_{0.01}$	304	9	14.6	3.86	93.3	6.7
$MnCoGeB_{0.02}$	287	14	47.3	3.86	88.7	11.3
$MnCoGeB_{0.03}$	275	9	37.7	3.85	83.8	16.2
$MnCoGeB_{0.05}$	260	0	3.4	2.78	0.0	100.0
$Mn_{0.98}CoGe$	302	11	30.2	3.96	92.7	7.3
$MnCoGeC_{0.03}$	342	15	31.4	4.02	98.3	1.7

（2）过渡元素缺位[21]。通过过渡元素缺位调控策略可以得到室温附近马氏体相和奥氏体相的居里温度之间的温度窗口，在此基础上，可以在该窗口中实现顺磁奥氏体向铁磁马氏体的马氏体转变。如图 2.3 所示，少量 Mn 元素缺位使得 MnCoGe 合金的结构相变温度降低，而马氏体和奥氏体的居里温度几乎保持不变，从而也诱导出了剧烈的一级磁结构相变，获得了大的室温磁熵变。

（3）过渡金属元素取代[20]。用 Cr 取代 Mn 原子已被用来调控 $Mn_{1-x}Cr_xCoGe$（x = 0.00,0.04,0.11,0.18,0.25,0.27）合金中的磁性和结构相变。通过增加 Cr 的掺杂量，可以在较高的相变温度处引入一个一级磁结构的 PM-FM 相变，在一个较低的转变温度处还可以观察到另一个一级磁弹性的 FM-AFM 相变。如图 2.4 所示，用少量过渡金属 Cr 替代 Mn 也降低了 MnCoGe 合金的结构相变温度，诱导出了剧烈的一级磁结构相变，在结构相变温度附近获得了大的磁熵变。

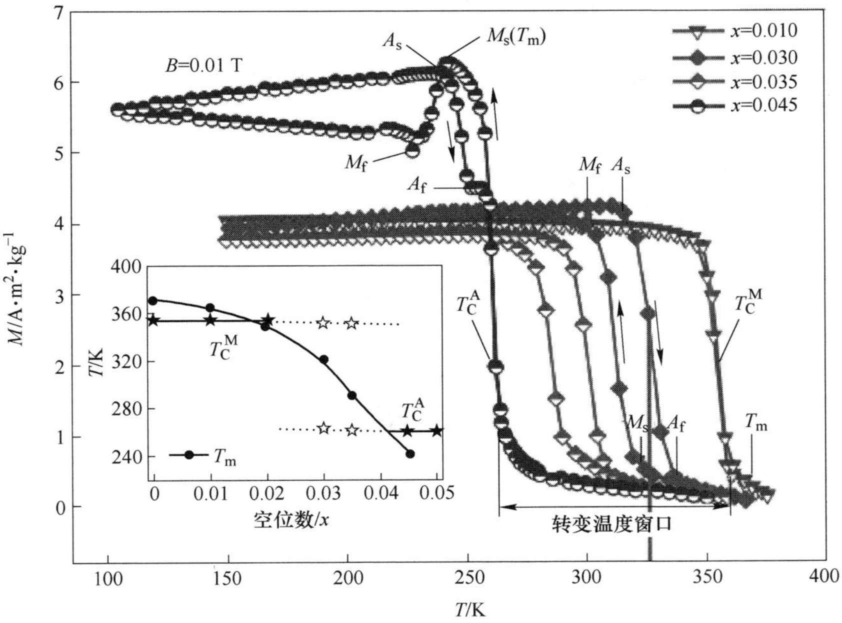

图 2.3　$Mn_{1-x}CoGe$ 合金的热磁曲线（插图是该合金的相图[21]）

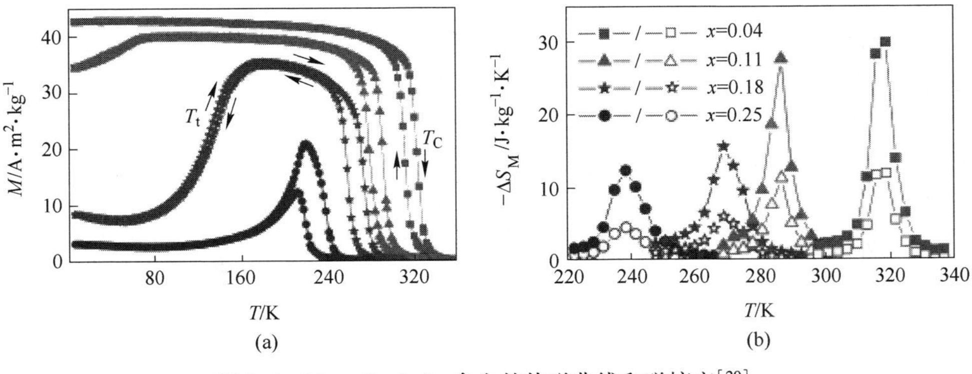

图 2.4　$Mn_{1-x}Cr_xCoGe$ 合金的热磁曲线和磁熵变[20]

（a）热磁曲线；（b）磁熵变

（4）主族元素替代 Ge[23]。提出了一种新的伪三元化合物 $MnCoGe_{1-x}Sn_x$，随着锡取代的增加，MnCoGe 中单独的磁变和结构相变被调整在一起，相当于在连续的居里温度和一级马氏体结构相变形成的化学压力下达到共同调节的作用，产生组合的一级磁结构相变区域。如图 2.5 所示，用少量大半径元素 Sn 来取代一部分 Ge 元素，内部的“化学压力”使 MnCoGe 合金的结构相变温度降低，产生了和外压力类似的效果，在一定温度范围内也诱导出了一级磁结构相变。

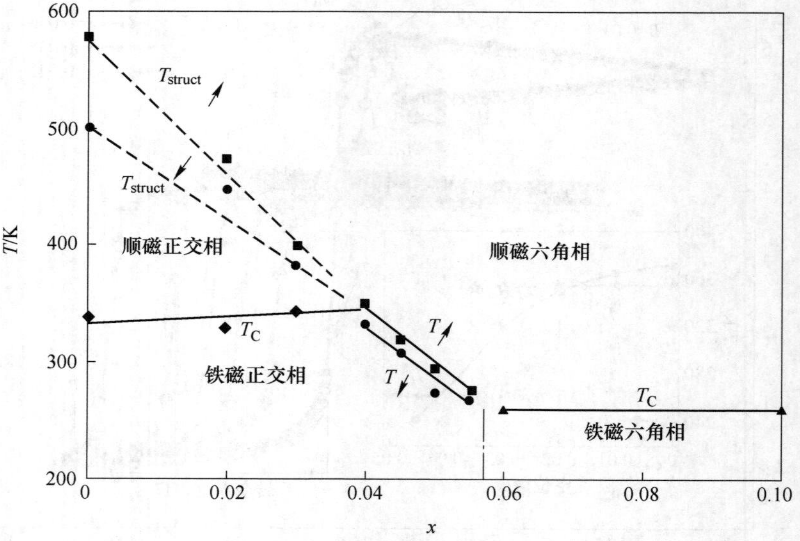

图 2.5　$MnCoGe_{1-x}Sn_x$ 合金磁结构相图[23]

（5）施加外压力[22]。如图 2.6 所示，在静水压力的作用下，MnCoGe 合金的结构相变温度降低，同时 TiNiSi 相的居里温度升高，在约 0.6 GPa 压强下，两个温度重合，而后压强的增大也诱导出一级磁结构相变。

另外，人们研究发现，Ni-Mn-X 铁磁形状记忆合金（FSMAs）中，马氏体相变特征温度与每个原子的价电子浓度 e/a 密切相关[3-6]。价电子浓度指的是平均每个原子的价电子数目，这里的价电子包括 Ni、Mn、X 等所有元素的 s、p、d 电子[3-6]。如图 2.7 所示，随着 e/a 减小，Ni-Mn-X 合金的马氏体相变开始温度 M_S 近乎直线降低。

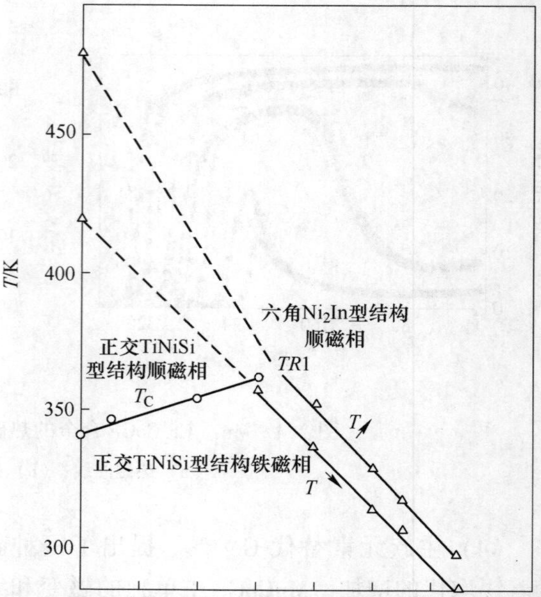

图 2.6　静水压力作用下 MnCoGe 合金磁结构相图
（在一定压强下，磁和结构相变耦合成磁结构相变[22]）

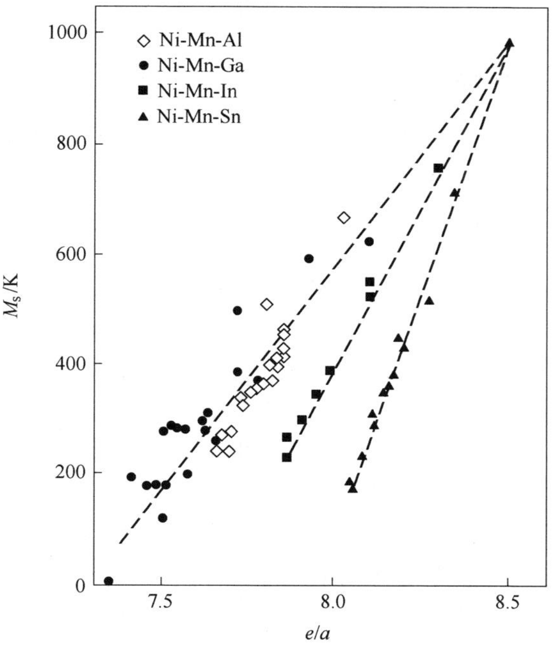

图 2.7 几种 Ni-Mn 基 FSMAs 的马氏体相变开始温度与价电子浓度 e/a 关系[5]

在上述讨论的基础上，本章主要考察通过用过渡元素取代和调整 Mn/Co 比例的办法，制备出 $Mn_{1-x}V_xCoGe$ 和 $Mn_{1+x}Co_xGe$ 两个系列的 MnCoGe 基合金，研究影响马氏体相变温度的物理机制[25-26]，为后续研究马氏体结构转变温度（T_t 约 650 K）调至 TiNiSi 型（T_C约 345 K）和 Ni_2In 型之间居里温度区间来实现磁结构耦合转变提供参考依据。这两个系列的合金都达到了降低 MnCoGe 合金结构相变温度的目的，并在室温附近观察到了 FM/PM 一级磁结构相变，继而获得了大的低场磁熵变，并伴随着小到可以忽略的磁滞损耗。在一种一级磁相变材料中同时获得大的低场磁熵变和小到可以忽略的磁滞损耗对实际应用是很重要的。

2.2 样品制备与表征

通过在纯氩气氛下电弧熔炼配比好的 Mn、Co、Ge、V 等金属原料，熔炼多次以确保成分均匀，合成 $Mn_{1-x}V_xCoGe$ 和 $Mn_{1+x}Co_xGe$ 化合物的多晶样品。将熔炼完成的铸锭切碎后放在真空石英玻璃管中密封并放在高温炉中退火 120 h，然后取出在冷水中快淬。因为退火温度对 MnCoGe 基合金的成相以及磁相变性质有很大的影响，因此需要仔细摸索不同体系的退火温度。经过多次试验，发现 $Mn_{1-x}V_xCoGe$ 系列合金的最佳退火温度为 1073 K，而 $Mn_{1+x}Co_xGe$ 合金在 1123 K

左右退火最为合适。用 VSM（7407 型，美国 Lakeshore 公司研发）测量样品退火后的磁性能。

2.3　$Mn_{1-x}V_xCoGe$ 系列合金的磁结构相变和磁热效应

2.3.1　热磁曲线

图 2.8 所示为在磁场为 0.1 T 和 9 T 的 $Mn_{1-x}V_xCoGe$(x = 0.01，0.02，0.03，0.05）系列合金的升、降温热磁曲线。由图 2.8（a）可以看出：(1) 在 MnCoGe 合金中用少量过渡元素 V 取代 Mn 使其结构相变温度降低；(2) 存在 15 K、11 K 和 9 K 的明显热滞，证明 x = 0.01、0.02 和 0.03 三个样品分别在 322 K、298 K 和 270 K 温度附近出现了剧烈的一级 FM/PM 磁结构相变[19-20]，并伴随有磁化强度突变；(3) 当 x = 0.05 时，热滞消失显示了二级相变的特征。

在 0.9 T 磁场下，如图 2.8（b）所示，x = 0.01、0.02 和 0.03 三个样品显示出一级相变的特征，热滞随 V 掺杂量的增加而减小（分别为 16 K、14 K 和 12 K)。三个合金的相变温度几乎没有发生变化，证明对此合金来说，磁场很难驱动磁结构相变[17]。这和 Ni-Mn-X（X = In，Sn，Sb）系列合金不同，对于 Ni-Mn-X（X = In，Sn，Sb）系列合金来说，磁场作用下，马氏体相变温度往低温移动，1 T 的磁场就可以使相变温度移动几个开尔文，在磁化曲线上表现出磁场诱导的变磁性相变[7]。随着磁场的增加 x = 0.05 时样品的磁相变表现更加平缓，显示了二级相变的特征。V 取代 Mn 降低 MnCoGe 合金的结构相变温度的原因我们认为有以下三个：(1) 由于 V 离子半径大于 Mn，取代造成的“化学压力”和外压力会产生类似的影响[2]；(2) 合金内部的 Mn-Mn 离子间距可能因为取代而发生改变造成晶格扭曲，从而影响了合金 TiNiSi 和 Ni_2In 相的相对稳定性[13]；(3) V

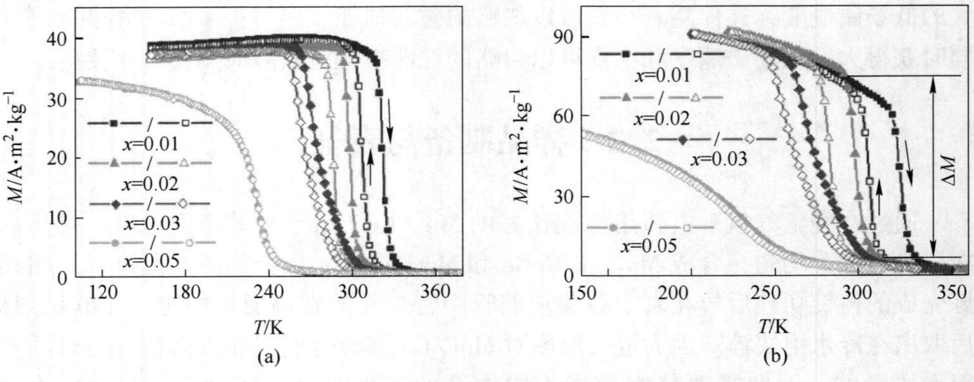

图 2.8　$Mn_{1-x}V_xCoGe$ 合金在不同磁场下的热磁曲线

(a) B=0.1 T；(b) B=0.9 T

的最外层电子数比 Mn 少，V 取代 Mn 使合金价电子浓度 e/a 减小，从而使结构相变温度降低[21]。

2.3.2 等温磁化曲线和 Arrott 曲线

如图 2.9 所示，为了进一步研究 $Mn_{1-x}V_xCoGe$ 合金的磁行为，在最大外加磁场为 1.2 T 下，升温测量 $x = 0.02$ 和 $x=0.05$ 时两个样品在磁相变附近的等温磁化曲线，其中部分磁化曲线还进行了升、降场测量。在相对低的磁场下 $Mn_{0.98}V_{0.02}CoGe$ 合金的磁化曲线［见图 2.9（a）］没有观察到明显的磁滞和磁场诱导的变磁性相变，但从磁化曲线的放大图［见图 2.9（c）］来看，与前面的热滞曲线分析得到相同的结果，即存在一定的磁滞，显示此合金一级相变的性质。对于 $x = 0.05$ 的样品［见图 2.9（b）和（d）］，磁化曲线在升、降磁场过程中表现出很好的可逆性，显示了此合金磁相变的二级性质。

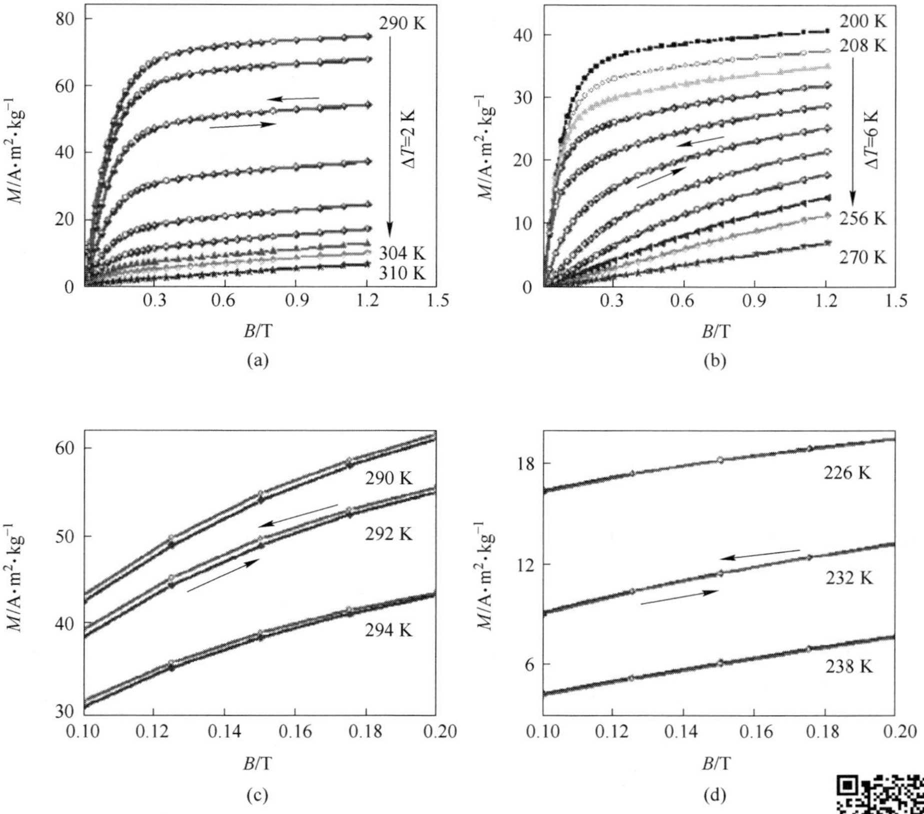

图 2.9 $Mn_{0.98}V_{0.02}CoGe$ 和 $Mn_{0.95}V_{0.05}CoGe$ 合金的等温磁化曲线

（a）（b）$x=0.02$，$Mn_{0.98}V_{0.02}CoGe$；（c）（d）$x=0.05$，$Mn_{0.95}V_{0.05}CoGe$

彩图

图 2.10 所示为 Arrott 曲线，进一步说明 $Mn_{1-x}V_xCoGe$ 系列合金的磁相变性质。Arrott 曲线被定义为 M^2-H/M 曲线，可以用来判断相变的特征[13,27]。判断方法如下，M^2-H/M 曲线由 M-H 曲线转换得到。Arrott 曲线表现出一个负的斜率或者呈 S 形，则为一级相变；反之，则为二级相变[13]。$Mn_{0.98}V_{0.02}CoGe$ 合金的 Arrott 曲线［见图 2.10（a）］上可以观察到明显的 S 形，证明了此合金相变是一级磁相变。而 $Mn_{0.95}V_{0.05}CoGe$ 合金的 Arrott 曲线［见图 2.10（b）］既没有出现负的斜率又没有出现明显的 S 形，再根据前面的讨论可以证明 $x = 0.05$ 时样品的相变是二级 FM/PM 相变。

综上所述，$x = 0.01$、0.02 和 0.03 时三个样品在其磁结构相变附近，应该存在磁场诱导的变磁性行为，只是由于诱导变磁性相变的临界场可能较高（>1.2 T）[4]，所以没能在 M-H 曲线中观察到。

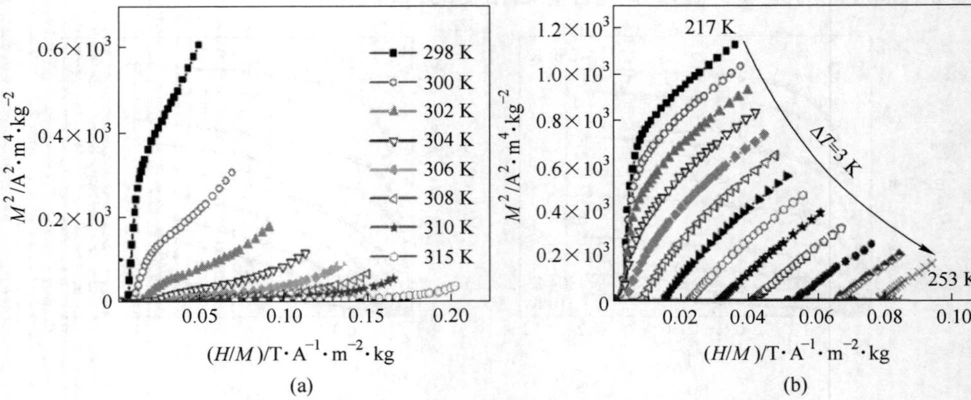

图 2.10　$Mn_{0.98}V_{0.02}CoGe$ 和 $Mn_{0.95}V_{0.05}CoGe$ 合金的 Arrott 曲线

（a）$Mn_{0.98}V_{0.02}CoGe$；（b）$Mn_{0.95}V_{0.05}CoGe$

2.3.3　$Mn_{1-x}V_xCoGe$ 合金的磁熵变和制冷能力

在磁性测量的基础上，根据麦克斯韦关系计算出 $Mn_{1-x}V_xCoGe$ 系列合金的磁熵变，其结果如图 2.11 所示。由图 2.11 可见，$x = 0.01$ 和 $x=0.02$ 时的两个合金获得了大的低磁场磁熵变 ΔS_M，它们的峰值温度分别为 294 K 和 318 K，都在室温附近。在 $\Delta H = 1.2$ T 磁场下，$-\Delta S_{M,max}$ 分别达到 8.7 J/(kg · K) 和 9.5 J/(kg · K)，这些值可以和其他一些著名的一级磁相变合金的磁熵变峰值比拟，甚至更大，如 $MnFeP_{0.45}As_{0.55}$、$MnCoGeB_x$、$Mn_{1-x}Cr_xCoGe$、$LaFe_{11.4}Si_{1.6}$ 等[1,19-20,28]。如前所述，在 $x = 0.01$ 和 $x=0.02$ 时两个合金的相变温度附近发生剧烈的一级相变，不仅相变温区很窄而且有很大的磁化强度跃变 ΔM，这两个因

素使得 $\left(\frac{\partial M}{\partial T}\right)_H$ 很大，从而能在这两个样品中获得大的 $\Delta S_{M,max}$，具有大的 $\Delta S_{M,max}$ 也是近几年许多研究磁卡效应的研究者聚焦在一级磁相变材料的重要原因。但是对于这些一级磁相变材料来说有一个不可避免的问题：因为磁场诱导的变磁性转变而存在较大的磁滞[29]，大的磁滞损耗会降低磁制冷效率[30-31]，因此在实际应用中很多一级磁相变材料难以获得应用。近些年很多降低一级磁相变材料磁滞的方法被研究者不断发掘[30-31]，但人们很快发现一级磁相变材料磁滞减小的同时材料的一级相变性质也会减弱进而使 MCE 减小[30]，因此磁制冷材料要获得实际的应用，必须同时拥有大的磁卡效应和小到可以忽略的磁滞损耗。

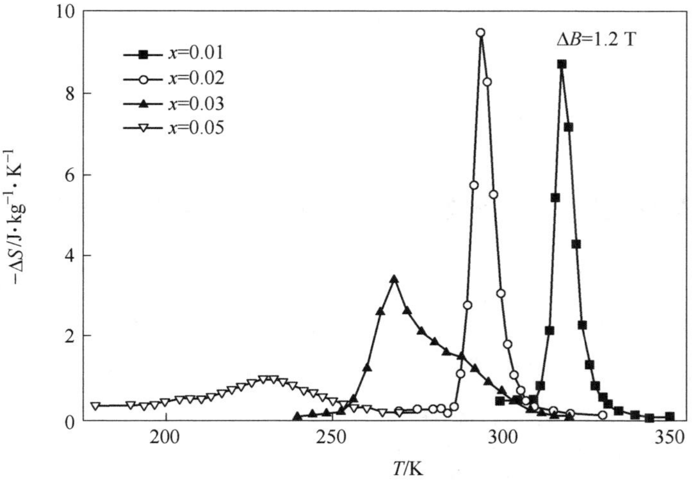

图 2.11 $Mn_{1-x}V_xCoGe$ 系列合金的磁熵变

前面所述，$Mn_{0.98}V_{0.02}CoGe$ 合金低场下的磁化曲线有很好的可逆性，即该合金拥有很小的磁滞。为了探究该合金的磁滞损耗变化，根据图 2.9（a）不同温度下升降磁场磁化曲线，利用数值积分的办法计算其围成的面积，图 2.12 即为计算出的面积和温度的关系图，即磁滞损耗随温度变化曲线。然后根据制冷能力 RC 的公式和磁滞损耗计算方法计算得出 $x = 0.02$ 时样品的制冷能力和平均磁滞损耗[8,30,32]。计算结果得出 $Mn_{0.98}V_{0.02}CoGe$ 合金在 $\Delta H = 1.2$ T 磁场下的制冷能力可达 53 J/kg 而平均磁滞损耗却只有 0.13 J/kg，占总 RC 的 0.2%，完全可以忽略。由此，对于 $Mn_{0.98}V_{0.02}CoGe$ 合金来说可以获得大的磁熵变的同时磁滞损耗还可以忽略不计。在 $x = 0.01$ 的合金中也获得了相对大的 RC 值和很小的磁滞损耗，分别为 44 J/kg 和 0.13 J/kg。对于 $x = 0.03$ 的合金，虽然 $\Delta S_{M,max}$ 值相对减小到 3.4 J/(kg · K)，但是 RC 仍然可以达到 52 J/kg，原因是相变温区拓宽，并且磁滞损耗也很小，仅为 0.29 J/kg。对于 $x = 0.05$ 的合金，相变类型为二级相变，$-\Delta S_{M,max}$ 值变得非常小，仅有 1 J/(kg · K)。

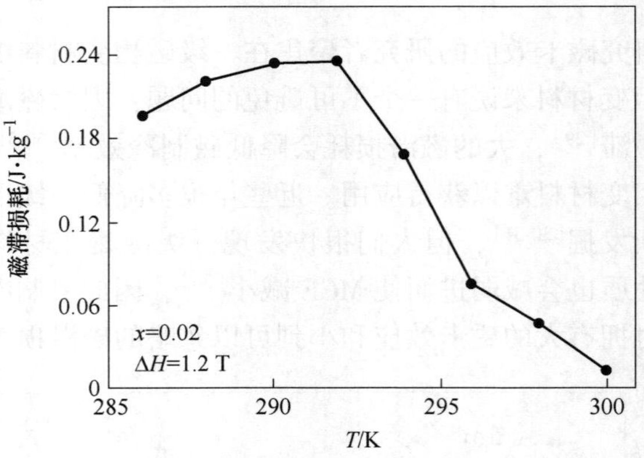

图 2. 12　$Mn_{0.98}V_{0.02}CoGe$ 合金磁滞随温度变化曲线

2.4　$Mn_{1+x}Co_{1-x}Ge$ 系列合金的磁结构相变和磁热效应

前面研究了用过渡元素取代的方法调控 MnCoGe 合金的磁相变，由于 MnCoGe 基合金的晶体结构、磁矩大小、居里温度及结构相变温度都与合金中 Mn/Co 含量的多少密切相关[17]，因此在本节又通过改变 Mn/Co 比例制备了一系列 $Mn_{1+x}Co_{1-x}Ge$（x = 0. 02，0. 04，0. 055，0. 07，0. 09，0. 11）合金。发现 Mn 对 Co 的取代也可以使 MnCoGe 合金的结构相变温度降低，从而在室温附近获得了一系列 FM/PM 相变，且随着 Mn 含量的增大相变性质由一级变为二级。值得一提的是在此类合金中观察到了相变从一级变为二级的中间状态。在此系列合金中也获得了大的 MCE 和很小的磁滞损耗。

2.4.1　热磁曲线

图 2. 13 所示为 $Mn_{1+x}Co_{1-x}Ge$（x = 0. 02，0. 04，0. 055，0. 07，0. 09，0. 11）系列合金在 0. 1 T 磁场下的热磁曲线。由图 2. 13 可见，随着 Mn 含量的增加，MnCoGe 合金的结构相变温度降低。对 x = 0. 02 和 x=0. 055 时的两个样品，分别在约 338 K 和约 314 K 温度下观察到 FM/PM 相变，磁化强度发生突变，大约 11 K 的热滞说明了这两个合金相变属于一级性质。如前所述，MnCoGe 合金结构相变温度的降低说明 Mn 含量的增加稳定了合金中的 Ni_2In 相。x = 0. 09 时的样品热磁曲线在约 274 K 温度下表现出约 8 K 的热滞，随着温度的升高，在约 282 K 温度附近发生一个 FM/PM 的二级相变，如图 2. 13 插图所示。当 Mn 含量再增大到 0. 11，合金的结构相变温度可能已变得非常低，超出测量范围，因此

图 2.13的热磁曲线表现出可逆的二级磁相变特征。由此可知 $x=0.09$ 时样品表现出了相变性质从一级变到二级的一个中间过渡状态。对于 $x=0.09$ 和 0.11 时的两个样品来说居里温度几乎没有改变，这个现象与其他一些 MnCoGe 基合金相符合[21-23]。

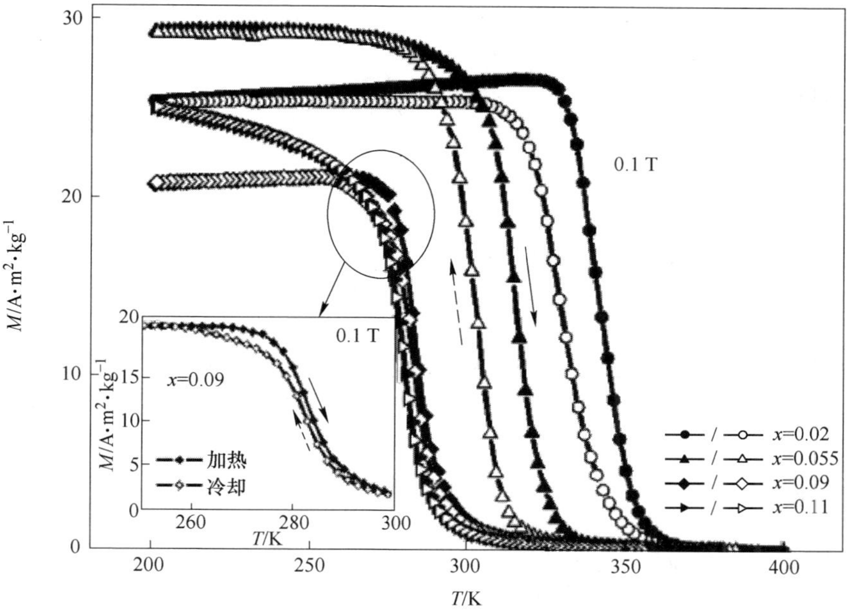

图 2.13 $Mn_{1+x}Co_{1-x}Ge$ 系列合金的热磁曲线

下面从 TiNiSi 和 Ni_2In 相的相对稳定性及价电子浓度的角度去理解 Mn/Co 比例变化对 $Mn_{1+x}Co_{1-x}Ge$ 合金结构相变温度的影响。正交 TiNiSi 相和六角 Ni_2In 相的主要差别在于前者具有更近的 Co-Co 间距，而后者具有更小的 Mn-Mn 间距[17-18,24]，如图 2.14[18]所示。

从晶体学的观点来看，TiNiSi 结构也可以看成是 Ni_2In 结构的正交扭曲[19]，如图 2.14 所示。由于 Mn 和 Co 离子半径的不同，Mn 对 Co 的取代可能改变了 MnCoGe 合金中 Mn-Mn 和 Co-Co 间距，从而影响了 TiNiSi 相和 Ni_2In 相的相对稳定性，使得合金中的 Ni_2In 相比 TiNiSi 相更加稳定，降低了 MnCoGe 合金结构相变温度。此外，Ni-Mn 基的 FSMAs 的马氏体相变特征温度与价电子浓度 e/a 密切相关[3-6]。对于 $Mn_{1+x}Co_{1-x}Ge$ 系列合金，由于 Mn 原子的最外层电子比 Co 少两个，因此随着 Mn 含量的增加，$Mn_{1+x}Co_{1-x}Ge$ 合金价电子浓度减小，合金的结构相变温度随之减小。图 2.15 所示为 $Mn_{1+x}Co_{1-x}Ge$ 系列合金的磁结构相变温度和 Mn 对 Co 取代量及价电子浓度的关系，由图可以看出，Mn 含量增加，价电子浓度减小，结构相变温度降低，说明了 MnCoGe 基合金的结构相变温度与价电子浓

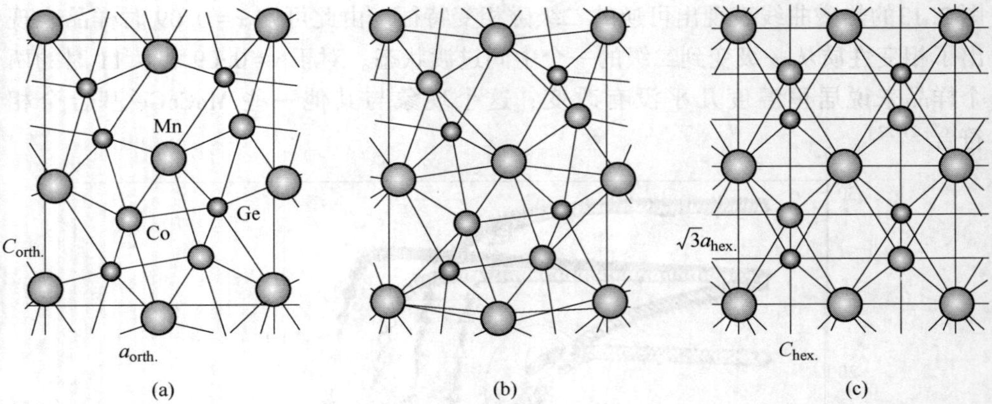

图 2.14　MnCoGe 合金的 TiNiSi 相（a）和 Ni_2In 相（c）原子占位示意图
[（c）图可以看作（a）图经过（b）图的过渡状态扭曲而成]

度也密切相关。由此可见，对于过渡元素基的合金，结构相变温度随价电子浓度的变化是一个普遍关系，这就为调控此类合金的磁相变提供了一个有意义的方法。

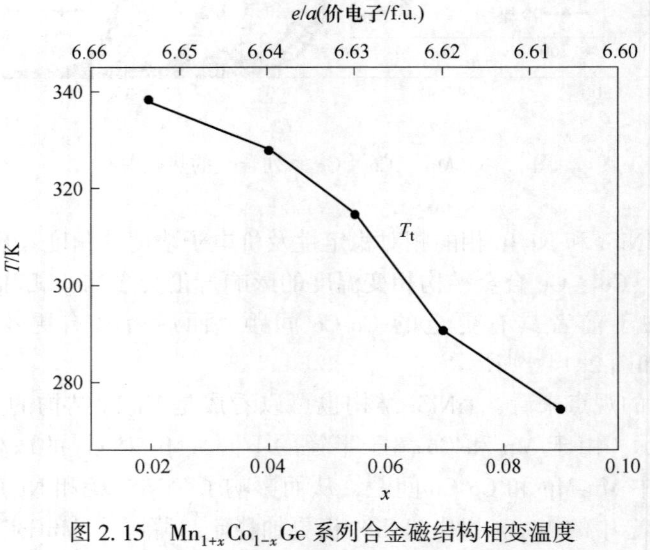

图 2.15　$Mn_{1+x}Co_{1-x}Ge$ 系列合金磁结构相变温度
随 Mn 对 Co 取代量及价电子浓度的变化关系

2.4.2　等温磁化曲线

图 2.16 为 $Mn_{1.02}Co_{0.98}Ge$ 合金在相变温度附近升温测量的等温磁化曲线，最大磁场强度为 1.2 T，其中对磁相变温度附近的部分磁化曲线进行了升、降磁场

测量。由图 2.16 可以看出直到 1.2 T 磁场强度下，都没能观察到明显的磁场诱导的变磁性相变。Koyama 等人在研究了 $Mn_{1.07}Co_{0.92}Ge$ 合金磁场诱导的磁结构相变后指出，该合金大约在 7.5 T 磁场强度下才观察到磁场诱导的变磁性相变[17]。因此对 $Mn_{1.02}Co_{0.92}Ge$ 样品，1.2 T 磁场可能还不足以诱导变磁性相变。另外，从升、降磁场磁化曲线看，磁滞非常小。首先，磁滞的存在能够说明 $Mn_{1.02}Co_{0.98}Ge$ 合金磁相变的一级性质，其次应该指出，一级磁相变材料中小的磁滞对磁制冷的实用有很大的意义。

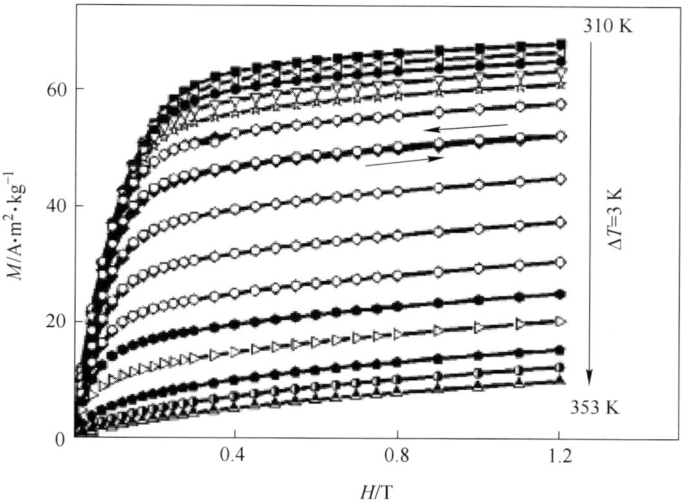

图 2.16 $Mn_{1.02}Co_{0.98}Ge$ 合金的等温磁化曲线

2.4.3 磁熵变和制冷能力

由图 2.13 热磁曲线可以知道，$Mn_{1+x}Co_{1-x}Ge$ 系列合金在其磁相变附近发生磁化强度突变，这预示着这些合金有大的磁熵变 ΔS_M。利用麦克斯韦关系计算了 $Mn_{1+x}Co_{1-x}Ge$ 系列合金的等温 ΔS_M，并画出它们随温度变化的关系，如图 2.17 所示。由图可以看出，对此系列合金，在室温附近观察到了比较大的低磁场 ΔS_M。比如，$x = 0.02$ 的样品在 $\Delta H = 1.2$ T 磁场下 ΔS_M 峰值可达 2.8 J/(kg · K)，峰值温度约 331 K。$x = 0.055$、$x = 0.09$ 的两个样品在大约 316 K 和 272 K 温度下的 ΔS_M 峰值分别达到了 1.9 J/(kg · K) 和 2.3 J/(kg · K)。这些值可以和一些 MnCoGe 基和 Ni-Mn 基系列合金的 ΔS_M 值相比拟甚至还要大，比如，在 $\Delta H = 1$ T 磁场下 $Ni_{50}Mn_{37}Sn_{13}$ 合金的 ΔS_M 峰值是 3 J/(kg · K)[9]，$MnFe_{0.3}Co_{0.7}Ge$ 合金在 2 T 磁场下的 ΔS_M 峰值也仅达到 3 J/(kg · K)[14]。注意到一个现象，$x = 0.09$ 时合金的 ΔS_M 峰值没有出现在居里温度（约 282 K），而是出现在了结构相

变温度 272 K。对于 $x = 0.11$ 的合金，由于相变已经变为二级性质，因此合金的 ΔS_M 峰值相对较小。

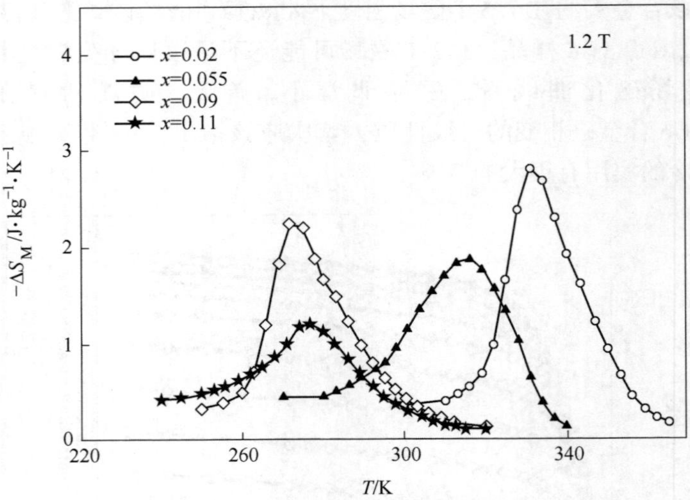

图 2.17　$Mn_{1+x}Co_{1-x}Ge$ 系列合金的等温磁熵变

考虑到具有一级磁相变的 $Mn_{1+x}Co_{1-x}Ge$ 系列合金拥有很小的磁滞，在计算出它们的磁熵变的同时，利用数值积分的办法计算了图 2.16 不同温度下升降磁场磁化曲线所围的面积，如图 2.18 所示，即 $Mn_{1.02}Co_{0.98}Ge$ 合金磁滞损耗随温度的变化曲线。然后再用前面所述方法分别计算得出该合金的制冷能力和平均磁滞损耗[8,30,32]。在 $Mn_{1.02}Co_{0.98}Ge$ 合金中，同样也得到了低磁场下（$\Delta H = 1.2$ T）较大的 RC 和很小的平均磁滞损耗，分别为 46 J/kg 和 0.14 J/kg，如前所述，这样小的磁滞损耗完全可以忽略。

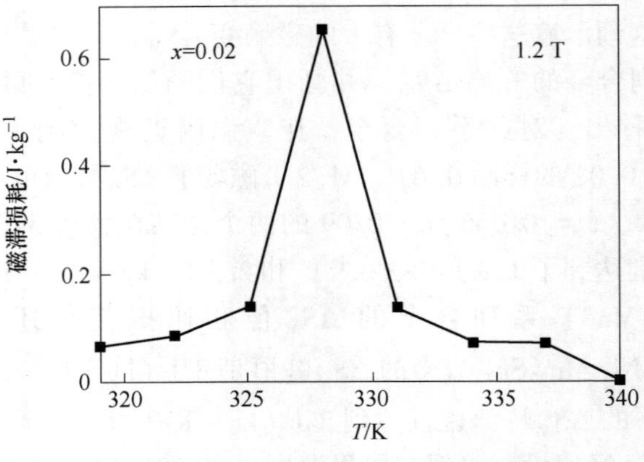

图 2.18　$Mn_{1.02}Co_{0.98}Ge$ 合金的磁滞损耗

2.5 本 章 小 结

本章主要通过过渡元素取代和调节 Mn/Co 比例的方法研究了 $Mn_{1-x}V_xCoGe$ 和 $Mn_{1+x}Co_{1-x}Ge$ 两个系列合金的磁相变及磁卡效应。

（1）过渡金属元素 V 对 Mn 的取代降低了 MnCoGe 基合金的结构相变温度，在室温附近观察到一系列一级 FM/PM 相变，伴随着磁化强度突变。对于 $x=0.01$ 和 $x=0.02$ 的两个合金，在室温附近获得了大的低磁场磁熵变，并且这两个合金在保持大的低磁场磁熵变的同时它们的磁滞损耗非常小；当元素 V 替代量增加，对于 $x=0.05$ 的合金，磁相变类型变为二级相变。

（2）通过调节 Mn/Co 比例也实现了降低 MnCoGe 基合金结构相变温度的目的，在室温附近也得到了一级磁结构相变。随着 Mn 含量的增加，相变开始由一级变为二级，且 $x=0.09$ 的合金表现出一个相变变化的中间过渡状态。从 TiNiSi 相和 Ni_2In 相的相对稳定性以及价电子浓度的角度解释了结构相变温度的降低，并且在此系列合金中也得到了大的低磁场室温磁熵变以及小到可以忽略的磁滞损耗。

参 考 文 献

[1] Tegus O, Brück E, Buschow K H J, et al. Transition-metal-based magnetic refrigerants for room-temperature applications [J]. Nature, 2002, 415 (6868): 150-152.

[2] Trung T N, Ou Q Z, Gortenmulder J T, et al. Tunable thermal hysteresis in MnFe(P, Ge) compounds [J]. Applied Physics Letters, 2009, 94 (10): 102513.

[3] Han Z D, Wang D H, Zhang C L, et al. Low-field inverse magnetocaloric effect in $Ni_{50-x}Mn_{39+x}Sn_{11}$ Heusler alloys [J]. Applied Physics Letters, 2007, 90 (4): 042507.

[4] Xuan H C, Zheng Y X, Ma S C, et al. The martensitic transformation, magnetocaloric effect, and magnetoresistance in high-Mn content $Mn_{47+x}Ni_{43-x}Sn_{10}$ ferromagnetic shape memory alloys [J]. Journal of Applied Physics, 2010, 108 (10): 103920.

[5] Krenke T, Acet M, Wassermann E F, et al. Ferromagnetism in the austenitic and martensitic states of Ni-Mn-In alloys [J]. Physical Review B: Condensed Matter and Materials Physics, 2006, 73 (17): 174413.

[6] Krenke T, Acet M, Wassermann E F, et al. Martensitic transitions and the nature of ferromagnetism in the austenitic and martensitic states of Ni-Mn-Sn alloys [J]. Physical Review B: Condensed Matter and Materials Physics, 2005, 72 (1): 014412.

[7] Kainuma R, Imano Y, Ito W, et al. Magnetic-field-induced shape recovery by reverse phase transformation [J]. Nature, 2006, 439 (7079): 957-960.

[8] Pathak A, Dubenko I, Karaca H, et al. Large inverse magnetic entropy changes and

magnetoresistance in the vicinity of a field-induced martensitic transformation in $Ni_{50-x}Co_xMn_{32-y}Fe_yGa_{18}$ [J]. Applied Physics Letters, 2010, 97 (6): 062505.
[9] Krenke T, Duman E, Acet M, et al. Inverse magnetocaloric effect in ferromagnetic Ni-Mn-Sn alloys [J]. Nature Materials, 2005, 4 (6): 450-454.
[10] Brück E, Tegus O, Thanh D T C, et al. A review on Mn based materials for magnetic refrigeration: structure and properties [J]. International Journal of Refrigeration, 2008, 31 (5): 763-770.
[11] 张成亮．锰基合金中的磁性相变及其相关物理性质 [D]. 南京：南京大学, 2010.
[12] Zhang C L, Wang D H, Cao Q Q, et al. Magnetostructural phase transition and magnetocaloric effect in off-stoichiometric $Mn_{1.9-x}Ni_xGe$ alloys [J]. Applied Physics Letters, 2008, 93 (12): 122505.
[13] Zhang C L, Wang D H, Zhang Q Q, et al. The magnetostructural transformation and magnetocaloric effect in Co-doped $MnNiGe_{1.05}$ alloys [J]. Journal of Physics, D. Applied Physics: A Europhysics Journal, 2010, 43 (20): 205003.
[14] Lin S, Tegus O, Bruck E, et al. Structural and magnetic properties of $MnFe_{1-rmx}Co_{rmx}Ge$ compounds [J]. IEEE Transactions on Magnetics, 2006, 42 (11): 3776-3778.
[15] Johnson V. Diffusionless orthorhombic to hexagonal transitions in ternary silicides and germanides [J]. Inorganic Chemistry, 1975, 14 (5): 1117-1120.
[16] Kanomata T, Ishigaki H, Suzuki T, et al. Magneto-volume effect of $MnCo_{1-x}Ge$ ($0 \leqslant x \leqslant 0.2$) [J]. Journal of Magnetism and Magnetic Materials, 1995, 140: 131-132.
[17] Koyama K, Sakai M, Kanomata T, et al. Field-induced martensitic transformation in new ferromagnetic shape memory compound $Mn_{1.07}Co_{0.92}Ge$ [J]. Japanese Journal of Applied Physics, 2004, 43 (12R): 8036.
[18] Wang J T, Wang D S, Chen C, et al. Vacancy induced structural and magnetic transition in $MnCo_{1-x}Ge$ [J]. Applied Physics Letters, 2006, 89 (26): 262504.
[19] Trung T N, Zhang L, Caron L, et al. Giant magnetocaloric effects by tailoring the phase transitions [J]. Applied Physics Letters, 2010, 96 (17): 172504.
[20] Trung N T, Biharie V, Zhang L, et al. From single-to double-first-order magnetic phase transition in magnetocaloric $Mn_{1-x}Cr_xCoGe$ compounds [J]. Applied Physics Letters, 2010, 96 (16): 162507.
[21] Liu E K, Zhu W, Feng L, et al. Vacancy-tuned paramagnetic/ferromagnetic martensitic transformation in Mn-poor $Mn_{1-x}CoGe$ alloys [J]. Europhysics Letters, 2010, 91 (1): 17003.
[22] Nizioł S, Zięba A, Zach R, et al. Structural and magnetic phase transitions in $Co_xNi_{1-x}MnGe$ system under pressure [J]. Journal of Magnetism and Magnetic Materials, 1983, 38 (2): 205-213.
[23] Hamer J B A, Daou R, Özcan S, et al. Phase diagram and magnetocaloric effect of $CoMnGe_{1-x}Sn_x$ alloys [J]. Journal of Magnetism and Magnetic Materials, 2009, 321 (21): 3535-3540.
[24] Kaprzyk S, Niziol S. The electronic structure of CoMnGe with the hexagonal and orthorhombic

crystal structure [J]. Journal of Magnetism and Magnetic Materials, 1990, 87 (3): 267-275.

[25] Ma S C, Wang D H, Xuan H C, et al. Effects of the Mn/Co ratio on the magnetic transition and magnetocaloric properties of $Mn_{1+x}Co_{1-x}Ge$ alloys [J]. Chinese Physics B, 2011, 20 (8): 087502.

[26] Ma S C, Zhong Z C, Wang D H, et al. Differences of the magnetic hysteresis behaviors in the magnetostructural transformation $Mn_{1-x}V_xCoGe$ alloys [J]. Journal of Magnetism and Magnetic Materials, 2013, 348: 160-165.

[27] Duc N H, Anh D T K, Brommer P E. Metamagnetism, giant magnetoresistance and magnetocaloric effects in RCo_2-based compounds in the vicinity of the Curie temperature [J]. Physica B: Condensed Matter, 2002, 319 (1/2/3/4): 1-8.

[28] Hu F X, Shen B G, Sun J R, et al. Influence of negative lattice expansion and metamagnetic transition on magnetic entropy change in the compound $LaFe_{11.4}Si_{1.6}$ [J]. Applied Physics Letters, 2001, 78 (23): 3675-3677.

[29] Pecharsky V K, Gschneidner Jr K A. Giant magnetocaloric effect in $Gd_5(Si_2Ge_2)$ [J]. Physical Review Letters, 1997, 78 (23): 4494.

[30] Provenzano V, Shapiro J A, Shull D R, et al. Reduction of hysteresis losses in the magnetic refrigerant $Gd_5Ge_2Si_2$ by the addition of iron [J]. Nature: International Weekly Journal of Science, 2004, 429 (6994): 853-857.

[31] Shen J, Wang F, Zhao J L, et al. Reduction in hysteresis losses and large magnetic entropy change in the B-doped $La(Fe,Si)_{13}$ compounds [J]. Journal of Applied Physics, 2010, 107 (9): 07A909.

[32] Hernando B, Sánchez Llamazares J L, Prida V M, et al. Magnetocaloric effect in preferentially textured $Mn_{50}Ni_{40}In_{10}$ melt spun ribbons [J]. Applied Physics Letters, 2009, 94 (22): 222502.

3 MnCoGe 基合金磁场驱动相变

3.1 引　言

磁制冷以其绿色环保、节能高效等优点被誉为最有潜力替代当今气体压缩制冷的固态制冷技术，在国民经济、科学研究、军事国防等领域都具有重要应用前景。磁制冷的物理基础是磁热效应（magnetocaloric effect，MCE），即对磁性材料施加和去除外磁场，会引起材料本身磁熵的变化，伴随着吸放热的过程，通常用等温磁熵变 ΔS_M 和绝热磁温变 ΔT_{ad} 表示。磁制冷已在极低温领域获得重要应用，其制冷工质为顺磁性盐。相比之下，室温区磁制冷技术的研发和应用更具巨大的工程意义和推广价值，其关键是寻找巨磁热效应材料。近年来，巨磁热效应在 $Gd_5Si_{4-x}Ge_x$[1-2]、$LaFe_{13-x}Si_x(H)$[3-4]、MnFeP(As, Si, Ge)[5-7] 及 Ni-Mn-X(X = In, Sn, Sb, Ga, Ti)[8-10] 等一级磁相变合金体系中相继被发现，极大地推动了室温区磁制冷技术的研究和发展。

和 $Gd_5Si_2Ge_2$ 类似，Ni-Mn-X(X = In, Sn, Sb, Ga, Ti) 铁磁形状记忆合金属于一级磁结构相变合金，具有很强的磁和晶格耦合，即施加外磁场可以驱使晶体结构转变和磁相变同时发生。2012 年，Gschneidner Jr 等人发现，$GdSi_2Ge_2$ 合金由结构转变产生的晶格熵变 ΔS_{st} 占总磁熵变 ΔS_M 的一半还多[11]，可见，晶格熵变 ΔS_{st} 对磁结构相变合金总磁热效应的大小起关键作用[11]。基于此，中国科学院宁波材料技术与工程研究所刘剑等人于 2012 年研究报道了 $Ni_{45.2}Mn_{36.7}In_{13}Co_{5.1}$ 合金由于结构转变所引起的巨磁热效应，1.9 T 磁场下绝热磁温变 ΔT_{ad} 高达 −6.2 K，由结构转变引起的绝热磁温变 T_{ad}^{str}（−8.1 K）是由单纯磁相变产生的绝热磁温变 T_{ad}^{mag}（1.9 K）绝对值的 4 倍多[8]。但同时也注意到，该合金结构转变和磁相变对总磁热效应的贡献相反[8]，原因在于其发生的是铁磁奥氏体到弱磁马氏体的马氏体相变，结构转变是放热过程，磁相变是吸热过程[8,12]。因此，寻找能够引起巨晶格熵变 ΔS_{st} 且和单纯磁熵变 ΔS_M 同号的低磁场驱动磁结构相变合金是探索新型巨磁热效应材料，从而加快室温区磁制冷技术的商业化、大幅度降低碳排放非常可行的策略[8,12]。

在众多一级磁相变合金中，MnCoGe 基合金以高饱和磁矩和可调控的磁结构相变备受关注。正分的 MnCoGe 合金具有正交 TiNiSi 类型和六角 Ni_2In 类型晶体结构，居里温度和饱和磁矩分别为：T_C^O 约为 345 K，约 4.13 μ_B 和 T_C^H 约为 275 K，约 2.76 μ_B[13-16]，在 T_t 约为 650 K，发生 TiNiSi 到 Ni_2In 类型的结构转变[15]，可见，正分的 MnCoGe 合金磁和结构相变没有耦合。人们采用间隙位原子掺杂、元素替代、元素缺位（过量）、施加外压力、后退火等方法调控获得温度诱导的一级磁结构耦合相变，伴随大的磁化强度突变 ΔM 和室温磁热效应[15-23]。比如，2006 年和 2010 年中国科学院物理研究所的 Wang 等人和 Liu 等人分别研究了过渡金属 Co 和 Mn 缺位对 MnCoGe 合金磁相变的调控[14,17]，在 Mn 缺位的 $Mn_{1-x}CoGe$ 合金中实现了温度诱导的磁结构马氏体相变，报道了约 100 K 的居里温度窗口[17]。这期间钢铁研究总院、包头稀土研究院、上海交通大学、北京科技大学、北京理工大学、南京理工大学、内蒙古师范大学、陕西理工大学等科研院所和高校也都对 MnCoGe 基合金相变调控及其磁热效应做了大量研究工作，取得不菲成果。

由上述可知，同已有的磁结构相变合金相比，MnCoGe 基合金的磁热效应具有以下特点：（1）巨大的晶格熵变 ΔS_{st}。已有研究表明，MnCoGe 基合金磁结构相变伴随大的晶格体积突变（$\Delta V/V$ 为 $-3\%\sim5\%$）[11,14,17]，Gschneidner Jr 等人指出，ΔS_{st} 正比于 $\Delta V/V$[11]，MnCoGe 基合金的 $\Delta V/V$ 是 $GdSi_2Ge_2$ 的 4～5 倍，因此 ΔS_{st} 可达 $Gd_5Si_2Ge_2$ 的 4～5 倍[11]。（2）ΔS_{st} 和 ΔS_M 同号。原因在于 MnCoGe 基合金发生的是顺磁 Ni_2In-铁磁 TiNiSi 类型马氏体相变，结构转变和磁相变都是放热过程[8,11-12]。因此，新型磁-结构耦合 MnCoGe 基合金可作为潜在的、有竞争力的制冷工质，有力推动室温磁制冷技术的发展和实际应用。

除了磁热效应，基于 MnCoGe 基合金相变前后巨大的晶格体积突变（$\Delta V/V$ 为 $-3\%\sim5\%$），2015 年中国科学院物理研究所的 Hu 等人报道了 In、Cr 替代的 MnCoGe 合金的巨负膨胀和压热效应[24-25]。此后，中国科学院固体物理研究所的 Tong 等人和上海交通大学的 Ren 等人也分别报道了在 $Mn_{0.98}CoGe$ 和$(Mn_{0.95}Ni_{0.05})CoGe$ 合金中的巨负膨胀效应[26-27]。如果磁场能够驱动相变，除上述性质外，MnCoGe 基合金应该还会展现出磁致应变、磁驱形状记忆、磁电阻等磁功能性质，它有望在磁性传感器、激励装置、能量捕获装置和人工智能等领域获得重要应用。

然而遗憾的是，两大缺陷限制了 MnCoGe 基合金在室温区磁制冷及其他磁功能领域的研发和实际应用。首先是过高的相变驱动场，即相变对磁场不敏感，导致时至今日报道的磁相变几乎都由温度诱导，还鲜有真正磁场驱动变磁性马氏体相变的报道；其次是差的力学性能，马氏体相变前后大的晶格体积突变（$\Delta V/V$ 为 $-3\%\sim5\%$）致使 MnCoGe 基合金晶格畸变严重，内应力很大，样品在经历几次热-磁循环后就碎裂成很碎的颗粒状，有时甚至达到微米量级，导致潜在的磁致应变、磁电阻等物理性质不能测量，因此，对 MnCoGe 基合金的研究迄今还大都局限于磁热效应，严重制约了合金的研究和应用领域。

虽然个别成分的 MnCoGe 基合金也有所谓的磁场诱导相变的报道，但是明显都非常弱，即相变驱动场过高，相变前后磁化强度差值 ΔM 过小，相变温度在磁场驱动下的移动 $\Delta T/(\mu_0\Delta H)$ 也非常小[28-30]。比如 2004 年，Koyama 等人提出 $Mn_{1.07}Co_{0.92}Ge$ 合金中有所谓的磁场驱动相变，如图 3.1（a）所示，但 220 K 温度下（M_s约为 210K），临界场约达 7.5 T，磁场增大到 13 T 相变还没有完成[28]；2015 年，Yüzüak 等人报道的$CoMn_{0.9}Fe_{0.1}Ge$合金，相变温度附近（300 K），临界场约达 4.4 T，如图 3.1（b）所示，7 T 磁场下相变还没有完成[29]；2016 年，Yuce 等人报道了 $CoMn_{0.915}Fe_{0.085}Ge$ 和 $CoMn_{0.88}Fe_{0.12}Ge$ 合金，在逆马氏体相变结束温度 A_f条件下，临界场 H_{req}和完成场 H_{comp}分别高达 6.48 T、11.84 T 和 7.56 T、13.65 T[30]，$dT^{(M_s)}/dH$ 和 $dT^{(M_f)}/dH$ 也分别只有 1.39 K/T、1.54 K/T 和 1.18 K/T、0.84 K/T[30]。于是，人们几乎一致地认为：对 MnCoGe 基合金来说，磁场很难驱动马氏体相变，即磁结构相变对磁场非常不敏感[16-17,21-22,28-32]。

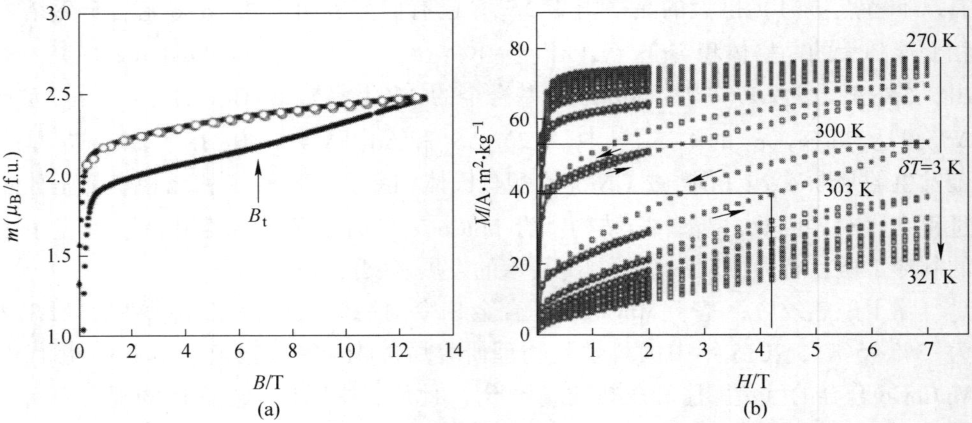

图 3.1　$Mn_{1.07}Co_{0.92}Ge$[28]（a）和 $CoMn_{0.9}Fe_{0.1}Ge$（b）合金的等温磁化曲线[29]

作为和 Gd-Si-Ge，Ni-Mn-X 等类似的磁结构相变合金，人们要想拓展 MnCoGe 基合金磁功能性质的研发和应用，需要解决的首要问题是增强马氏体相变对磁场的敏感度，实现低磁场驱动变磁性相变，同时提高合金的力学性能。2014 年和 2017 年，Taguchi 等人提出探索多重物理量的不稳定性（如磁场诱导的晶体结构上的不稳定性），这是增强磁相变一级特征从而增大其磁热效应、开发新型巨磁热材料非常有希望的策略[32]；2016 年，Yuce 等人指出，通过改变材料化学成分和微结构可以调控马氏体相变对磁场的敏感度，对 MnCoGe 基合金下一步的研究应该集中在增强马氏体相变对磁场的敏感度[30]；2016 年，Guillou 和 Tegus 等人利用同步辐射技术对 MnCoGe 基合金巨磁热效应的微观机制进行研究，进一步提出 Mn 磁矩的不稳定性是增强马氏体相变对磁场的敏感度，从而获得磁场诱导变磁性相变，增大磁热效应的关键[31]。Mn 磁矩的不稳定性是指从 TiNiSi 到 Ni_2In 类型结构，Mn 原子磁矩发生变化，这将直接导致合金从 TiNiSi 到 Ni_2In 时饱和磁矩的减小，相变前后磁化强度突变 ΔM 增大，进而相变对磁场的敏感度增强[29]。

这些研究结果给我们很大启发，由此设想，可以通过设计合适成分，增加 Mn 磁矩的不稳定性，增大铁磁 TiNiSi 和顺磁 Ni_2In 之间的磁化强度差 ΔM，使塞曼能（Zeeman energy，$E_z=\mu_0\Delta M \cdot H$）大于合金的磁晶各向异性能，从而提高相变对磁场的敏感度；应该也能够像包括 Gd-Si-Ge[1-2]、Ni-Mn-X[8-10] 等在内的磁驱相变合金一样，在 MnCoGe 基合金中实现低磁场驱动变磁性马氏体相变，拓展其研究和应用领域。

因此，本章的主要研究内容为：通过 Co 替代 Mn，增大合金的 e/a，设计特定成分的 $Mn_{1-x}Co_{1+x}Ge$（$0.01 \leqslant x \leqslant 0.11$），增加 Mn 磁矩不稳定性，从而提高马氏体相变对磁场的敏感程度。得到磁场诱导变磁性马氏体相变，增大磁热效应，拓宽其功能性质研究。

3.2 MnCoGe 基合金研究进展

MnCoGe 合金属于 MM′X 合金，该合金具有两种晶体结构，即正交 TiNiSi 类型马氏体和 Ni_2In 类型奥氏体，都具有铁磁性。Ni_2In 型磁相变合金是 1953 年首次被 L. Castelliz 报道的，是一种磁性金属间化合物[33]，具有 Ni_2In 结构的合金也称为六角 MM′X 合金（M，M′为 Mn、Co、Ni 等过渡族金属元素，X 为 Ge、Si、Sn 等主族元素）。这些合金中各个原子的占位有一定的规律[34]，价电子数较少的 M 元素占 $2a$ 位：(0,0,0)，(0,0,1/2)，价电子数较少的 M′元素占 $2d$ 位：(1/3,2/3,3/4)，(2/3,1/3,1/4)，主族元素 X 占 $2c$ 位：(1/3,2/3,1/4)，(2/3,1/3,3/4)。由于 M′原子和 X 原子的间距很小，两者之间可形成较强的共价键，共价键所围成的环决定了材料的基本结构[35]。本书重点讨论 MM′X 合金中的 MnCoGe 基合金。

MnCoGe 合金在室温下为正交 TiNiSi 结构，晶体结构的空间群为 *Pnma*，温度的升高使得合金在 T_C^O 约为 345 K 时发生磁相变，随着温度的继续升高，在 650 K 发生从低温正交 TiNiSi 相到高温六角 Ni_2In 相的一级结构相变，六角相晶体结构的空间群为 $P6_3/mmc$，居里温度为 T_C^H 约为 275 K[36]。合金降温过程中发生的六角相到正交相的相变是一种非扩散型的晶格畸变，称为马氏体相变。本课题组通过理论计算并结合实验数据，得出了 $Mn_{0.965}Co_{1.035}Ge$ 合金和 $Mn_{0.945}Co_{1.055}Ge$ 合金原子占位图，如图 3.2 所示，两个合金在室温下的主相分别为正交相（88.1%）和六角相（72.0%），图 3.2 表示了这两个合金的正交结构，可以看出，随着成分的变化，即使两个合金都为正交结构，但是原子位置发生了移动，预示着相变的发生。相变时，Co-Ge 间依然保持共价键，但形状发生扭折。马氏体和奥氏体除了居里温度有差异之外，饱和磁化强度和晶胞体积也有不同，研究表明 TiNiSi 相的饱和磁化强度为 4. 13 μ_B，Ni_2In 相的饱和磁化强度为 2. 76 μ_B。Kaprzyk 和 Nizid 利用中子衍射结果并结合 MnCoGe 合金中 3 个原子费米能级的比较发现，合金磁矩值主要来源于几乎不受共价键影响的 Mn 原子，Co 原子的 sd^3 和 Ge 原子的 sp^3 发生共价杂化作用，因此 Co 原子的局域磁矩很小[37]。合金的马氏体相变前后体积膨胀约 4. 1%，且晶格之间有特定的对应关系：$a_o = c_h$，$b_o = a_h$，$c_o = \sqrt{3}\ a$，$V_o = 2V_h$。因此马氏体相的磁矩值更大，主要是由于相变之后单胞中的原子比之前增加一倍，体积增加，Mn-Mn 间距变大，从而使得其 3d 能带变窄，电子云密度增大，进而导致电子间的相互作用增强，电子自旋向上与向下的交换劈裂程度增大[37]。

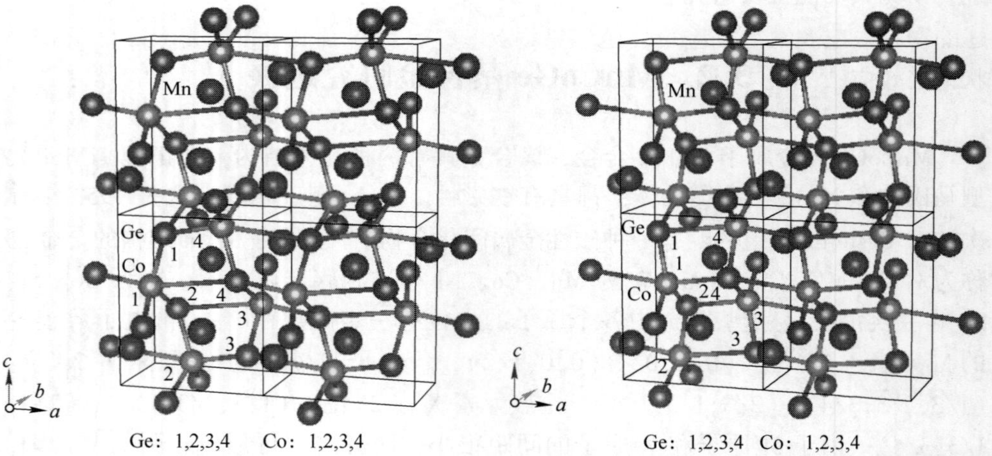

图 3. 2　$Mn_{0.965}Co_{1.035}Ge$ 和 $Mn_{0.945}Co_{1.055}Ge$ 合金的正交晶体结构

（a）$Mn_{0.965}Co_{1.035}Ge$；（b）$Mn_{0.945}Co_{1.055}Ge$

彩图

如前所述，在 MnCoGe 基合金中，既可发生六角 Ni_2In 相和正交 TiNiSi 相之间的一级结构相变，也可发生二级磁性相变。铁磁马氏体相变就属于这类磁结构相变合金，上述两种相变发生耦合，称为一级磁结构耦合相变，即顺磁 Ni_2In 型奥氏体相到铁磁 TiNiSi 型马氏体相的马氏体相变。当发生一级磁结构耦合相变时，相变潜热的变化和磁有序度的变化共同贡献于磁热效应，这也是一级磁结构耦合相变具有大磁熵变的主要原因。因此调控合金相变的主要方向，就是将结构相变温度调至两相居里温度之间。方法有调控过渡族金属原子及主族元素的空位、化学元素掺杂、等静压等。而诱导马氏体相变的外界因素也有很多种，如温度、磁场和应力等。当温度降低到特定的温度时，母相（六角 Ni_2In 相）失稳，新相（正交 TiNiSi 相）由于体系能量更低具有更高的稳定性，会使得体系发生马氏体相变。这个过程可以称为温度诱导的马氏体相变。若在马氏体相变合金体系中，在相变发生前的高温部分施加一定的应力，会使得马氏体相变温度发生变化，并伴随着应变的发生，这个过程可以称为应力诱导马氏体相变。在磁结构耦合相变合金中，结构发生相变的同时会牵动磁畴的移动，使得磁性发生转变。因此外界磁场会对两相的磁性行为产生影响，使得原子的光谱线在外磁场中出现分裂的现象，为两相引入不同的塞曼能，能量的引入同样会引起马氏体相变温度的变化，这种行为称为磁场诱导马氏体相变。

如前所述，正分合金磁相变和结构相变是分离的。为了增大相变过程中磁化强度的变化量从而得到大磁热效应，需要调节结构相变温度至两相居里温度窗口之间，使结构相变与磁转变耦合。由于磁结构耦合相变附近，发生了许多令人着迷的物理效应及其潜在应用，包括磁热效应，磁致伸缩，磁致应变，磁电阻和形状记忆效应[38]等，人们对磁结构耦合相变材料给予了很大的关注。近年来，人们在 MnCoGe 基合金磁结构相变调控方面进行了很多研究，表明 MnCoGe 基合金的马氏体相变温度对压力和化学组分较为敏感，微量元素的掺杂或施加压力都可显著地调控马氏体相变温度。目前调控 MnCoGe 基合金马氏体相变温度的方法主要有以下四种：间隙位原子掺杂[15]、过渡元素和/或主族元素缺位（过量）[39-40]、过渡元素和/或主族元素替代[41-42]和施加外压力[16]。

前面所提到的大多为温度或压力诱导的 MnCoGe 基合金的一级磁结构相变，许多研究者也试图在 MnCoGe 基合金中调控磁场诱导的变磁性马氏体相变。如 2004 年，Koyama 等人在 $Mn_{1.07}Co_{0.92}Ge$ 合金中发现磁场诱导的马氏体相变，然而临界场较大（7.5 T），并且在 13 T 的磁场下还没有饱和[28]。2012 年，Dincer 在 $CoMnGe_{0.95}Ga_{0.05}$ 合金中报道磁场诱导的马氏体相变，马氏体相变温度点附近，临界场虽然降低到了 3.5 T，但是磁化强度变化量 ΔM 仍然很小（17 $A \cdot m^2/kg$）[43]。2015 年，Yüzüak 等人报道了在 $CoMn_{0.9}Fe_{0.1}Ge$ 合金中的磁场诱导的马氏体相变，变磁性马氏体相变的临界场和相变完成场仍然高达 3.5 T 和 7 T，ΔM 也仅为 20 $A \cdot m^2/kg$[29]。2016 年，Yuce 等人在 $CoMn_{0.915}Fe_{0.085}Ge$ 合金和 $CoMn_{0.88}Fe_{0.12}Ge$ 合金中发现了磁场诱导的马氏体相变，经计算得出相变临界场分别为 6.48 T 和 7.56 T，并在 11.84 T 和 13.65 T 下完成此相变[30]。因此，磁场并不能有效地诱导 MnCoGe 基合金中马氏体相变，这将阻碍这些合金的进一步研究和实际应用。因此，必须提高变磁性马氏体相变对磁场的灵敏度，以实现 MnCoGe 系统中的磁场诱导的变磁性马氏体相变。

3.3　样品制备和表征

通过电弧熔炼技术在高纯氩气保护气氛中将按照化学计量比称好的高纯度 Mn、Co 和 Ge 金属单质在水冷铜坩埚中熔炼多次，制备出一系列多晶 $Mn_{1-x}Co_{1+x}Ge$（x = 0.02，0.035，0.045，0.05，0.07，0.09）合金块体样品。为了避免电弧熔炼期间 Mn 挥发导致的成分偏析，配料时多加 3%（质量分数）的单质 Mn。将熔炼好的铸锭密封在石英管中并在 1073 K 下退火 120 h，随后在冷水中骤冷。

合金室温下的晶体结构通过使用 CuK_α 辐射的粉末 X 射线衍射（XRD）来鉴定。使用 FullProf 软件进行 Rietveld 精修，以确定晶格常数、相分数和基体晶体结构[44]。通过同步辐射技术测量 Mn、Co 和 Ge 元素的 K 边 X 射线吸收光谱（XAFS），以研究不同的 Co 含量对样品原子局域结构的影响，并用 Athena 软件进行分析[45]。通过差示扫描量热仪（DSC，404F3/200F3）在 112~423 K 的温度范围内以 10 K/min 的加热和冷却速率来表征其热力学行为，确定其马氏体相变及其特征温度。使用配备有 VSM 模块的 PPMS（综合物理性能测量系统 DynaCool TM，Quantum Design，USA）测量磁性能。为了保证磁熵变（ΔS_M）结果的可靠度，测量每个温度下的 M-H 曲线时使用循环（loop process）测量的方法[46]，即样品必须首先加热到远高于相变温度（如约 400K），确保此温度下样品最初处于完全弱磁状态，然后冷却到特定的温度点，再进行等温磁化曲线测量[46-48]。在每次测量之前延迟 300 s 的等待时间以确保温度稳定。使用 Maxwell 关系从所得的等温磁化曲线求出 ΔS_M 值[48]：

$$\Delta S_M \approx \frac{1}{\Delta T}\left[\int_0^{H'} M(T+\Delta T,\ H)\,\mathrm{d}H - \int_0^{H'} M(T,H)\,\mathrm{d}H\right] \tag{3.1}$$

使用式（3.2）从 $-\Delta S_M(T)$ 曲线估算制冷能力（refrigeration capacity，RC）：

$$\mathrm{RC} = \int_{T_{\mathrm{cold}}}^{T_{\mathrm{hot}}} \left| -\Delta S(T) \right|_{\Delta H} \mathrm{d}H \tag{3.2}$$

3.4　$Mn_{1-x}Co_{1+x}Ge$ 合金铸锭的结构及磁性

3.4.1　$Mn_{1-x}Co_{1+x}Ge$ 合金的结构特性

图 3.3（a）为室温下 $Mn_{1-x}Co_{1+x}Ge$（x = 0.02，0.035，0.045，0.055，0.07，0.09）合金铸锭的 XRD 衍射图谱（用 FullProf 软件进行了 Rietveld 精修[44]）。从图 3.3 中可以看出，随着 Co 含量的增加，室温下合金中的六角 Ni_2In 类型奥氏体相迅速稳定，表明 Co 对 Mn 的替代降低了结构相变温度 T_t。当 x =

0.02 时，所测样品在室温下主要为正交 TiNiSi 类型马氏体结构，只存在少量的六角 Ni_2In 类型结构，从图 3.3（d）可看出六角相仅约占 2.3%。随着 Co 替代量的增加，正交 TiNiSi 相体积分数逐渐减少，六角相的体积分数逐渐增加。当 x = 0.09 时，所测样品在室温下主相为六角 Ni_2In 相，相比例达到 98.4%。除此之外计算了 $Mn_{1-x}Co_{1+x}Ge$ 合金（x = 0.02，0.035，0.045，0.055，0.07，0.09）的晶格常数和晶胞体积，如图 3.3（b）和图 3.3（c）所示，同时也计算出相变前后晶格常数之间特殊的对应关系：$a_{orth.} = c_{hex.}$，$b_{orth.} = a_{hex.}$，$c_{orth.} = \sqrt{3}a_{hex.}$，$V_{orth.} = 2V_{hex.}$。

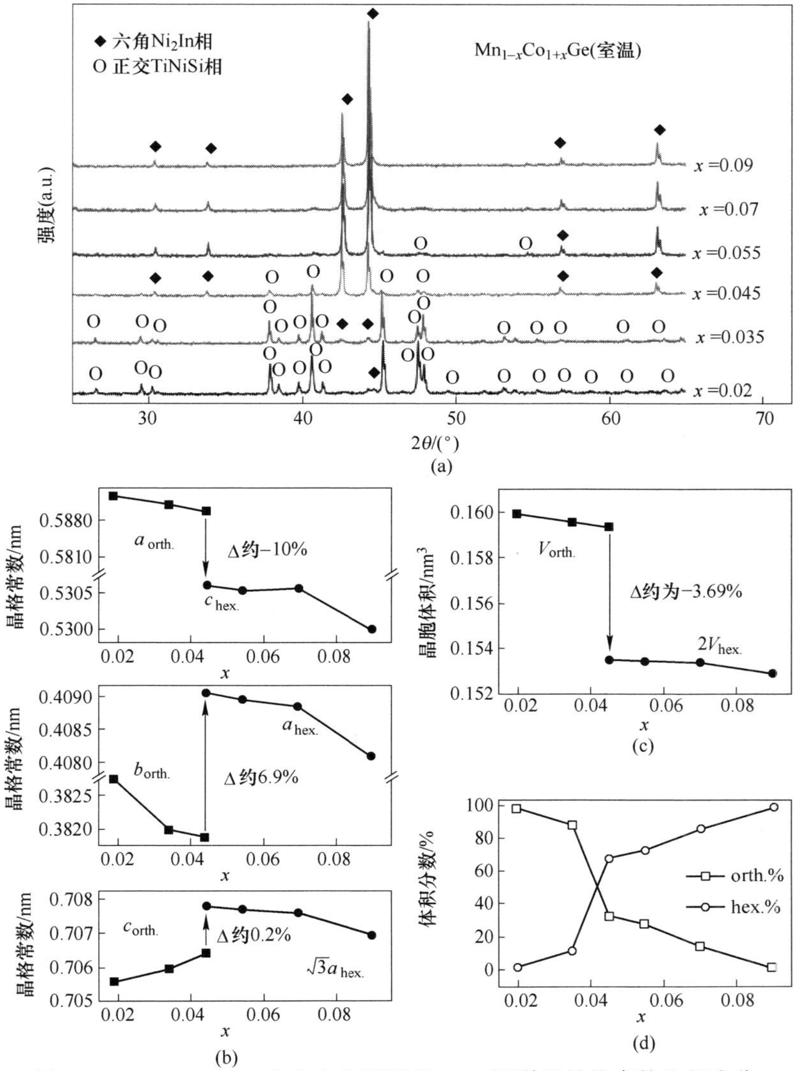

图 3.3 $Mn_{1-x}Co_{1+x}Ge$ 合金在室温下的 XRD 图谱及晶格参数和相成分

并且从奥氏体相到马氏体相，体积负膨胀约为 3. 69%，这导致了 $a_{orth.}$（或 $c_{hex.}$）和 $b_{orth.}$（或 $a_{hex.}$）的巨大变化，体现了巨大的晶格畸变。这个值与其他六角 Ni_2In 类型合金相变前后体积的负膨胀量近似[49-50]。

图 3. 4 为室温下 $Mn_{0.965}Co_{1.035}Ge$ 合金和 $Mn_{0.945}Co_{1.055}Ge$ 合金的 Rietveld 精修图谱和精修参数 R 值和 Chi^2。从图 3. 4（a）中可以看出，室温下 $Mn_{0.965}Co_{1.035}Ge$ 合金两相共存，含有 88. 1%的正交马氏体相和 11. 9%六角奥氏体相，说明合金结构相变温度被调节到室温附近并稍高于室温。从图 3. 4（b）中可以看出，室温下

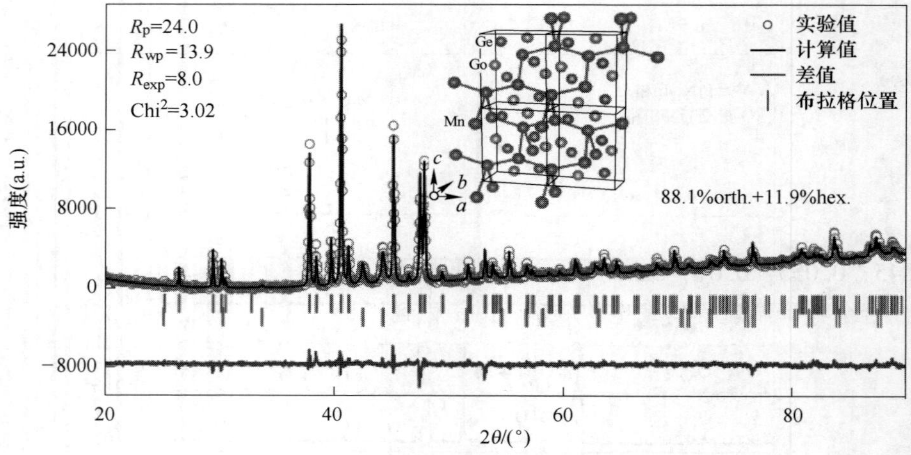

(a)

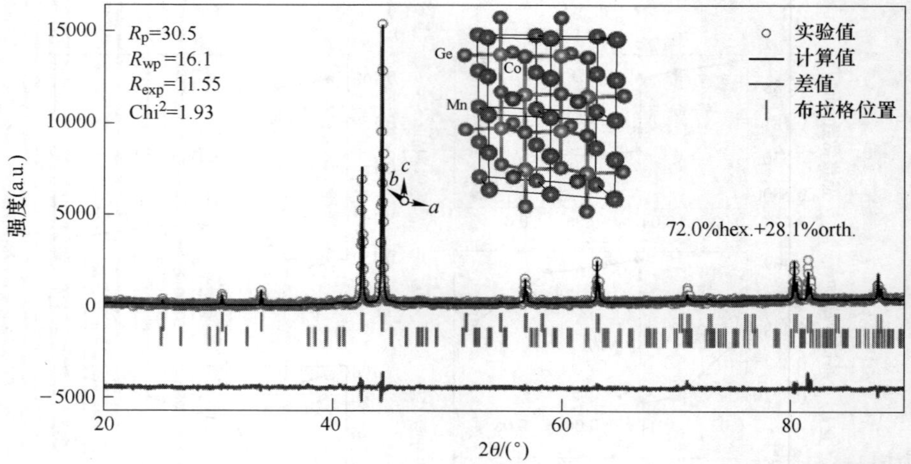

(b)

图 3. 4　室温下 $Mn_{0.965}Co_{1.035}Ge$ 合金和 $Mn_{0.935}Co_{1.055}Ge$ 合金的 Rietveld 精修图谱

（a）$Mn_{0.965}Co_{1.035}Ge$；（b）$Mn_{0.935}C_{1.055}Ge$

彩图

$Mn_{0.945}Co_{1.055}Ge$ 合金两相共存，含有 28.0%的正交马氏体相和 72.0%六角奥氏体相，表明马氏体相变温度 T_t在室温附近并稍低于室温。图 3.4 中的插图为两相的晶体结构。在正交相中，马氏体晶体结构的空间群为 *Pnma*，各个原子占 4*c* 位：$\left(x, \frac{1}{4}, z\right)$，$\left(-x, \frac{1}{4}, -z\right)$，$\left(\frac{1}{2}-x, \frac{3}{4}, \frac{1}{2}+z\right)$，$\left(\frac{1}{2}+x, \frac{1}{4}, \frac{1}{2}-z\right)$。在六角相（空间群 $P6_3/mmc$）中，Mn 占 2*a* 位：(0, 0, 0)，$\left(0, 0, \frac{1}{2}\right)$；Co 占据 2*d* 位：$\left(\frac{1}{3}, \frac{2}{3}, \frac{3}{4}\right)$，$\left(\frac{2}{3}, \frac{1}{3}, \frac{1}{4}\right)$；Ge 占据 2*c* 位：$\left(\frac{1}{3}, \frac{2}{3}, \frac{1}{4}\right)$，$\left(\frac{2}{3}, \frac{1}{3}, \frac{3}{4}\right)$。

3.4.2 $Mn_{1-x}Co_{1+x}Ge$ 合金铸锭的温度诱导马氏体相变

为了研究合金的磁性行为，测量了 $Mn_{1-x}Co_{1+x}Ge$（x = 0.02，0.035，0.045，0.055，0.07，0.09）在 0.1 T 低磁场下的热磁曲线，如图 3.5（a）所示。合金在降温过程均发生从顺磁 Ni_2In 相到铁磁 TiNiSi 相的马氏体相变，且有明显的热滞，说明发生了磁结构耦合相变，并调节出较大的温度窗口（约 110 K）[15,17-18,24-25,39-43,51]。从图 3.5（b）的 DSC 曲线中看出，在加热/冷却过程中出现较明显的吸热/放热峰，并且有明显的热滞。确定热磁曲线的斜率［d*M*/d*T*（*T*）曲线极小值］和 DSC 曲线中峰值对应的温度（相变温度点），由图 3.5 可以看出热磁曲线中得到的相变温度均与 DSC 曲线中得到的相变温度很好地符合，这说明了随着 Co/Mn 比例的增加，原子半径的减小导致了六角 Ni_2In 相被稳定，相变温度降低，这与室温 XRD 结果也相吻合。

由此可以得到合金的结构和磁性相图，如图 3.6 所示。由图 3.6 中插图可看出，随着 Co 含量的增加，合金的价电子浓度 e/a 增加，合金的相变温度 T_t随着 e/a 的增加而增加，这与 Mn 缺位或 Co 空位的合金体系略有不同。结果表明 Co 对 Mn 的替代可以更容易地调节合金的 e/a。由于正分的 MnCoGe 合金正交相的居里温度 T_C^O 为 345 K，由图 3.6 中 x = 0.09 成分合金可得出六角相的居里温度 T_C^H 为 255 K，因此构成了较宽（约 110 K）的居里温度窗口。从 x = 0.02 到 x = 0.07，磁相变和马氏体结构相变相互耦合，具有相同符号的焓变，加强了磁制冷应用的效率[12]。

相变温度 T_t降低的原因可以归结为小半径元素替代大半径元素导致的化学压力，它稳定了六角母相。有研究证实，施加静水压力可以降低 MnCoGe 和 MnNiGe 体系合金的相变温度[16-52]。Caron 等人指出，使用较小半径元素 Cr 取代较大半径的 Mn 元素来降低相变温度和调控磁结构相变耦合，与施加净水压力有

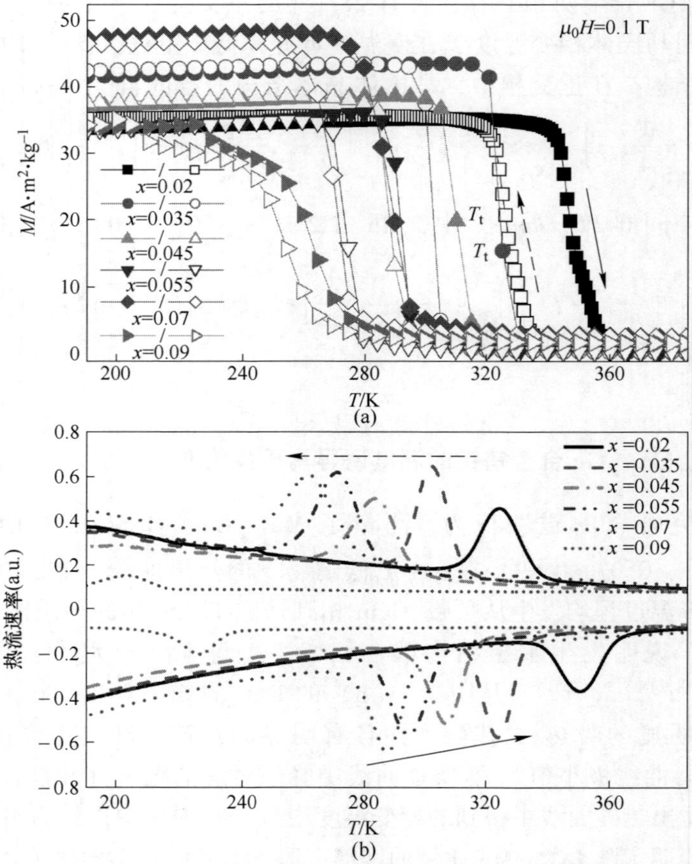

图 3.5　$Mn_{1-x}Co_{1+x}Ge$ 合金的低磁场热磁曲线和 DSC 曲线

（a）热磁曲线；（b）DSC 曲线

着类似作用。Samanta 等人提到用小半径的 Cu 元素代替大半径的 Mn，也通过减小 Mn-Mn 间距来稳定六角母相，从而达到降低相变温度的目的[53]。因此用小半径的 Co 原子替代大半径的 Mn 原子，晶胞体积逐渐减小，产生化学压力。

3.4.3　$Mn_{1-x}Co_{1+x}Ge$ 合金铸锭的磁驱马氏体相变

进一步测量了 $Mn_{1-x}Co_{1+x}Ge$ 合金在不同磁场下的热磁曲线及临近相变温度点的等温磁化曲线。如图 3.7 所示，在 0.1 T、2 T、5 T、7 T 磁场下，两个样品都表现出相似的磁性行为。在降温过程中，磁化强度都在马氏体相变起始温度点 M_s 处忽然上升，合金从顺磁六角奥氏体相转变为铁磁正交马氏体相，磁化强度在逆马氏体相变起始温度点 A_s 急剧降低，升降温曲线之间有明显的热滞，这说明

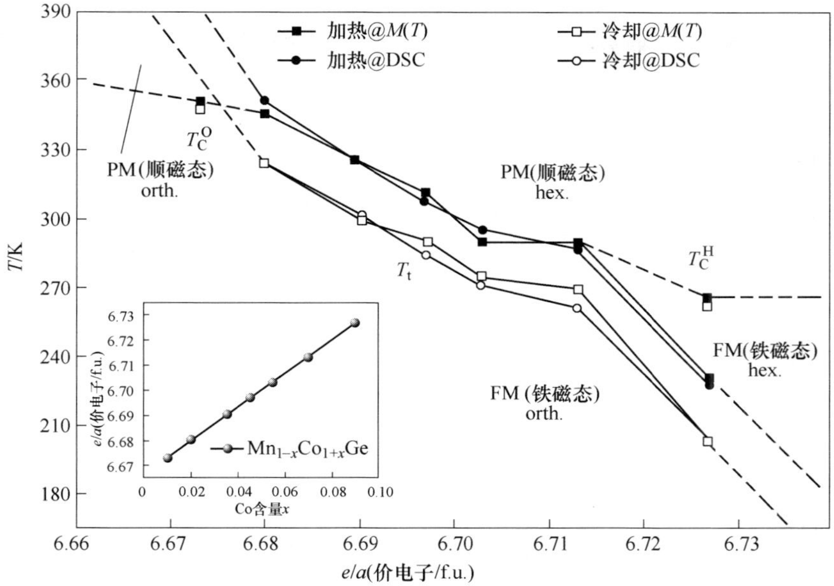

图 3.6 $Mn_{1-x}Co_{1+x}Ge$ 结构和磁性相图

是一级相变。值得注意的是，高磁场下合金的相变温度点随着外加磁场的增加而升高，外加磁场从 0.1 T 增加到 2 T 时，$x = 0.02$ 和 $x=0.035$ 样品的 T_t 分别增加了约 4 K 和约 4.3 K，$\Delta T_t/\Delta H$ 分别约达到 2.1 K/T 和 2.3 K/T。这个值可与部分 Ni-Mn 基合金相比较[16]，这表明在样品中发生了磁场驱动变磁性马氏体相变。当外加磁场进一步增加到 5 T 和 7 T 时，$\Delta T_t/\Delta H$ 没有线性增加，而是达到饱和，这表明马氏体相变起始温度点 M_s 附近发生的磁驱马氏体相变在低于 7 T 的磁场下就完成了。

图 3.7（c）和（d）中的等温磁化曲线采用“温度循环”（loop）测量[46]，从中可以观察到明显的变磁性行为，预示着发生了磁场驱动变磁性马氏体相变。在 $x = 0.02$ 的样品中，在 338 K 时相变临界场为 1.0 T，在 340 K 时为 3.0 T，在 342 K 时为 5.6 T。从图 3.7（c）中可以看出，在 $Mn_{0.98}Co_{1.02}Ge$ 合金中观察到明显的磁场诱发的变磁性马氏体相变，并在 338 K 温度下（比 0.1 T 磁场下的 M_s 高 7 K），观察到迄今为止报道过的 MnCoGe 基合金中最低的相变临界场 H_{req}（约 1.0 T）和相变完成场 H_{comp}（约 3.9 T），且相变前后具有巨大的磁化强度突变（约 45.6 Am^2/kg）。这是首次在 MnCoGe 基合金中实现明显的磁场诱导变磁性马氏体相变。这些关于磁场诱导的变磁性马氏体相变典型特征与已报道过的具有磁驱马氏体相变合金非常相似[28,38,54-55]。如图 3.7（d）所示，当 x 增加到 0.035

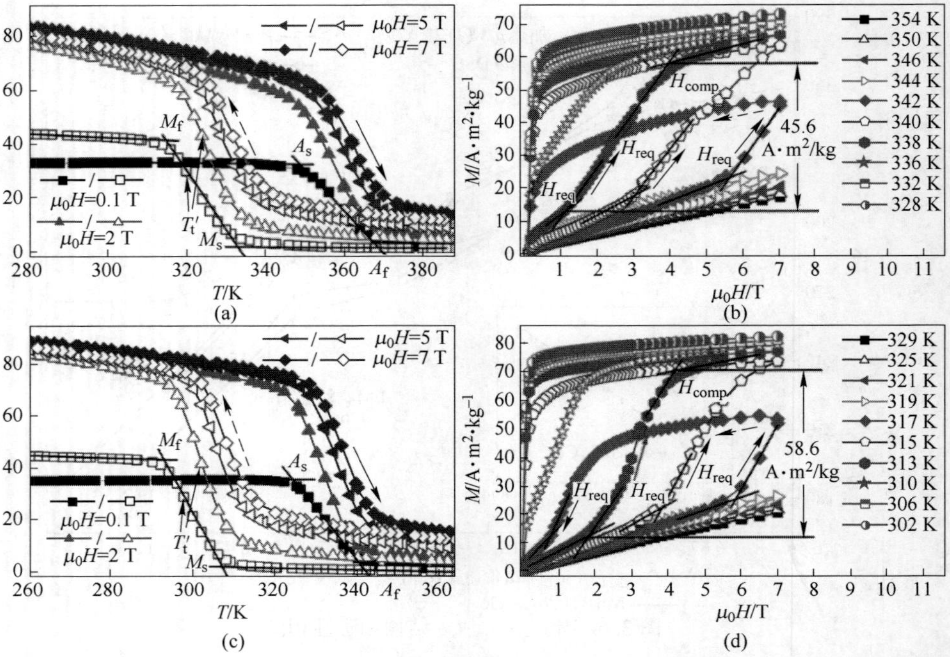

图 3.7 $Mn_{1-x}Co_{1+x}Ge$（x = 0.02 和 0.035）合金不同磁场下的热磁曲线和等温磁化曲线

（a）$Mn_{0.98}Co_{1.02}Ge$ 热磁曲线；（b）$Mn_{0.965}Co_{1.035}Ge$ 热磁曲线；

（c）$Mn_{0.98}Co_{1.02}Ge$ 等温磁化曲线；（d）$M_{0.965}Co_{1.035}Ge$ 等温磁化曲线

时，313 K 温度下（比 0.1 T 磁场下的 M_s 高 6 K）发生剧烈的磁驱马氏体相变，相变前后磁化强突变量约为 58.6 A · m²/kg。由于奥氏体相和马氏体相都具有铁磁性，大的磁化强度突变在两相之间产生很大的 Zeeman 能，提供了磁场诱导变磁性相变的驱动力。

3.5 磁驱马氏体相变的调节机理

在样品中，马氏体相变对磁场具有更高灵敏度的根源可能在于 Mn 磁矩的不稳定性。体系内空的电子轨道态及元素配位信息的变化会引起 X 射线吸收谱的巨大变化[56]，为进一步了解样品晶格的局域结构，验证 Mn 磁矩的变化对合金马氏体相变的影响，采用同步辐射技术，测试了 $Mn_{0.965}Co_{1.035}Ge$ 和 $Mn_{0.945}Co_{1.055}Ge$ 合金的 Co，Ge 和 Mn 的 K 边 X 射线吸收近边谱（XANES），研究 Co 对 Mn 替代量的不同对合金原子局域结构的影响，如图 3.8（a）~（c）所示。从图 3.8（a）（b）可看出，当 Co 含量从 1.035%（原子数分数）增加到 1.055%，Co K 边和

Ge K 边的 XANES 的主线强度几乎一致。然而从图 3.8（c）可看出，Mn K 边的 XANES 光谱的主线强度减弱，$x = 0.055$ 时样品的第二个吸收峰 B 几乎消失。如先前报道，次吸收峰 B 与从 Mn 的 1s 中心电子到 Ge 4p 轨道态和 Mn 4p 空轨道态的跃迁有关。因此，主峰强度降低和次峰 B 峰的消失说明，Co 对 Mn 替代量的增加，导致 Mn 4p 空穴态密度的降低以及 1s-4p 跃迁的减少[56-57]。

另外，如图 3.8（c）所示，在 Mn 的 K 边 XANES 能量峰 A 位置上没有明显的位移，这表明增加的 Co 含量不会引起 Mn 价态变化[56-57]，但是费米能级附近 Mn 的电子结构应该受到强烈影响。与此同时，Co 对 Mn 替代量的增加可能使费米能级产生移动。这些变化可能引起了 Mn 磁矩值的变化，即 Co 对 Mn 的替代会引起 Mn 磁矩的不稳定性。

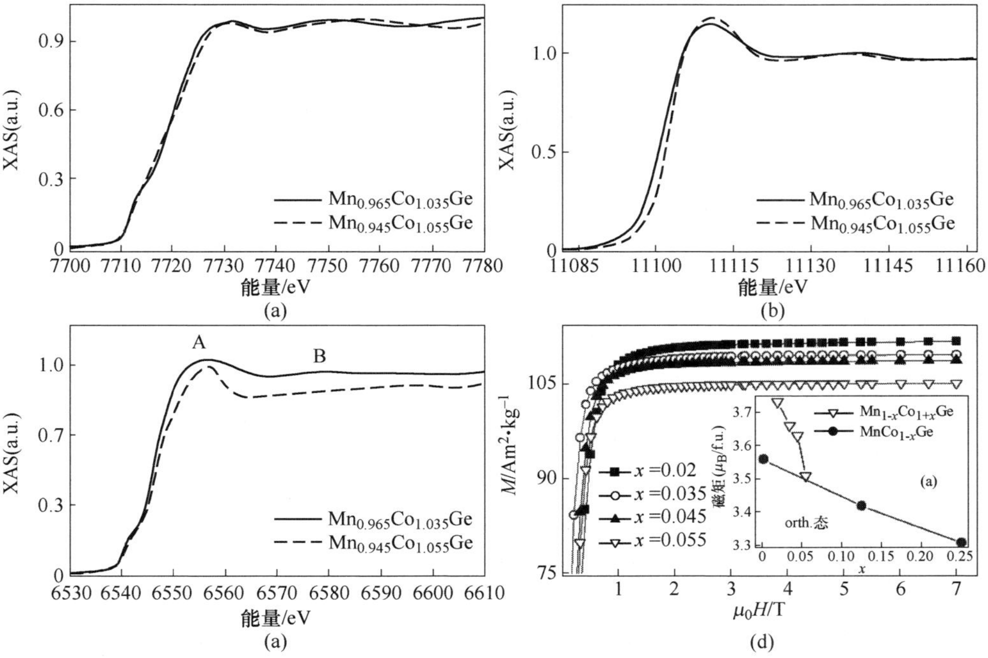

图 3.8　$Mn_{0.965}Co_{1.035}Ge$ 和 $Mn_{0.945}Co_{1.055}Ge$ 合金的 Co、Ge 和 Mn 的 K 边 X 射线吸收近边谱和合金 50 K 时等温磁化曲线

（a）Co K 边；（b）Ge K 边；（c）Mn K 边；（d）合金 50 K 时等温磁化曲线

为了进一步验证上述由 XANES 得出的结论，测量了外加磁场 $\mu_0 H = 7$ T、5 K 时 $Mn_{1-x}Co_{1+x}Ge$（$x = 0.02$，0.035，0.045，0.055）合金的 $M(H)$ 曲线，从而计算得出合金的饱和磁矩值，如图 3.9 所示，分别为 3.73 μ_B/f. u. 、3.66 μ_B/f. u. 、3.63 μ_B/f. u. 和 3.51 μ_B/f. u. 。这些值与正分 MnCoGe 合金正交相的磁矩值 3.86 μ_B/f. u.[58] 或 4.06 μ_B/f. u. 基本一致。非常值得注意的是，Co 对 Mn 的替代

导致磁矩值剧烈地减小，如图 3.9 的插图所示。与 $MnCo_{1-x}Ge$ 系列相比，在样品中实现了由更小的 Co 含量的变化引起更剧烈的饱和磁矩的降低。众所周知，MnCoGe 基体系的磁矩主要集中在 Mn 原子上。然而，Co 含量变化会引起正交相中 Mn 磁矩值的剧烈变化，也就是说 Mn 磁矩变得不稳定。另外，通过调节 Co/Mn 比例，当 Co 含量当增加，比单纯的 Co 或 Mn 空位更能有效调控 Mn 磁矩的不稳定性[56]。

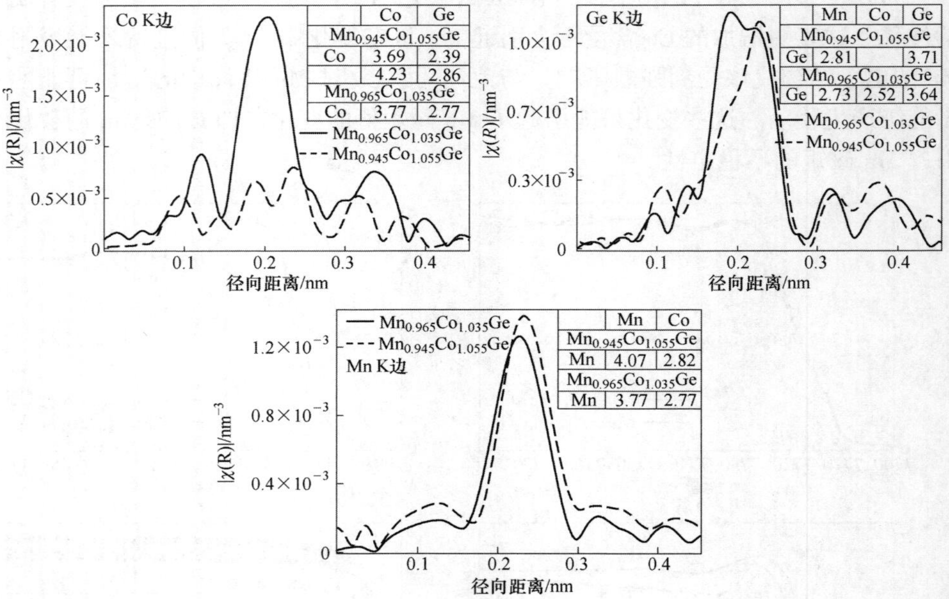

图 3.9　$Mn_{1-x}Co_{1+x}Ge$（x = 0.02 和 0.035）
合金扩展边 X 射线吸收精细结构经快速傅里叶转变图谱

归一化处理后得到 $Mn_{0.965}Co_{1.035}Ge$ 和 $Mn_{0.945}Co_{1.055}Ge$ 合金的 R 空间图谱（未经过相位校正），选取信噪比较小的区域（0.22~1.10 nm）进行傅里叶转变（FT），如图 3.8 所示。在图 3.8 的插图中 orth. 代表的是 $Mn_{0.965}Co_{1.035}Ge$ 合金，此合金中正交结构体积分数高达 88.1%；hex. 代表 $Mn_{0.945}Co_{1.055}Ge$ 合金。通过图 3.9 可以明显观察到元素的配位环境和原子间距随着 Co 浓度的增加而改变，揭示了晶体结构的演变。

3.6　磁驱马氏体相变及巨磁热效应

磁驱马氏体相变的发生及相变前后磁化强度的剧烈突变，预示着磁驱马氏体在室温附近具有较大的磁熵变[38]。根据“loop process”方法测量的等温磁化曲线，利用 Maxwell 关系式[46]，计算 $Mn_{1-x}Co_{1+x}Ge$ 合金 0～7 T 时的 ΔS_M 值。$Mn_{0.98}Co_{1.02}Ge$合金和 $Mn_{0.965}Co_{1.035}Ge$ 合金的磁熵变值 ΔS_M随温度变化的曲线如图 3.10 所示。

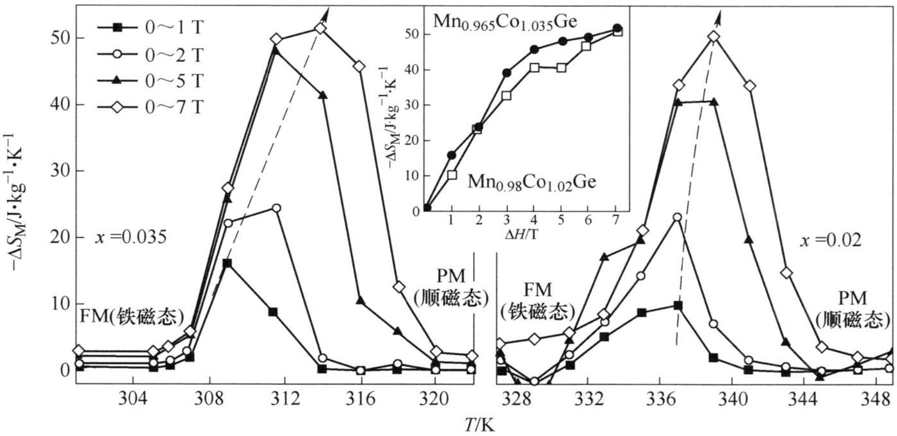

图 3.10 $Mn_{1-x}Co_{1+x}Ge$（x = 0.02 和 0.035）合金高场热磁曲线和等温磁化曲线

从图 3.10 中可以看出，在 ΔH = 0～7 T 的变化磁场下，$Mn_{0.98}Co_{1.02}Ge$ 合金和 $Mn_{0.965}Co_{1.035}Ge$ 合金在相变温度为 339 K 和 314 K 时得到了较大的峰值 ΔS_{max}，分别为 50.6 J/(kg · K) 和 54.7 J/(kg · K)。如此巨大的 ΔS_{max}应该归因于磁场驱动变磁性相变前后大的磁化强度突变。把本系列合金在外加磁场 ΔH = 0～5 T 下的 ΔS_{max}与文献中其他 MnCoGe 基合金和著名的磁热材料的同磁场下的 ΔS_{max}[5,12,15,21,22,30,48,51,53,59,63]相比较，如图 3.11 所示，图中圆形封闭区域的面积表示每种材料的 ΔS_M峰值。通过比较可看出，$Mn_{0.965}Co_{1.035}Ge$ 合金得到了迄今为止 MnCoGe 基合金最大的 ΔS_{max}，其大于大多数巨磁热材料的 ΔS_M峰值，其相变温度在室温附近，有利于磁制冷的实际应用。

如图 3.10 中的插图所示，随着外加磁场的逐渐增加，磁熵变的最大值在 4 T 之前接近线性增长，在外加场达到 4 T 之后呈现趋于饱和的趋势。伴随着这种减缓的趋势，ΔS_M峰值随温度的变化曲线逐渐呈现非对称性展宽，与具有磁驱马氏体相变的 Gd-Si-Ge，Mn-Fe-P-As(Si,Ge)，La-Fe-Si 和一些 Ni-Mn 基合金的磁熵变随温度的变化趋势类似[49,59-60]，即铁磁（FM）态保持稳定，ΔS_M（T）曲线向弱磁态（反铁磁 AFM 或顺磁 PM）方向移动，如图 3.10 中虚线箭头所示。$Mn_{0.965}Co_{1.035}Ge$ 合金的上述特征更为显著，这是由于马氏体相变对磁场的灵敏度更高。

除了磁熵变 ΔS_M之外，制冷能力（RC）也是评估样品的磁热性能的重要参

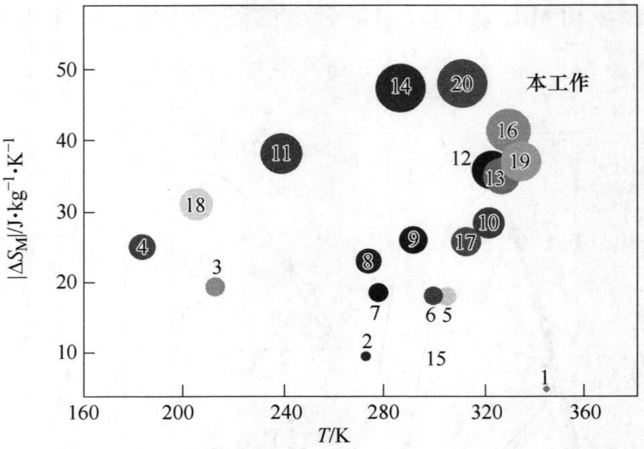

图 3.11　$Mn_{1-x}Co_{1+x}Ge$（x = 0.02 和 0.035）合金和其他磁制冷材料在相同条件下的磁熵变值比较

数，对于 $Mn_{0.965}Co_{1.035}Ge$ 合金，它在磁驱马氏体相变中，磁场的增加会使有效制冷温区变宽（约 9 K），其定义为 $\Delta S_M(T)$ 曲线的半高全宽（FWHM），$\Delta T_{FWHM} = T_{hot} - T_{cold}$（$T_{hot}$ 和 T_{cold} 表示半高宽两侧的温度）[47]，通过对 $\Delta S_M(T)$ 曲线积分得到制冷能力（RC）。由于剧烈的磁驱马氏体相变，材料存在不可避免的磁滞损耗，因此也计算了磁滞损耗，并利用制冷能力值和平均磁滞损耗值计算有效制冷能力（RC_{eff}）值，更合理地评估材料的磁热性能[47]，如图 3.12 和表 3.1 所示。

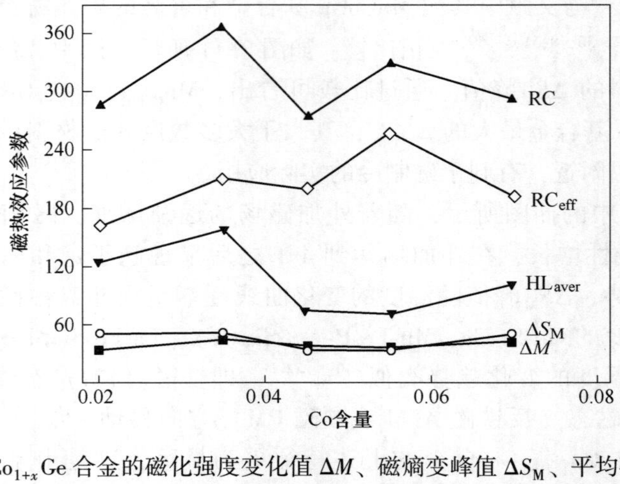

图 3.12　$Mn_{1-x}Co_{1+x}Ge$ 合金的磁化强度变化值 ΔM、磁熵变峰值 ΔS_M、平均磁滞损耗 HL_{aver}、制冷能力 RC 和有效制冷能力 RC_{eff} 随 Co 含量变化曲线

表 3.1 $Mn_{1-x}Co_{1+x}Ge$ 合金在 0~7 T 变化磁场下相变附近磁化强度变化值 ΔM、磁熵变峰值 ΔS_M、$\Delta T_t/\Delta H$ 值、制冷能力 RC、平均磁滞损耗 HL_{aver} 和有效制冷能力 RC_{eff} 值

样品	ΔM /$A \cdot m^2 \cdot kg^{-1}$	ΔS_M /$J \cdot kg^{-1} \cdot K^{-1}$	($\Delta T_t/\Delta H$) /$K \cdot T^{-1}$	RC /$J \cdot kg^{-1}$	HL_{aver} /$J \cdot kg^{-1}$	RC_{eff} /$J \cdot kg^{-1}$
$x=0.02$	34.1	50.6	2.1	286.3	125.6	160.7
$x=0.035$	42.9	51.7	2.3	368.7	157.7	211.1
$x=0.045$	36.3	33.4	—	273.2	74.5	198.7
$x=0.055$	34.0	32.4	3.2	329.5	70.0	259.5
$x=0.07$	42.7	48.4	3.1	292.8	101.6	191.3

从表 3.1 中也可发现 $Mn_{0.965}Co_{1.035}Ge$ 合金在 $\Delta H=0\sim7$ T 有较大的制冷能力 RC(368.7 J/kg)，且有效制冷能力 RC_{eff} 也非常大（211.1 J/kg），这比大多数著名磁热材料的制冷能力都大[47]。合金具有大的 RC_{eff} 值是由于磁驱马氏体相变带来的较宽的制冷温区和巨大的磁熵变峰值。

3.7 Ni 替代对 MnCoGe 基合金磁结构相变的调控

3.7.1 $Mn_{1-x}Ni_xCoGe$ 合金铸锭的结构特性

为了测定晶体结构，图 3.13 给出室温下测得的 $Mn_{1-x}Ni_xCoGe$（$x=0.01\sim0.075$）合金的粉末 XRD 图谱。XRD 结果表明 $Mn_{0.99}Ni_{0.01}CoGe$ 合金在室温下为正交 TiNiSi 相（$a=0.595228$ nm，$b=0.382308$ nm，$c=0.703997$ nm，$V=0.1602$ nm^3，说明 $Mn_{0.99}Ni_{0.01}CoGe$ 合金的相变温度 T_t 高于室温。随着 Ni 含量的增加，合金中的 Ni_2In 类型六角相逐渐增多，在 $x\geqslant0.035$ 时，样品已经表现出六角相主相，说明 Ni 对 Mn 的替代能够稳定 Ni_2In 类型六角相，从而降低相变温度 T_t。随着 Ni 含量的增加，六角相的晶胞参数逐渐减小（对于 $x=0.035$，$a=b=0.4087$ nm，$c=0.5311$ nm，$V=0.07683$ nm^3，对于 $x=0.0655$，$a=b=0.4085$ nm，$c=0.5306$ nm，$V=0.07667$ nm^3）。这是由于较小半径的 Ni 原子替代了较大半径的 Mn 原子，从而引起了内部化学压力。晶胞体积在结构相变时增加了 4.0%，说明发生了巨大的晶格畸变，Mn-Mn 间距减小，从而稳定了六角相[64-65,67]。这种现象在其他系列 MM′X 合金中也被观察到，如 $Mn_{1-x}Co_xNiGe$ 系列合金，MnCoGe-NiCoGe 系列合金[66]和 Fe 掺杂 MnCoGe 系列合金[67]。

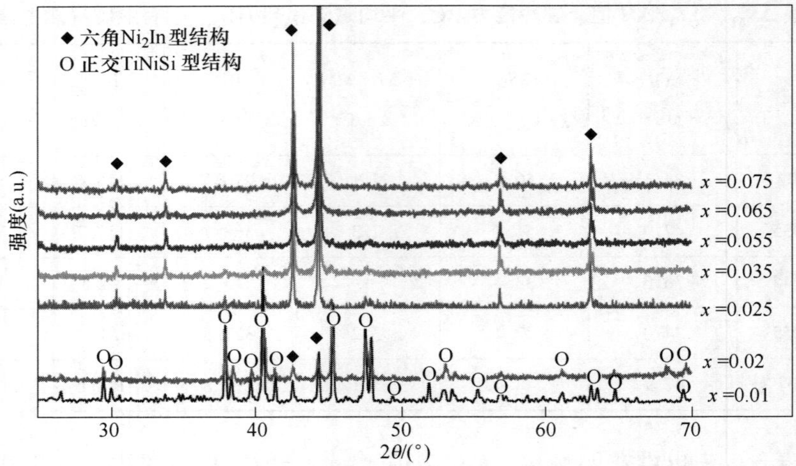

图 3.13　$Mn_{1-x}Ni_xCoGe$ 合金的室温 XRD 图谱

3.7.2　Ni 对 MnCoGe 基合金磁相变的调控

为了验证磁性能，测量了 $Mn_{1-x}Ni_xCoGe$ 体系在加热和冷却过程中的 $M(T)$ 曲线和 DSC 曲线，如图 3.14 所示。从图 3.14（a）中可以看出，合金都发生了一级磁结构耦合相变，存在明显的热滞。当 x 增加到 0.075 时，磁结构相变解耦，合金在较低温度下表现出从铁磁正交相到铁磁六角相的结构相变，随着温度的升高，又发生六角相铁磁到顺磁的居里转变。定义 $|dM/dT|$-T 曲线的极小值为合金的相变温度，通过热磁曲线可以观察到随着 Ni 含量的增加，合金的相变温度逐渐降低。这种降低可以用 Mn 离子和 Ni 离子的电负性差值来解释，在 Co 位置掺杂电负性较弱的离子或在 Mn 位置掺杂电负性较强的离子会导致更强的 Mn—Mn 键，从而降低马氏体结构相变温度，在 MnNiGe 合金中也有类似现象[68]。我们注意到 Mn 和 Ni 的电负性分别为 1.55 和 1.91。DSC 曲线的相变温度由加热/冷却循环过程中的吸热/放热峰表征，从图 3.14 中可以看出，两种表征方法测出来的相变温度非常的一致。当 $x \geqslant 0.035$ 时，合金的相变温度低于室温，因此室温下主相为六角相，与 XRD 结果一致。

图 3.15 为基于热磁曲线和 DSC 曲线得到的合金的结构和磁性相图。如前所述，相变特征温度分别从 $dM/dT(T)$ 曲线的极小值和 DSC 曲线的峰值得出。如图 3.15（a）所示，合金的相变温度随着 Ni 含量的增加而逐渐降低，而 T_C^H 和 T_C^O 几乎不变，这与之前 MnCoGe 合金的报道一致[42]。在 T_C^H 和 T_C^O 之间的温度窗口内，当 $0.02 \leqslant x \leqslant 0.065$ 时，磁相变与结构相变耦合。这个结果与 Zhang 等人在

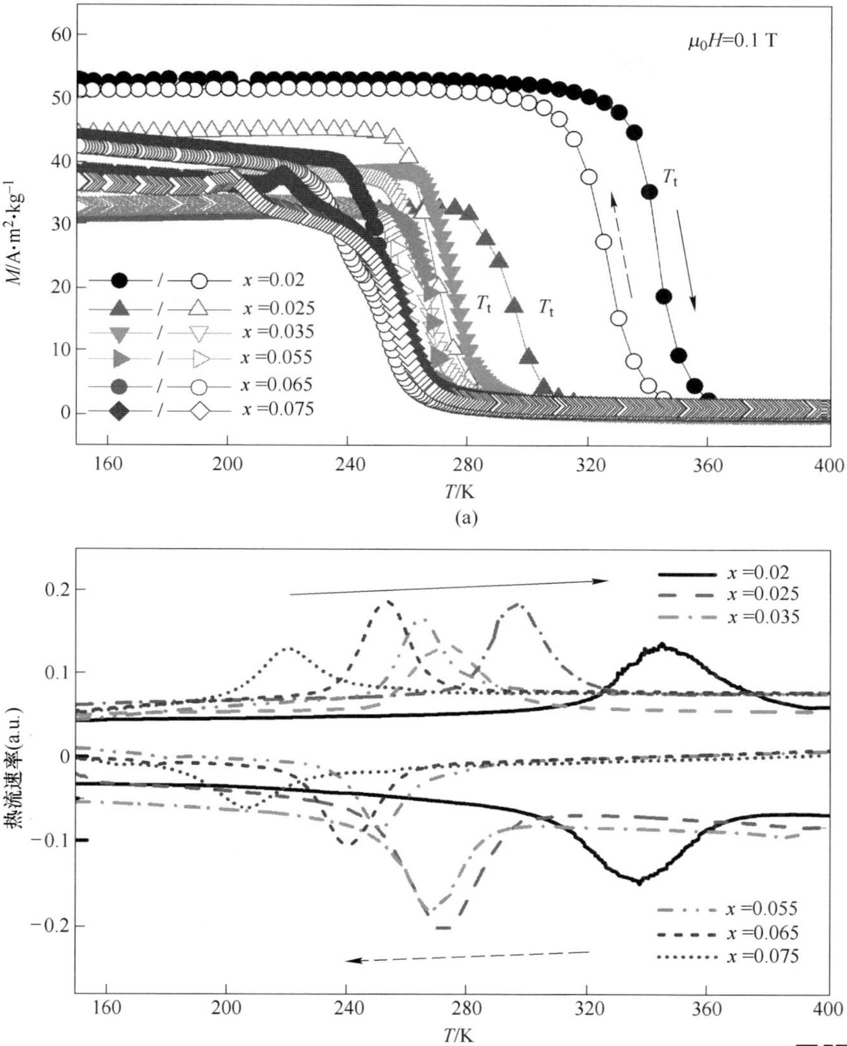

(b)

图 3.14　$Mn_{1-x}Ni_xCoGe$ 合金在加热和冷却过程中的热磁曲线和 DSC 曲线
（a）热磁曲线；（b）DSC 曲线

彩图

$(MnCoGe)_{1-x}(NiCoGe)_x$ 合金中报道类似但仍有些差异，Zhang 等人报道 $0.07 \leq x \leq 0.12$ 时发生磁共结构耦合相变[66]。这些差异可能是由于不同的制备方法和热处理过程。Zhang 等人在制备样品时采用等结构合金化方法，并在1073 K退火 100 h 后随炉冷却。本实验中试样直接用 Ni 取代 Mn，并在 1123 K 温度下退火 5 天后在水中快淬。

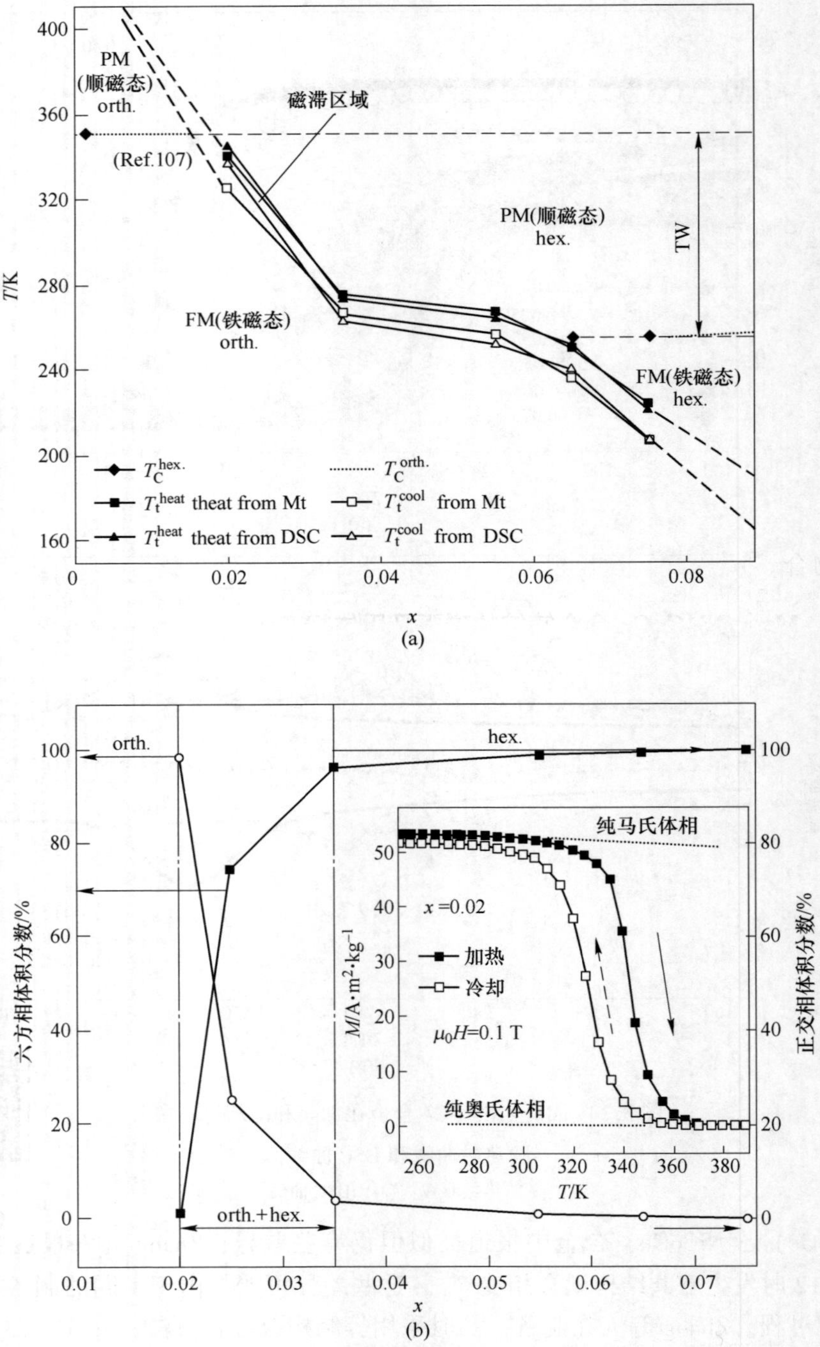

图 3.15　$Mn_{1-x}Ni_xCoGe$ 合金的结构和磁性相图

图 3.15（b）显示了各个不同 Ni 含量成分的合金在室温下六角相和正交相的体积分数，根据给定磁场下的热磁曲线可确定合金中奥氏体的体积分数，计算方法为

$$f(T)=\frac{M(T)-M_M(T)}{M_A(T)-M_M(T)} \tag{3.3}$$

其中，$M(T)$ 是从热磁曲线获得的实验数据，$M_M(T)$ 和 $M_A(T)$ 分别是纯马氏体和纯奥氏体的磁化强度，这两个磁化强度的数据可以由 $M(T)$ 曲线向外线性延伸，得到一系列磁化强度点，如图 3.15（b）插图所示[69-70]。随后将其代入式（3.3），从各个合金升温 $M(T)$ 曲线中得到在 300 K，0.1 T 下的奥氏体相的体积分数，并画出体积分数随 Ni 含量的变化曲线。由相图可以看出，$x \geqslant 0.035$ 时合金为单一六角相，$0.02<x<0.35$ 时合金为六角相和正交相共存，$x \leqslant 0.02$ 时合金为近乎单一的正交相。这一结果表明，Ni 在 MnCoGe 合金中取代微量的 Mn 可使六角相稳定，并调控相变温度至室温以下，这与图 3.15（a）非常吻合。

3.7.3 $Mn_{1-x}Ni_xCoGe$ 合金铸锭的磁驱马氏体相变

图 3.16（a）为在 0.1 T 和 5 T 的磁场中测量的 $Mn_{0.975}Ni_{0.025}CoGe$ 合金在零场冷却条件下的 $M(T)$ 曲线，图 3.16（b）为 $Mn_{0.975}Ni_{0.025}CoGe$ 合金在 0~7 T 下相变温度附近的等温磁化曲线。如前所述采用循环方法测量[46]，即样品首先加热到 390 K，以确保其顺磁状态，然后冷却到测量温度。由图 3.16（b）可知当温度升高时，由于在相变点附近发生剧烈的一级磁结构相变，合金的饱和磁化强度从 28 A · m^2/kg 急剧升高到 88 A · m^2/kg，如此大的磁化强度变化增大了顺磁奥氏体相和铁磁马氏体相之间的塞曼能，提供了相变驱动力，因此发生了磁驱马氏体相变，明显的磁滞也支持了这一结论，这种现象在 $Mn_{0.89}Fe_{0.11}CoGe$ 合金[30]，$Mn_{1.07}Co_{0.92}Ge$ 合金[17]和 $MnCo_{0.92}Fe_{0.08}Ge$ 合金中也有报道。

与图 3.16（b）相比，图 3.16（a）中 300 K 温度下的磁化曲线在 5 T 磁场处对应的磁化强度数值为 27.64 A · m^2/kg，此数值与热磁曲线降温过程中在 300 K温度点处的磁化强度值（27.60 A · m^2/kg）一致。然而，值得注意的是，在 300 K 温度下退磁曲线在 5 T 磁场下的磁化强度（27.6 A · m^2/kg）略小于热磁曲线升温过程中在 300 K 温度处的磁化强度值（47.3 A · m^2/kg）。这表明在磁化过程中，300 K 温度下的由于磁场驱动变磁性马氏体相变而产生的正交相的体积分数略小于在 5 T 外磁场下加热到 300 K 时正交相的体积分数，这与 $Mn_{1.07}Co_{0.92}Ge$ 合金结果相似[28]。由此可以推断，温度比磁场更容易诱发马氏体相变。

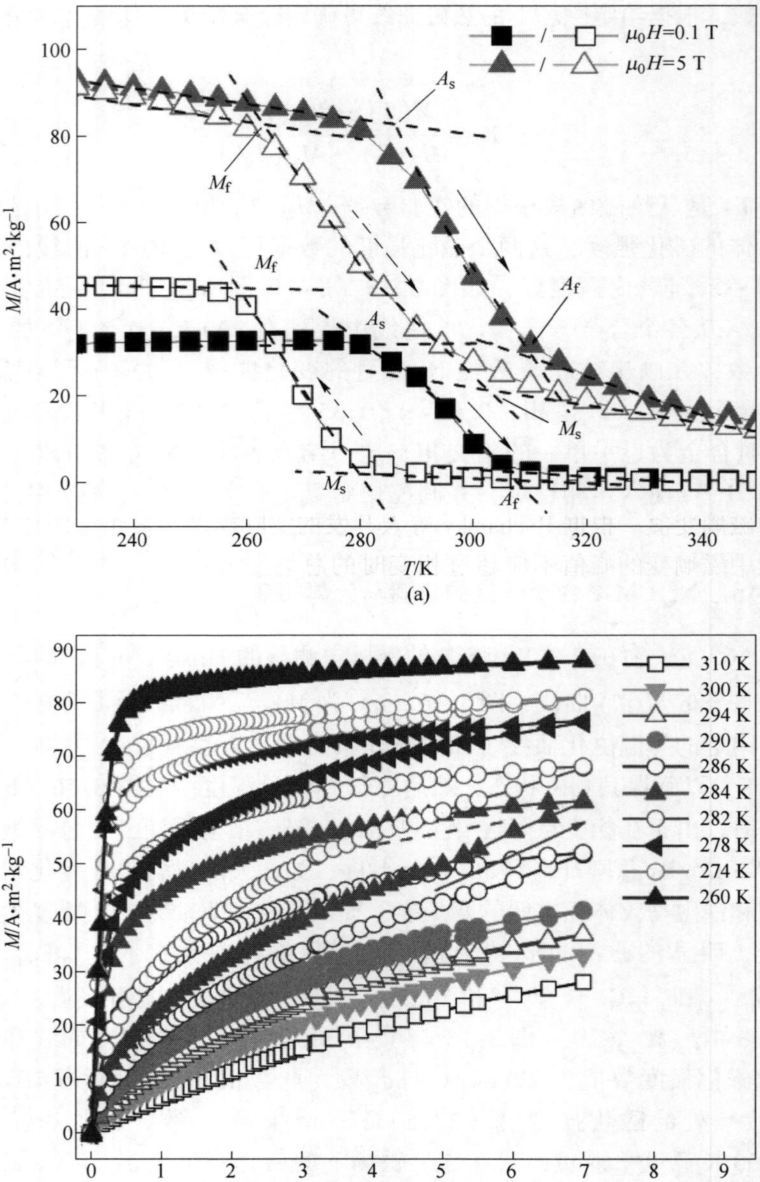

图 3.16　$Mn_{0.975}Ni_{0.025}CoGe$ 合金在低磁场和高磁场下的热磁曲线及相变温度附近的等温磁化曲线

（a）热磁曲线；（b）等温磁化曲线

彩图

3.7.4 $Mn_{1-x}Ni_xCoGe$ 合金铸锭的磁热效应

由于 $Mn_{0.975}Ni_{0.025}CoGe$ 合金中发生了磁驱马氏体相变，且相变前后磁化强度变化剧烈，这预示着该系列合金中存在较大的 ΔS_M。根据“温度循环”（loop process）方法测量的等温磁化曲线，利用 Maxwell 关系式计算 $Mn_{1-x}Ni_xCoGe$ 合金在 0~7 T 磁场下的 ΔS_M 值。

为了进一步保证 ΔS_M 峰值的可靠性，又采用克劳修斯-克拉佩龙方程，考虑到其对于不连续的一级马氏体相变具有较高的适用性（和可靠性），按以下公式[65,71-72]计算熵变：

$$\Delta S = \frac{\Delta M}{\Delta T}\Delta H \tag{3.4}$$

计算结果如图 3.17（a）所示，从图 3.17（a）中可以看出，$Mn_{0.975}Ni_{0.025}CoGe$ 合金的熵变值约 47 J/(kg · K)。图 3.17（b）是使用麦克斯韦关系从等温磁化曲线算出的磁熵变值。根据 Pecharsky 等人开发的实际模型，对于一级磁相变材料，相变过程中磁熵变的峰值不应超过相变时的总熵变 ΔS_T[73]。本实验中，基于从“loop process”方法测量的等温磁化曲线得出的 ΔS_M 峰值小于由 Clausius-Clapeyron 方程得出的 ΔS_T。因此，结果是可靠的，并且麦克斯韦关系可以有效地用于一级相变[74]。

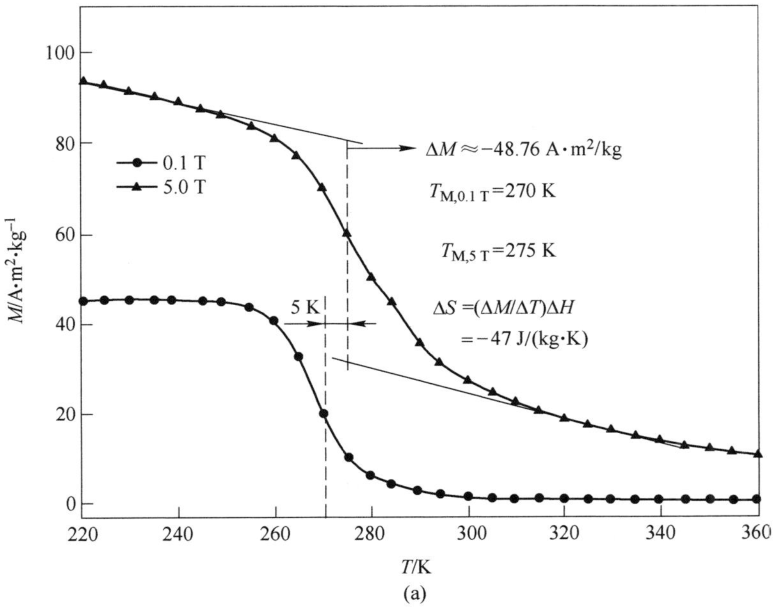

(a)

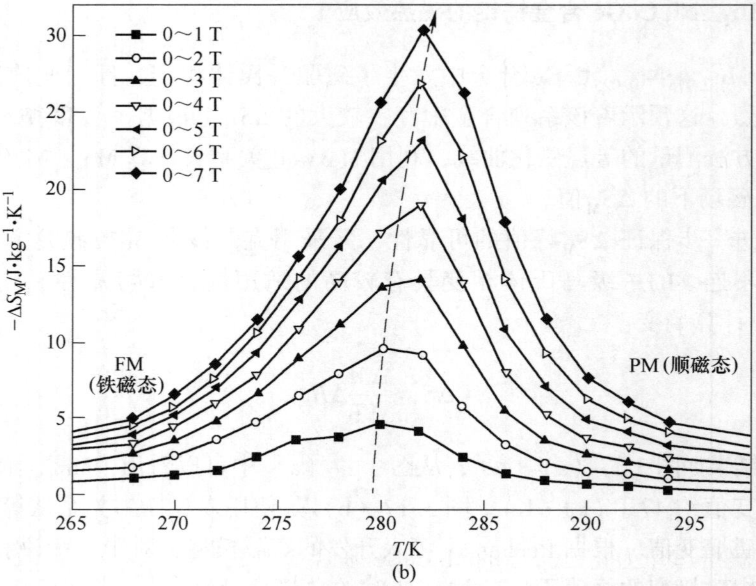

图 3.17　$Mn_{0.975}Ni_{0.025}CoGe$ 合金在低磁场和高磁场下的升温曲线以及磁熵变曲线

（a）升温曲线；（b）磁熵变曲线

除磁熵变外，制冷能力也是评估磁热效应的重要参数。合金制冷能力和平均磁滞损耗分别通过对合金 $\Delta S_M(T)$ 曲线和磁滞损耗-温度曲线积分得出，并采用相同的温度范围作为积分上下限[1,47]。有效制冷能力（RC_{eff}）则是由制冷能力值减去平均磁滞损耗值得出。根据计算，合金的平均磁滞损耗和有效制冷能力值见表 3.2。可以观察到 Ni 对 Mn 的取代可以抑制 MnCoGe 基合金在磁化和退磁过程中的磁滞损耗，导致 $Mn_{0.965}Ni_{0.035}CoGe$ 合金中的磁滞损耗仅为 28.1 J/kg。由表中数据可知，$Mn_{1-x}Ni_xCoGe$ 合金有较大的 RC 和 RC_{eff} 值，大的磁熵变和制冷能力使得 $Mn_{1-x}Ni_xCoGe$ 系列合金成为潜在的室温磁制冷工质。

表 3.2　$Mn_{1-x}Ni_xCoGe$ 合金在 0~7 T 变化磁场下相变过程中的各个相变参数

样品	T_M /K	$-\Delta S_M$ /J·kg^{-1}·K^{-1}	RC /J·kg^{-1}	HL_{aver} /J·kg^{-1}	RC_{eff} /J·kg^{-1}
x=0.02	334	17.2	299.5	37.9	261.6
x=0.025	282	30.32	255.4	62.1	193.3
x=0.035	268	13.97	304.9	28.1	276.8
x=0.055	260	16.9	300.5	35.3	265.2
x=0.065	244	19.3	249.0	43.7	205.3
x=0.075	210	20.7	163.8	45.9	117.9

3.8 本章小结

本章通过 Co 替代 Mn，增大合金的 e/a，设计特定成分 $Mn_{1-x}Co_{1+x}Ge$（$0.02\leqslant x\leqslant 0.09$），增加 Mn 磁矩的不稳定性，从而提高马氏体相变对磁场的敏感度，实现了剧烈磁驱马氏体相变。

（1）大半径元素 Co 对 Mn 的替代降低了样品的结构相变温度，实现了磁结构相变的耦合，相变前后观察到大的磁化强度的突变。

（2）在合金中获得了磁场驱动的变磁性马氏体相变，其在 $Mn_{0.965}Co_{1.035}Ge$ 和 $Mn_{0.945}Co_{1.055}Ge$ 合金中尤为明显。

（3）获得了迄今为止已报道的 MnCoGe 基合金中最低的变磁性临界场 H_{req}(1.0 T)和相变完成场 H_{comp}(3.9 T)，以及最大的磁化强度变化量 ΔM(约 58.6 Am^2/kg)。

（4）获得迄今为止已报道的 MnCoGe 基合金中最大的 ΔS_M峰值［ΔH=7 T 时为 50.59 J/(kg·K)；ΔH=5 T 时为 47.94 J/(kg·K)］。

（5）在 MnCoGe 基合金中，在 Mn 位置掺杂电负性较强的离子（Ni）会导致更强的 Mn—Mn 键，从而降低马氏体结构相变温度，实现了磁结构耦合相变，并伴随热滞，相变过程中有较大的磁化强度突变。

（6）$Mn_{1-x}Ni_xCoGe$ 合金表现出很大的磁热效应和小的磁滞损耗，有效制冷能力达 276.8 J/(kg·K)，因此，该样品是一种潜在的室温磁制冷材料。

参考文献

[1] Provenzano V, Shapiro A J, Shull R D. Reduction of hysteresis losses in the magnetic refrigerant $Gd_5Ge_2Si_2$ by the addition of iron [J]. Nature, 2004, 429 (6994): 853-857.

[2] Gschneidner K A, Pecharsky V K, Tsokol A O. Recent developments in magnetocaloric materials [J]. Reports on Progress in Physics, 2005, 68 (6): 1479.

[3] Shao Y, Lu B, Zhang M, et al. An X-ray absorption spectroscopy study of La-Fe-Si-(H) magnetocaloric alloys [J]. Acta Materialia, 2018, 150: 206-212.

[4] Hao J Z, Hu F X, Yu Z B, et al. Multicaloric and coupled-caloric effects [J]. Chinese Physics B, 2020, 29 (4): 047504.

[5] Tegus O, Brück E, Buschow K H J, et al. Transition-metal-based magnetic refrigerants for room-temperature applications [J]. Nature, 2002, 415 (6868): 150-152.

[6] Liu D, Yue M, Zhang J, et al. Origin and tuning of the magnetocaloric effect in the magnetic refrigerant $Mn_{1.1}Fe_{0.9}(P_{0.8}Ge_{0.2})$ [J]. Physical Review B: Condensed Matter and Materials Physics, 2009, 79 (1): 014435.

[7] Fries M, Pfeuffer L, Bruder E, et al. Microstructural and magnetic properties of Mn-Fe-P-Si (Fe_2P-type) magnetocaloric compounds [J]. Acta Materialia, 2017, 132: 222-229.

[8] Liu J, Gottschall T, Skokov K P, et al. Giant magnetocaloric effect driven by structural transitions [J]. Nature Materials, 2012, 11 (7): 620-626.

[9] Qu Y, Gràcia-Condal A, Mañosa L, et al. Outstanding caloric performances for energy-efficient multicaloric cooling in a Ni-Mn-based multifunctional alloy [J]. Acta Materialia, 2019, 177: 46-55.

[10] Bez H N, Pathak A K, Biswas A, et al. Giant enhancement of the magnetocaloric response in Ni-Co-Mn-Ti by rapid solidification [J]. Acta Materialia, 2019, 173: 225-230.

[11] Gschneidner Jr K A, Mudryk Y, Pecharsky V K. On the nature of the magnetocaloric effect of the first-order magnetostructural transition [J]. Scripta Materialia, 2012, 67 (6): 572-577.

[12] Liu E K, Zhang H G, Xu G Z, et al. Giant magnetocaloric effect in isostructural MnNiGe-CoNiGe system by establishing a Curie-temperature window [J]. Applied Physics Letters, 2013, 102 (12): 122405.

[13] Lin S, Tegus O, Bruck E, et al. Structural and magnetic properties of $MnFe_{1-x}Co_xGe$ compounds [J]. IEEE Transactions on Magnetics, 2006, 42 (11): 3776-3778.

[14] Wang J T, Wang D S, Chen C, et al. Vacancy induced structural and magnetic transition in $MnCo_{1-x}Ge$ [J]. Applied Physics Letters, 2006, 89 (26): 262504.

[15] Trung N T, Zhang L, Caron L, et al. Giant magnetocaloric effects by tailoring the phase transitions [J]. Applied Physics Letters, 2010, 96 (17): 172504.

[16] Caron L, Trung N T, Brück E. Pressure-tuned magnetocaloric effect in $Mn_{0.93}Cr_{0.07}CoGe$ [J]. Physical Review B: Condensed Matter and Materials Physics, 2011, 84 (2): 020414.

[17] Liu E K, Zhu W, Feng L, et al. Vacancy-tuned paramagnetic/ferromagnetic martensitic transformation in Mn-poor $Mn_{1-x}CoGe$ alloys [J]. Europhysics Letters, 2010, 91 (1): 17003.

[18] Bao L F, Huang W D, Ren Y J. Tuning martensitic phase transition by non-magnetic atom vacancy in MnCoGe alloys and related giant magnetocaloric effect [J]. Chinese Physics Letters, 2016, 33 (7): 077502.

[19] ul Hassan N, Chen F, Zhang M, et al. Realisation of magnetostructural coupling and a large magnetocaloric effect in the $MnCoGe_{1+x}$ system [J]. Journal of Magnetism and Magnetic Materials, 2017, 439: 120-125.

[20] Li Y W, Zhang H, Tao K, et al. Giant magnetocaloric effect induced by reemergence of magnetostructural coupling in Si-doped $Mn_{0.95}CoGe$ compounds [J]. Materials & Design, 2017, 114: 410-415.

[21] Wu R R, Bao L F, Hu F X, et al. Effect of substitution of In for Co on magnetostructural coupling and magnetocaloric effect in $MnCo_{1-x}In_xGe$ compounds [J]. Journal of Applied Physics, 2014, 115 (17): 17A911.

[22] Bao L F, Hu F X, Wu R R, et al. Evolution of magnetostructural transition and magnetocaloric effect with Al doping in $MnCoGe_{1-x}Al_x$ compounds [J]. Journal of Physics D: Applied Physics,

2014, 47 (5): 055003.

[23] Li Y, Zeng Q, Wei Z, et al. An efficient scheme to tailor the magnetostructural transitions by staged quenching and cyclical ageing in hexagonal martensitic alloys [J]. Acta Materialia, 2019, 174: 289-299.

[24] Zhao Y Y, Hu F X, Bao L F, et al. Giant negative thermal expansion in bonded MnCoGe-based compounds with Ni_2In-type hexagonal structure [J]. Journal of the American Chemical Society, 2015, 137 (5): 1746-1749.

[25] Wu R R, Bao L F, Hu F X, et al. Giant barocaloric effect in hexagonal Ni_2In-type Mn-Co-Ge-In compounds around room temperature [J]. Scientific Reports, 2015, 5 (1): 18027.

[26] Lin J, Tong P, Zhang K, et al. Colossal negative thermal expansion with an extended temperature interval covering room temperature in fine-powdered $Mn_{0.98}CoGe$ [J]. Applied Physics Letters, 2016, 109 (24): 241903.

[27] Ren Q, Hutchison W, Wang J, et al. Negative thermal expansion of Ni-doped MnCoGe at room-temperature magnetic tuning [J]. ACS Applied Materials & Interfaces, 2019, 11 (19): 17531-17538.

[28] Koyama K, Sakai M, Kanomata T, et al. Field-induced martensitic transformation in new ferromagnetic shape memory compound $Mn_{1.07}Co_{0.92}Ge$ [J]. Japanese journal of applied physics, 2004, 43 (12R): 8036.

[29] Yüzüak E, Dincer I, Elerman Y, et al. Enhancement of magnetocaloric effect in $CoMn_{0.9}Fe_{0.1}Ge$ alloy [J]. Journal of Alloys and Compounds, 2015, 641: 69-73.

[30] Yuce S, Bruno N M, Emre B, et al. Accessibility investigation of large magnetic entropy change in $CoMn_{1-x}Fe_xGe$ [J]. Journal of Applied Physics, 2016, 119 (13): 133901.

[31] Guillou F, Wilhelm F, Tegus O, et al. Microscopic mechanism of the giant magnetocaloric effect in MnCoGe alloys probed by X-ray magnetic circular dichroism [J]. Applied Physics Letters, 2016, 108 (12): 122405.

[32] Taguchi Y, Sakai H, Choudhury D. Magnetocaloric materials with multiple instabilities [J]. Advanced Materials, 2017, 29 (25): 1606144.

[33] Castelliz L. Kristallstruktur von Mn_5Ge_3, und einiger ternärer Phasen mit zwei Übergangselementen [J]. Monatshefte Für Chemie Und Verwandte Teile Anderer Wissenschaften, 1953, 84 (4): 765-776.

[34] Szytuła A, Pędziwiatr A T, Tomkowicz Z, et al. Crystal and magnetic structure of CoMnGe, CoFeGe, FeMnGe and NiFeGe [J]. Journal of Magnetism and Magnetic Materials, 1981, 25 (2): 176-186.

[35] 刘恩克. Ni_2In 型六角 Mn(Co,Ni)Ge 体系磁性马氏体相变研究 [D]. 北京：中国科学院研究生院，2012.

[36] Kanomata T, Ishigaki H, Suzuki T, et al. Magneto-volume effect of $MnCo_{1-x}Ge$($0 \leqslant x \leqslant 0.2$) [J]. Journal of Magnetism and Magnetic Materials, 1995, 140-144 (3): 131-132.

[37] Kaprzyk S, Niziol S. The electronic structure of CoMnGe with the hexagonal and orthorhombic

crystal structure [J]. Journal of Magnetism and Magnetic Materials, 1990, 87 (3): 267-275.

[38] Karaca H E, Karaman I, Basaran B, et al. Magnetic field-induced phase transformation in NiMnCoIn magnetic shape-memory alloys: a new actuation mechanism with large work output [J]. Advanced Functional Materials, 2009, 19 (7): 983-998.

[39] Ma S C, Ge Q, Hu Y F, et al. Driving higher magnetic field sensitivity of the martensitic transformation in MnCoGe ferromagnet [J]. Applied Physics Letters, 2017, 111 (19): 192406.

[40] Hassan N U, Chen F, Zhang M, et al. Realisation of magnetostructural coupling and a large magnetocaloric effect in the $MnCoGe_{1+x}$ system [J]. Journal of Magnetism and Magnetic Materials, 2017, 439: 120-125.

[41] Shen C J, Liu Q, Gong Y Y, et al. Magnetic phase transition and magnetocaloric effect in $Mn_{1-x}Zn_xCoGe$ alloys [J]. Chinese Physics B, 2014, 23 (9): 097502.

[42] Ma S C, Liu Y H, Shih C W, et al. Microstructure and magnetic properties in melt-spun $MnV_{0.02}CoGe_{0.99}$ ribbons [J]. Journal of Magnetism and Magnetic Materials, 2014, 357 (5): 41-44.

[43] Dincer I, Yüzüak E, Durak G, et al. Exploring the details of the martensitic phase transition and magnetocaloric effect of $CoMnGe_{0.95}Ga_{0.05}$, by synchrotron and magnetic measurements [J]. Journal of Alloys and Compounds, 2012, 540 (21): 236-240.

[44] Rodriguez-Carvajal J. FullProf: A program for rietveld refinement and pattern matching analysis [J]. Abstract of the Satellite Meeting on Powder Diffraction of the XV Congress of the IUCr. Toulouse, France, 1990, 127.

[45] Ravel B, Newville M. ATHENA, ARTEMIS. Hephaestus: data analysis for X-ray absorption spectroscopy using IFEFFIT [J]. J. Synchrotron Radiait., 2005, 12 (4): 537-541.

[46] Caron L, Ba D N, Ranno L. On entropy change measurements around first order phase transitions in caloric materials [J]. Journal of Physics: Condensed Matter, 2016, 29 (7): 075401.

[47] Huang L, Cong D Y, Ma L, et al. Large reversible magnetocaloric effect in a Ni-Co-Mn-In magnetic shape memory alloy [J]. Applied Physics Letters, 2016, 108 (3): 032405.

[48] Liu E K, Wang W H, Feng L, et al. Stable magnetostructural coupling with tunable magnetoresponsive effects in hexagonal ferromagnets [J]. Nature Communications, 2011, 3 (3): 873.

[49] Johnson V. Diffusionless orthorhombic to hexagonal transitions in ternary silicides and germanides [J]. Inorganic Chemistry, 1975, 14 (5): 1117-1120.

[50] Zhang C L, Shi H F, Ye E J, et al. Magnetostructural transition and magnetocaloric effect in MnNiSi-Fe_2Ge system [J]. Applied Physics Letters, 2015, 107 (21): 212403.

[51] Trung N T, Biharie V, Zhang L, et al. From single-to double-first-order magnetic phase transition in magnetocaloric $Mn_{1-x}Cr_xCoGe$ compounds [J]. Applied Physics Letters, 2010, 96 (16): 162507.

[52] Anzai S, Ozawa K. Coupled nature of magnetic and structural transition in MnNiGe under pressure [J]. Physical Review B: Condensed Matter, 1978, 18 (5): 2173-2178.

[53] Samanta T, Dubenko I, Quetz A, et al. Giant magnetocaloric effects near room temperature in $Mn_{1-x}Cu_xCoGe$ [J]. Applied Physics Letters, 2012, 101 (24): 242405.

[54] Yu S Y, Liu Z H, Liu G D, et al. Large magnetoresistance in single-crystalline $Ni_{50}Mn_{50-x}In_x$ alloys ($x=14\sim16$) upon martensitic transformation [J]. Applied Physics Letters, 2006, 89 (16): 162503.

[55] Murray S J, Marioni M, Allen S M, et al. 6% Magnetic-field-induced strain by twin-boundary motion in ferromagnetic Ni-Mn-Ga [J]. Applied Physics Letters, 2000, 77 (6): 886-888.

[56] Guillou F, Ollefs K, Wilhelm F, et al. Electronic and magnetic properties of phosphorus across the first-order ferromagnetic transition of $(Mn,Fe)_2(P,Si,B)$, giant magnetocaloric materials [J]. Physical Review B, 2015, 92 (22): 5017-5024.

[57] Bilovol V, Ferrari S, Derewnicka D, et al. XANES and XPS study of electronic structure of Ti-enriched Nd-Fe-B ribbons [J]. Materials Chemistry and Physics, 2014, 146 (3): 269-276.

[58] Nizioł S, Bombik A, Bazela W, et al. Crystal and magnetic structure of $Co_xNi_{1-x}MnGe$ system [J]. Journal of Magnetism and Magnetic Materials, 1982, 27 (3): 281-292.

[59] Pecharsky V K, Gschneidner Jr K A. Giant magnetocaloric effect in $Gd_5(Si_2Ge_2)$ [J]. Physical Review Letters, 1997, 78 (23): 4494.

[60] Krenke T, Duman E, Acet M, et al. Inverse magnetocaloric effect in ferromagnetic NiMnSn alloys [J]. Nature Materials, 2005, 4 (6): 450-454.

[61] Wei Z, Liu E, Li Y, et al. Unprecedentedly wide Curie-temperature windows as phase-transition design platform for tunable magneto-multifunctional materials [J]. Advanced Electronic Materials, 2015, 1 (7): 1500076.

[62] Hu F, Shen B, Sun J, et al. Large magnetic entropy change in a Heusler alloy $Ni_{52.6}Mn_{23.1}Ga_{24.3}$ single crystal [J]. Physical Review B, 2001, 64 (13): 132412.

[63] Fujita A, Fujieda S, Hasegawa Y, et al. Itinerant-electron metamagnetic transition and large magnetocaloric effects in $La(Fe_xSi_{1-x})_{13}$ compounds and their hydrides [J]. Physical Review B, 2003, 67 (10): 552-555.

[64] Quetz A, Samanta T, Dubenko I, et al. Phase diagram and magnetocaloric effects in aluminum doped MnNiGe alloys [J]. Journal of Applied Physics, 2013, 114 (15): 4722-4889.

[65] Samanta T, Lepkowski D L, Saleheen A U, et al. Hydrostatic pressure-induced modifications of structural transitions lead to large enhancements of magnetocaloric effects in MnNiSi-based systems [J]. Physical Review B, 2015, 91 (2): 020401.

[66] Zhang C L, Shi H F, Ye E J, et al. Magnetostructural transition and magnetocaloric effect in MnCoGe-NiCoGe system [J]. Journal of Alloys and Compounds, 2015, 639: 36-39.

[67] Kollár P, Birčáková Z, Füzer J, et al. Power loss separation in Fe-based composite materials [J]. Journal of Magnetism and Magnetic Materials, 2013, 327: 146-150.

[68] Choudhury D, Suzuki T, Tokura Y, et al. Tuning structural instability toward enhanced magnetocaloric effect around room temperature in $MnCo_{1-x}Zn_xGe$ [J]. Scientific Reports, 2014, 4: 7544.

[69] Shamberger P J, Ohuchi F S. Hysteresis of the martensitic phase transition in magnetocaloric-effect Ni-Mn-Sn alloys [J]. Physical Review B: Condensed Matter, 2009, 79 (14): 897-899.

[70] Wójcik A, Maziarz W, Szczerba M J, et al. Tuning magneto-structural properties of $Ni_{44}Co_6Mn_{39}Sn_{11}$, Heusler alloy ribbons by Fe-doping [J]. Materials Science and Engineering B, 2016, 209: 23-29.

[71] Samanta T, Dubenko I, Quetz A, et al. Large magnetocaloric effects over a wide temperature range in $MnCo_{1-x}Zn_xGe$ [J]. Journal of Applied Physics, 2013, 113 (17): 17A922.

[72] Samanta T, Lepkowski D L, Saleheen A U, et al. Effects of hydrostatic pressure on magnetostructural transitions and magnetocaloric properties in $(MnNiSi)_{1-x}(FeCoGe)_x$ [J]. Journal of Applied Physics, 2015, 117 (12): 873-1120.

[73] Jr K A G, Mudryk Y, Pecharsky V K. On the nature of the magnetocaloric effect of the first-order magnetostructural transition [J]. Scripta Materialia, 2012, 67 (6): 572-577.

[74] Gschneidner K A, Pecharsky V K, Brück E, et al. Comment on "direct measurement of the 'Giant' adiabatic temperature change in $Gd_5Si_2Ge_2$" [J]. Physical Review Letters, 2000, 85 (19): 4191.

4 双向调节元素比例建立统一理论解释 MnCoGe 基合金的磁场驱动相变

4.1 双向调控 Mn/Ge 的 MnCoGe 基合金磁结构相变与磁热效应

4.1.1 引言

在 MM′X 合金中，通过将马氏体结构相变温度调控至 TiNiSi 和 Ni_2In 两相居里温度之间的温度区间内，从而完成磁结构耦合相变，这预示着 MM′X 合金具有丰富的物理效应和磁热效应[1-8]、磁致应变[9-10]和负热膨胀[11-12]等。为了在 MM′X 合金中获得优异的物理性质，研究人员曾尝试去研究影响 MnCoGe 基合金马氏体相变温度 T_t 调控的物理因素，目前已经提出了许多与其相关的物理机制，例如价电子浓度（合金中每个原子平均的价电子数，e/a）[13-14]，化学压力[15]，电负性[16-17]，Co-Co 间距离等[14,18]。

MnCoGe 基合金的相变温度对化学成分非常敏感，其成分有轻微的改变，相变温度 T_t 都会发生变化。在以前的研究中，通常选择单向调控从而来实现一级结构耦合相变，探究影响 T_t 的物理机制，然而许多研究学者提出的物理机制之间存在相互矛盾的情况，并没有统一的解释。例如，在取代过渡族元素的调控方法中，大半径元素取代 Co 与小半径元素取代的解释其实并不是统一的。Wu 等人通过大半径元素 In 取代 Co 从而在 MnCoGe 基合金中实现了一级磁结构耦合相变，如图 4.1 所示，对于相变温度 T_t 降低，提出了 e/a 变化与局域环境之间竞争的解释[13]。而在较小半径的 Zn 取代 $MnCo_{1-x}Zn_xGe$ 合金中，T_t 减小，如图 4.2 所示，对此，Choudhury 等人的解释是在 Co 位置掺杂较少的电负性离子或在 Mn 位置掺杂较多的电负性离子会导致更强的 Mn—Mn 键，从而导致相变温度减小[16]。

许多研究已经报道了 e/a 对经历一级磁结构相变的材料 T_t 的影响是极其重要的[13-14,19-21]，在 NiMn 基合金中，马氏体相变温度和马氏体相结构都是由价电子浓度 e/a 所决定的[19-20]。在六角体系的 MnNiGe 合金中，Samanta 等人的报道指出，通过 Al 原子取代 Ge 原子，合金的 T_t 随 e/a 的降低而降低，这与 NiMn 基合

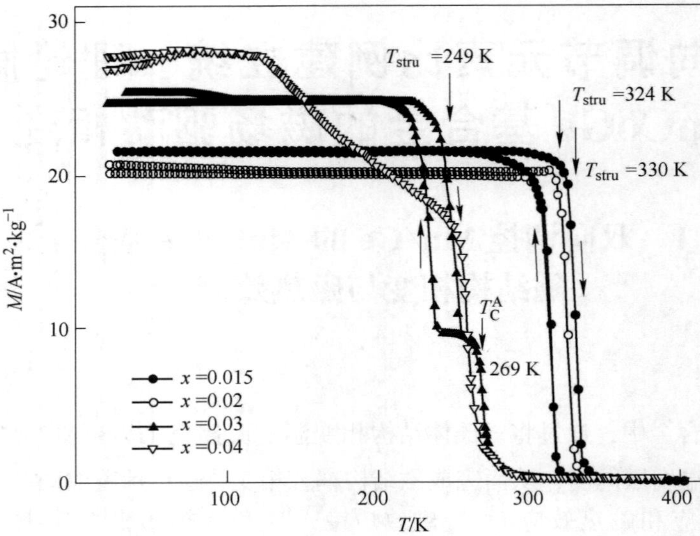

图 4.1　$MnCo_{1-x}In_xGe$（x=0.015，0.02，0.03，0.04）合金在 0.05 T 磁场下的 $M(T)$ 曲线[13]

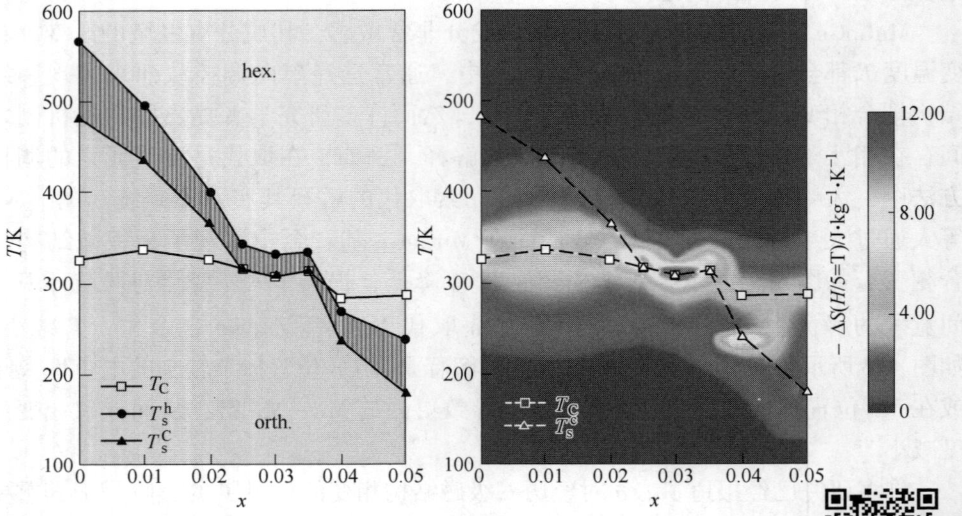

图 4.2　$MnCo_{1-x}Zn_xGe$ 合金的磁结构相图[16]

彩图

金是非常相似的[21]。2019 年，Tozkoparan 等人通过将自己的结果与前人所研究的大量 MnCoGe 基合金的研究数据进行结合，阐述了 T_t 对 e/a 的依赖性，如图 4.3所示，并表明给定体系的 e/a 值可以作为获得近室温的磁结构耦合相变的指示[14]。

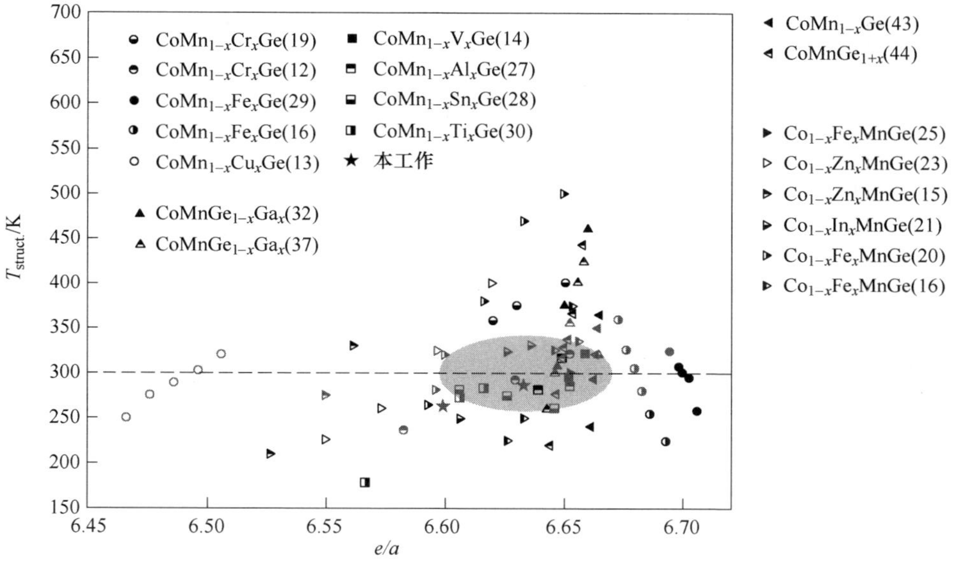

图 4.3　MnCoGe 基合金的 T_t 对 e/a 的依赖性[14]

除 e/a 之外，Tozkoparan 等人还指出 Co-Co 之间距离的膨胀也可稳定六角相(在低温下)[14]。MnCoGe 基合金对化学成分是相当敏感的，即使有大量证据表明 e/a 对 T_t 有影响，但是他们的研究具有不同的热历史，实验能力也不尽相同。在本课题组以前的研究工作中，已经将 $Mn_{1+x}Co_{1-x}Ge$ 合金中 e/a 的降低视为影响 Orth. 和 Hex. 相对稳定性和降低 T_t 的主要因素[22]，2017 年，本课题组在 $Mn_{1-x}Co_{1+x}Ge$ 中通过 Co 原子取代 Mn 原子，从而增加 Mn 磁矩的不稳定性，实现磁场诱导的变磁性马氏体转变；T_t 随 Co 含量和 e/a 的增加而急剧降低[8]。受到上述工作的启发，对于影响 MnCoGe 基合金中 T_t 降低的因素，非常需要系统地比较实验和提出统一的解释。因此，本章通过双向调控 Mn/Ge 比例，在相同的实验条件下研究影响 MnCoGe 基合金 T_t 的因素。

4.1.2 样品制备与表征

在高纯氩气中熔炼较高纯度的 Mn，Co 和 Ge 单质，每个铸锭熔炼 4~5 遍可得到成分较为均匀的 $Mn_{1-x}CoGe_{1+x}$（$x = 0.005，0.01，0.015，0.02，0.03$），

$Mn_{1+y}CoGe_{1-y}$（y=0.05，0.01，0.02，0.03）多晶样品。将通过电弧熔炼的多晶铸锭封入充满氩气的高真空石英管中，以此来防止热处理过程中的氧化，然后将石英管放入马弗炉里 1123 K 的温度下退火 5 d，最后将多晶铸锭在水中急冷，就可以得到成相均匀的合金样品。通过室温粉末 X 射线衍射仪（XRD）对合金样品进行测定，采用 Cu 靶，步进式扫描。Rietica 软件对测定的 XRD 图谱进行精修分析，可以得到合金的物相，晶格常数，晶胞体积等信息[23]。通过扫描电镜（SEM）的能量色散 X 射线光谱（EDS）对合金样品的元素分布与含量进行测定。用差示扫描量热仪（DSC）来表征合金样品的热性质与相变行为，测量过程中的升降温速率为 10 K/min。利用综合物性测量系统（PPMS）的振动样品磁强计（VSM）测量样品的 $M(T)$ 和 $M(H)$ 曲线。DSC 和 PPMS 的测试都采用"loop process"模式，把样品升至完全顺磁态。

4.1.3　双向调控 Mn/Ge 的 MnCoGe 基合金的结构及磁性

室温下的 $Mn_{1-x}CoGe_{1+x}$ 和 $Mn_{1+y}CoGe_{1-y}$ 合金的 XRD 图谱如图 4.4 所示。通过 Rietveld 精修得到 $Mn_{1-x}CoGe_{1+x}$ 和 $Mn_{1+y}CoGe_{1-y}$ 合金的晶格常数和晶胞体积，如图 4.4（b）（c）（e）（f）和表 4.1、表 4.2 所示。$Mn_{1-x}CoGe_{1+x}$ 系列合金的晶体结构可以从图 4.4（a）的布拉格衍射峰看出，样品从 x=0.005 时的 TiNiSi 单相转变为 x=0.01 和 x=0.015 时的 TiNiSi 和 Ni_2In 相的两相共存，且 TiNiSi 相占主导。当 x=0.02 和 x=0.03，高温奥氏体相逐渐被稳定，几乎为单一的 Ni_2In 相。从样品晶体结构的变化可以看出 $Mn_{1-x}CoGe_{1+x}$ 合金的 T_t 在室温附近，且随着 x 的增加，温度从略高于室温不断降低至低于室温。

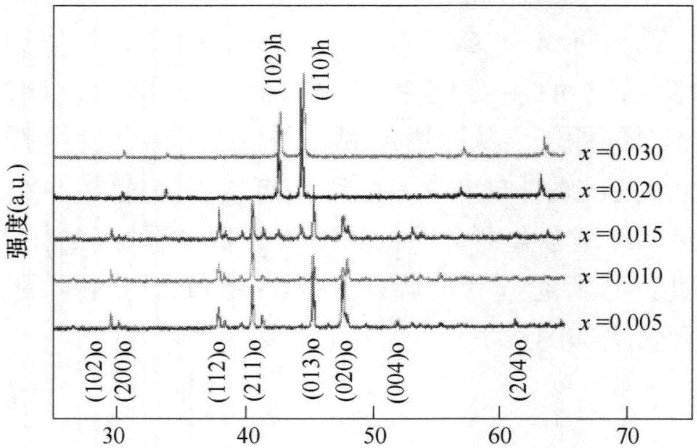

(a)

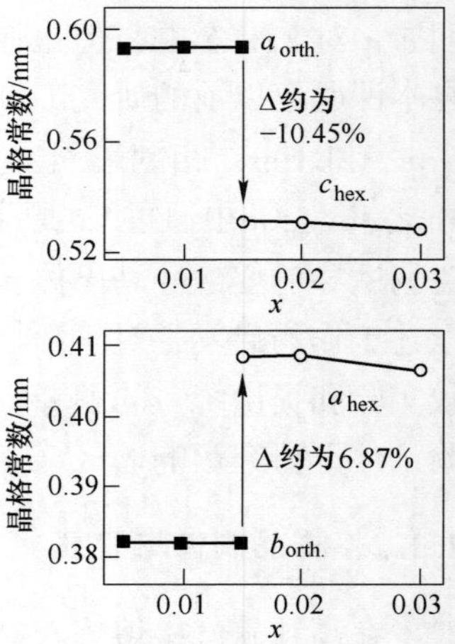

(b)

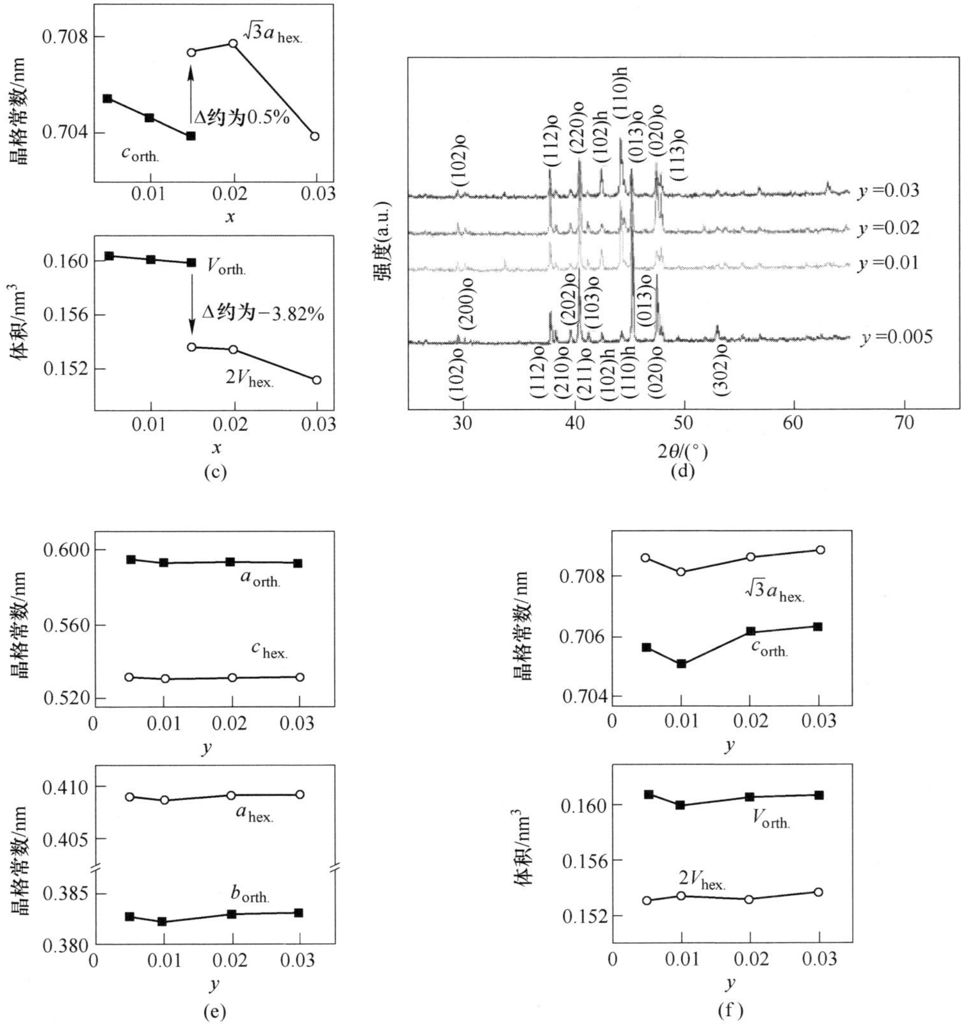

图 4.4 室温下 $Mn_{1-x}CoGe_{1+x}$ 和 $Mn_{1+y}CoGe_{1-y}$ 合金的 XRD 图谱（a)(d）及 Rietveld 精修的 $Mn_{1-x}CoGe_{1+x}$ 和 $Mn_{1+y}CoGe_{1-y}$ 合金的晶格常数、晶胞体积与 x/y 的关系（b)(c)(e)(f）

TiNiSi 和 Ni_2In 两相的晶格常数和晶胞体积遵循的关系为：$a_{orth.}=c_{hex.}$，$b_{orth.}=a_{hex.}$，$c_{orth.}=\sqrt{3}a_{hex.}$ 和 $V_{orth.}=2V_{hex.}$ [24-26]。表 4.1 和表 4.2 显示了 $Mn_{1-x}CoGe_{1+x}$ 和 $Mn_{1+y}CoGe_{1-y}$ 合金通过精修得到的晶格常数和晶胞体积，基于上述关系式绘制了 $Mn_{1-x}CoGe_{1+x}$ 合金中 x 与晶格常数和晶胞体积的依赖关系，如图 4.4（b）和（c）所示。$a_{hex.}$、$c_{hex.}$、$c_{orth.}$ 尤其是 $a_{hex.}$ 和 $c_{orth.}$ 的成分依赖性强，随 x 的增加显著降低。而 $a_{orth.}$ 和 $b_{orth.}$ 随 x 的增加几乎没有变化，这导致了 $V_{orth.}$ 和 $V_{hex.}$ 显著单调减

少。$Mn_{1-x}CoGe_{1+x}$合金从 TiNiSi 型转变为 Ni_2In 型结构的马氏体相变过程中，晶格常数的突然变化导致单位晶胞体积发生突变，从而产生大的负膨胀（约 3.82%）。除此之外，从晶格常数随 x 的变化可以发现这些合金中存在较为明显的晶格畸变，这表明通过调节 Mn/Ge 的比例使 Mn 少 Ge 多会产生持续的“化学压力”，这有助于 Ni_2In 相的稳定。通过 Ge 替代 Mn，使 T_t降低至近室温，并且随着 Ge 含量的不断增加而继续降低，直至 T_t 降到室温以下。类似于 $MnCoGe_{1+x}$合金[15]中静水压力的作用降低其 T_t[27-28]。

表 4.1　$Mn_{1-x}CoGe_{1+x}$合金的 Rietveld 精修的晶格常数、晶胞体积和相关参数

$MnCo_{1-x}Ge_{1+x}$	$a_{orth.}$ /nm	$b_{orth.}$ /nm	$c_{orth.}$ /nm	$V_{orth.}$ /nm^3	$a_{hex.}$ nm	$c_{hex.}$ /nm	$2V_{hex.}$ /nm^3	R_p /%	R_{wp} /%
x=0.005	0.59450	0.38241	0.70537	0.16036				2.372	3.009
x=0.01	0.59466	0.38218	0.70460	0.16013				2.641	3.391
x=0.015	0.59438	0.38215	0.70383	0.15987	0.40840	0.53224	0.15375	2.394	3.121
x=0.02					0.40860	0.53129	0.15363	2.669	3.842
x=0.03					0.40638	0.52895	0.15130	2.570	3.212

表 4.2　$Mn_{1+y}CoGe_{1-y}$合金的 Rietveld 精修的晶格常数、晶胞体积和相关参数

$MnCo_{1+y}Ge_{1-y}$	$a_{orth.}$ /nm	$b_{orth.}$ /nm	$c_{orth.}$ /nm	$V_{orth.}$ /nm^3	$a_{hex.}$ /nm	$c_{hex.}$ /nm	$2V_{hex.}$ /nm^3	R_p /%	R_{wp} /%
y=0.005	0.59527	0.38288	0.70565	0.16083	0.40914	0.53160	0.15414	0.2621	0.3339
y=0.01	0.59359	0.38244	0.70506	0.16006	0.40889	0.53121	0.15382	2.394	3.018
y=0.02	0.59396	0.38306	0.70616	0.16067	0.40916	0.53190	0.15422	2.322	2.945
y=0.03	0.59394	0.38308	0.70634	0.16071	0.40931	0.53193	0.15436	2.281	2.875

$Mn_{1+y}CoGe_{1-y}$系列合金与 $Mn_{1-x}CoGe_{1+x}$体系较为不同，其室温 XRD 图谱如图 4.4（d）所示，图中显示该系列合金一直为 TiNiSi 型和 Ni_2In 型结构共存，表明 $Mn_{1+y}CoGe_{1-y}$合金的 T_t也下降到室温附近。但 $Mn_{1+y}CoGe_{1-y}$与 $Mn_{1-x}CoGe_{1+x}$的变化规律并不相同，$Mn_{1+y}CoGe_{1-y}$体系的 T_t与 y 没有明显的线性变化规律。值得注意的是，Ni_2In 型结构的特征衍射峰 $(102)_h$和 $(110)_h$的强度从 y=0.005 增大到 0.01，然后在 y=0.02 时减小，最后 y=0.03 时又增加。随着 Mn/Ge 比例的变化，所有晶格常数，特别是晶胞体积从图 4.4（e）和（f）可以看出并没有较为明显的变化规律。所谓的“化学压力”是由于 Mn 的增加而引入的，这类似于 $Mn_{1-x}CoGe_{1+x}$的情况，因此 T_t降低到了近室温。但是随着 Mn 含量的不断继续增加，T_t并不会持续地减小，这些表明通过反向调节 $Mn_{1+y}CoGe_{1-y}$合金中的 Mn/Ge 比例并非只引入了“化学压力”，还带来了其他影响因素，这与 $Mn_{1-x}CoGe_{1+x}$系

列合金不同。

图 4.5 是 $Mn_{1-x}CoGe_{1+x}$ 和 $Mn_{1+y}CoGe_{1-y}$ 两个体系的热磁曲线和 DSC 曲线。从图 4.5（a）可以看出，$Mn_{1-x}CoGe_{1+x}$（x=0.005，0.01，0.015，0.02）合金随着温度的下降，磁化强度突然上升，并伴有较为明显的热滞（thermal hysteresis，ΔT_{hys}），这些表明该过程发生了从 Ni_2In 型顺磁性奥氏体相到 TiNiSi 型铁磁马氏体的一级磁结构耦合相变。T_t 和 T'_t 分别表示逆马氏体相变温度和正马氏体相变温度，它们与 $dM/dT(T)$ 曲线的最大值相对应。从表 4.3 和表 4.4 中可以看出随着 Ge 含量的增加，其 T_t/T'_t 逐渐降低，与前面 XRD 结果相对应。除此之外，磁场 μ_0H 从 0.1 T 增加到 5 T，x=0.005 时样品的 T_t 和 T'_t 分别增加了 30 K 和 18 K，而 x=0.01，0.015 和 0.02 时 3 个样品的 $M(T)$ 曲线仅随磁场稍微移动。

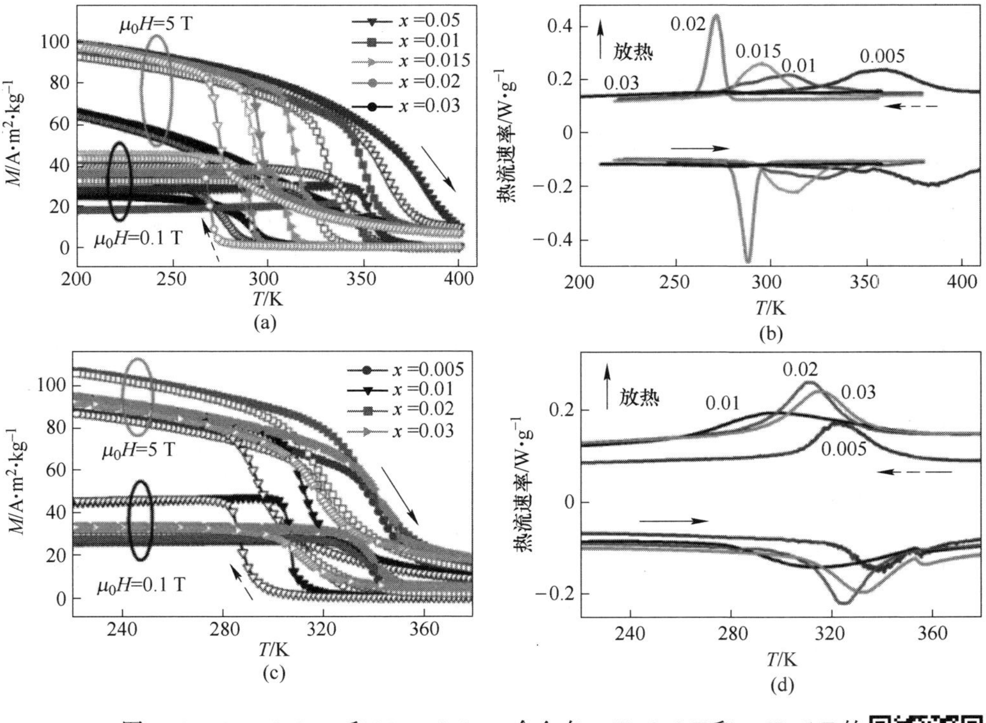

图 4.5 $Mn_{1-x}CoGe_{1+x}$ 和 $Mn_{1+y}CoGe_{1-y}$ 合金在 μ_0H=0.1 T 和 μ_0H=5 T 的磁场下的热磁曲线和 10 K/min 的升降温速率下获得的 DSC 曲线

（a）$Mn_{1-x}CoGe_{1+x}$ 热磁曲线；（b）$Mn_{1-x}CoGe_{1+x}$ DSC 曲线；

（c）$Mn_{1+y}CoGe_{1-y}$ 热磁曲线；（d）$Mn_{1+y}CoGe_{1-y}$ DSC 曲线

彩图

图 4.5（b）中的升降温 DSC 曲线中出现的针状吸热（endo.）和放热（exo.）峰，进一步印证了 $Mn_{1-x}CoGe_{1+x}$（x=0.005，0.01，0.015，0.02）4 个样品发生的一级磁结构相变，特别是 x=0.02。将 T_t/T'_t 值定义为 DSC 曲线的峰

值温度，从表 4.3 和表 4.4 中可以看出这与热磁曲线得出的结果非常吻合。当 Mn/Ge 比例降低到 $x=0.03$ 时，磁场 μ_0H 从 0.1 T 升至 5 T，$M(T)$ 曲线保持平坦，在 DSC 曲线中几乎没有吸放热峰，这些现象反映了 $x=0.03$ 时样品顺磁/铁磁的二级相变特性，表明随着 Ge 含量的进一步增加，磁相变和结构相变解耦。

对于 $Mn_{1+y}CoGe_{1-y}$（$y=0.05$，0.01，0.02，0.03）合金，从图 4.5（c）和（d）可以看出，磁结构相变温度附近的磁化强度随温度的变化产生突变，DSC 曲线尖锐且伴随有明显热滞的吸热峰和放热峰，表现出与 $Mn_{1-x}CoGe_{1+x}$（$x=0.005$，0.01，0.015，0.02）系列合金相似的相变特性和行为。同样，从表 4.3 和表 4.4 可以看出，$Mn_{1+y}CoGe_{1-y}$（$y=0.05$，0.01，0.02，0.03）合金分别从 $M(T)$ 曲线和 DSC 曲线所得到的 T_t/T'_t 值也很吻合。与 $Mn_{1-x}CoGe_{1+x}$ 体系的唯一不同之处是 $Mn_{1+y}CoGe_{1-y}$ 随着 Mn/Ge 比例发生相反的变化，T_t/T'_t 的大小没有明显地向低温移动，它们是先从 $y=0.005\sim0.01$ 开始降低，然后 $y=0.02$ 时增加，当 y 增加到 0.03 时，该值几乎保持不变，这与前面提到的 XRD 结果非常吻合。

表 4.3　$Mn_{1-x}CoGe_{1+x}$ 合金从 $M(T)$ 和 DSC 曲线得出的 e/a、T_t 和 T'_t 值

$MnCo_{1-x}Ge_{1+x}$	e/a	T_t/K	T'_t/K	T_t/K	T'_t/K	T_t/K	T'_t/K
		0.1 T	0.1 T	5 T	5 T	DSC	DSC
$x=0.005$	6.661	352	346	382	364	384	359
$x=0.01$	6.657	348	328	350	332	328	309
$x=0.015$	6.652	308	288	314	292	312	295
$x=0.02$	6.647	292	270	296	274	288	271
$x=0.03$	6.637	292	280	306	293	288	284

表 4.4　$Mn_{1+y}CoGe_{1-y}$ 合金从 $M(T)$ 和 DSC 曲线得出的 e/a、T_t 和 T'_t 值

$MnCo_{1+y}Ge_{1-y}$	e/a	T_t（K）	T'_t（K）	T_t（K）	T'_t（K）	T_t（K）	T'_t（K）
		0.1 T	0.1 T	5 T	5 T	DSC	DSC
$y=0.005$	6.672	340	318	340	322	339	323
$y=0.01$	6.677	306	286	312	294	310	296
$y=0.02$	6.687	338	316	336	318	325	311
$y=0.03$	6.697	343	311	347	316	333	316

4.1.4　双向调控 Mn/Ge 的 MnCoGe 基合金相变的调控机制

图 4.6 是综合热磁曲线得出的数据，绘制 $Mn_{1-x}CoGe_{1+x}$ 合金的磁结构相图。从图 4.6 中可以看出，不同区域指示相应的磁性和结构状态，通过计算其 T_t 和 T'_t 的平均值，可以得出 $x=0.03$ 时样品的 T_C^H，并与 DSC 结果非常吻合；在设计的成

分范围内，将 T_t 调控至 T_C^H 和 T_C^O 之间的温度窗口，$x=0.03$ 除外，$Mn_{0.97}CoGe_{1.03}$ 合金表现出解耦的磁相变和结构相变。$Mn_{0.995}CoGe_{1.005}$ 合金的成分与正分 MnCoGe 非常接近，其磁相变温度与 T_C^O 也较为接近，因此，在磁结构相图中显示出顺磁正交态。

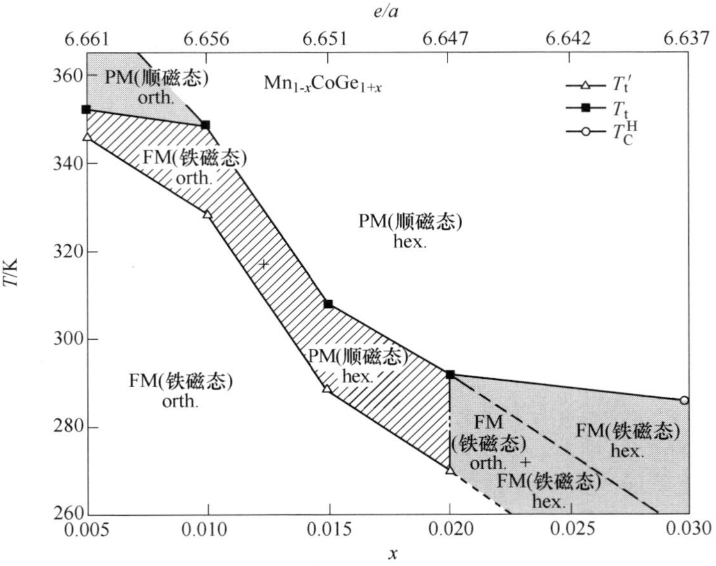

图 4.6　$Mn_{1-x}CoGe_{1+x}$ 合金的磁结构相图

从先前的报道中可以看出，e/a 对 MnCoGe 基合金中的结构稳定和调节 T_t 起着至关重要的作用[13-14]。表 4.3 和表 4.4 中有根据 3 个组成元素 Mn($3d^5 4s^2$)、Co($3d^7 4s^2$) 和 Ge($4s^2 4p^2$) 的价电子数所计算得到的 $Mn_{1-x}CoGe_{1+x}$ 和 $Mn_{1+y}CoGe_{1-y}$ 两系列合金的 e/a。从表 4.3 和表 4.4 可以看出，双向控制 Mn/Ge 比例时，Mn 原子的价电子数小于 Ge 原子，因此 Ge 过量和 Mn 过量在该系列合金的 e/a 上会产生相反的变化趋势。对于 $Mn_{1-x}CoGe_{1+x}$ 合金，e/a 随 x 的增加逐渐减少，与此同时 T_t/T'_t 也相应降低。e/a 和 T_t/T'_t 的这种变化趋势在其他 MnCoGe 基合金中也有被报道过[13-14]，与 NiMn 基合金[19-20]较为相似。从 XRD 的分析结果可以看出，Ge 含量增多产生了持续的“化学压力”，从而使 Ni_2In 相稳定[15,27]，随着 x 的增加，它与 e/a 共同调节 T_t。因此，在 $Mn_{1-x}CoGe_{1+x}$ 体系中，e/a 和化学压力的协同作用导致了 T_t 的降低。

相反，对于 $Mn_{1+y}CoGe_{1-y}$ 系列合金，e/a 随 y 的增加而增加，这与 $Mn_{1-x}CoGe_{1+x}$ 合金相反。根据表 4.3 和表 4.4，由热磁曲线得到的相变温度随成分并非是单调的变化。对这一系列样品进行了 EDX 测量来确定其实际成分。对于 $y=0.005$，

0.01，0.02 和 0.03，根据 EDX 的结果计算得到的实际 e/a 分别为 7.0640、6.9972、7.0667 和 7.1155。由于在样品的制备过程中锰的损失有所不同，因此，名义上的成分和实际的成分相对应的 e/a 之间的差异是可以理解的。从上述数据中可以看出，实际的 e/a 值是先减小，然后随着 y 的增加而逐渐增加。$y=0.005$ 时样品的成分非常接近正分的 MnCoGe，正交结构占主导地位，T_t 非常接近 T_C^O，即在温度窗口的边缘[29]。因此，从 $y=0.005$ 到 $y=0.01$，稳定 Ni_2In 相的化学压力主要影响了 T_t，使它迅速降低。随后，在居里温度窗口内，T_t 主要受 e/a 的影响，随着 e/a 的增加，T_t 显示出逐渐增加的趋势。e/a 和“化学压力”在 $Mn_{1+y}CoGe_{1-y}$ 系列中存在着竞争关系，从而导致 T_t 的变化趋势符合表 4.4。这两种系列合金的 T_t 呈现出不同寻常的变化趋势主要归因于 e/a 和“化学压力”的共同作用。

4.1.5　双向调控 Mn/Ge 的 MnCoGe 基合金的磁热效应

为了评估两个系列合金的磁热性能，选取代表性的 $Mn_{0.98}CoGe_{1.02}$、$Mn_{0.985}CoGe_{1.015}$、$Mn_{1.03}CoGe_{0.97}$ 合金并测试了其等温磁化曲线，如图 4.7 中。三种合金对外磁场响应的行为几乎是相同的：在远高于 T_t 的温度下，磁化强度随外磁场的增加而呈现出近乎线性的增加，表现出顺磁行为；在 T_t 以下，三个样品的磁化强度显示出快速增强且非常容易饱和的趋势，表现出铁磁态。在 T_t 附近，明显的磁滞现象和 $M(H)$ 曲线中出现的扭折表明在这些合金中，尤其是在 $Mn_{0.98}CoGe_{1.02}$ 和 $Mn_{0.985}CoGe_{1.015}$ 中实现了磁场驱动的变磁性马氏体相变(magneticfield-induced metamagnetic martensitic transformation，MFIMMT)，从而进一步验证了 MnCoGe 基合金为铁磁形状记忆合金[25]。T_t 附近的磁滞，表明需要克服由场诱导的自旋-晶格耦合引起的能垒[14]。此外，如图 4.7（a）所示，变磁性临界场（μ_0H_{req}）的温度依赖性进一步证实了 $Mn_{0.98}CoGe_{1.02}$ 合金中 MFIMMT 的发生，其中在 278 K 下 $\mu_0H_{req} \approx 5.4$ T，这类似于 $Mn_{1.07}Co_{0.92}Ge$[25] 和 $CoMn_{0.9}Fe_{0.1}Ge$[1] 合金。基于这些合金的 $M(H)$ 曲线，再通过麦克斯韦关系式［见式（4.1）］算出三种合金的 ΔS_M，如图 4.7（d）所示，以此来表征合金的磁热效应。

$$\Delta S_M = \mu_0 \int_{H_I}^{H_F} \left(\frac{\partial m}{\partial T} \right)_{p,T} dH \tag{4.1}$$

$Mn_{0.98}CoGe_{1.02}$、$Mn_{0.985}CoGe_{1.015}$、$Mn_{1.03}CoGe_{0.97}$ 合金在施加的磁场变化为 $\mu_0H=0\sim5$ T 的情况下室温附近获得的最大磁熵变（$-\Delta S_{max}$）分别为 31.60 J/(kg · K)、20.08 J/(kg · K)和 9.13 J/(kg · K)。$Mn_{1.03}CoGe_{0.97}$ 合金中相对较小的 $-\Delta S_{max}$ 值归因于不太陡峭的 MFIMMT，如图 4.7（c）所示。

除 $-\Delta S_M$ 外，RC 也是评估材料磁热效应极其重要的参数。根据式（4.2）计

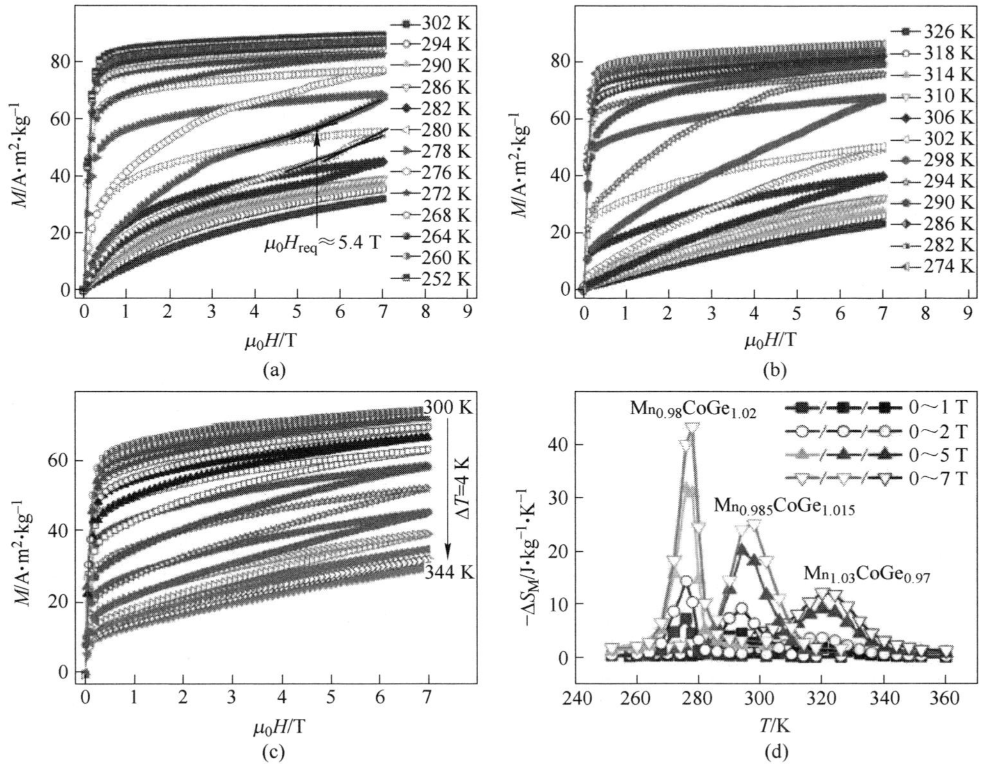

图 4.7 $Mn_{0.98}CoGe_{1.02}$、$Mn_{0.985}CoGe_{1.015}$、$Mn_{1.03}CoGe_{0.97}$合金在 $\mu_0H=7$ T 磁场下的 $M(H)$ 和 $-\Delta S_M(T)$ 曲线

(a) $Mn_{0.98}CoGe_{1.02}$合金 $M(H)$ 曲线；(b) $Mn_{1.03}CoGe_{0.97}$合金 $M(H)$ 曲线；(c) $Mn_{0.985}CoGe_{1.015}$合金 $M(H)$ 曲线；(d) $-\Delta S_M(T)$曲线

彩图

算出 $Mn_{0.98}CoGe_{1.02}$、$Mn_{0.985}CoGe_{1.015}$、$Mn_{1.03}CoGe_{0.97}$合金在不同磁场变化下的 RC 值，如图 4.8 和表 4.5 所示。

$$RC(H)=\int_{T_{cold}}^{T_{hot}}\Delta S_M(T,H)\,dT \tag{4.2}$$

显然，从图 4.8（a）中可以看出，RC 值随施加的磁场增加呈线性增加。评估 RC 时必须考虑磁滞损耗（hysteresis loss，HL），因为较大的 HL 会使磁制冷的效率降低。HL 由磁化曲线和退磁曲线的封闭区域确定，它随温度的变化如图 4.8（b）所示。通过使用与 ΔS_M 相同的积分极限，对 HL(T) 曲线进行数值积分来估算平均 HL(HL_{ave})。基于此，结合式（4.2）就可以获得有效制冷能力（effective refrigeration capacity，RC_{eff}）并显示在表 4.5 中。表中 T_{peak} 和 ΔT_{FWHM} 分别是指 $-\Delta S_M(T)$ 曲线的峰值温度和半峰全宽的工作温度范围。$Mn_{0.98}CoGe_{1.02}$、$Mn_{0.985}CoGe_{1.015}$、

$Mn_{1.03}CoGe_{0.97}$合金的 RC_{eff} 值表明这两种系列合金是室温附近的潜在磁性制冷剂。

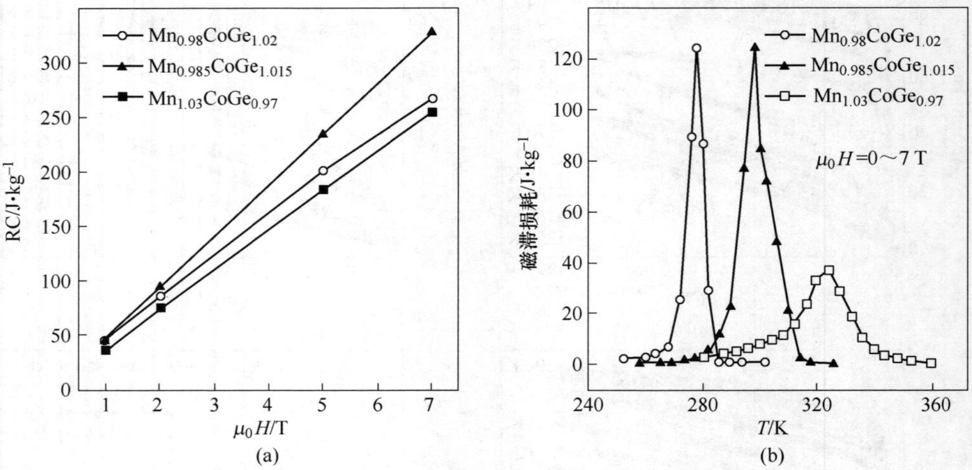

图 4.8　$Mn_{0.98}CoGe_{1.02}$、$Mn_{0.985}CoGe_{1.015}$、$Mn_{1.03}CoGe_{0.97}$ 合金 RC 与磁场和 *HL* 与温度的关系

表 4.5　$Mn_{0.98}CoGe_{1.02}$、$Mn_{0.985}CoGe_{1.015}$、$Mn_{1.03}CoGe_{0.97}$ 合金，在 $\mu_0 H$=0~7 T 下的 T_{peak}、$-\Delta S_{max}$、ΔT_{FWHM}、RC、HL_{ave} 和 RC_{eff}

样品	T_{peak}/K	$-\Delta S_{max}$ /J·kg^{-1}·K^{-1}	ΔT_{FWHM} /K	RC /J·kg^{-1}	HL_{ave} /J·kg^{-1}	RC /J·kg^{-1}
$Mn_{0.98}CoGe_{1.02}$	278	43.25	7.84	266.37	86.07	180.30
$Mn_{0.985}CoGe_{1.015}$	298	25.19	16.30	327.11	73.09	254.68
$Mn_{1.03}CoGe_{0.97}$	320	12.19	27.29	253.93	24.15	229.78

4.2　双向调控 Co/Ge 的 MnCoGe 基合金磁结构相变

4.2.1　引言

第 3 章中，通过双向调节 Mn/Ge 比例，在 MnCoGe 基合金中实现了磁结构耦合相变，影响相变调控的因素是 *e/a* 和化学压力。在理论上，Co($3d^7 4s^2$) 的价电子数比 Mn($3d^5 4s^2$) 的价电子数大，通过调节 Co/Ge 的比例，会使 *e/a* 的变化较为明显。此外，MnCoGe 基合金中的 Co、Ge 由于轨道杂化形成了 Co-Ge 六元环，对合金的基本结构起着决定性作用[30-31]。在对组成六元环的 Co，Ge 元素的调控中，包立夫等人指出，$MnCoGe_{1-x}$ 合金中 T_t 的降低是由于图 4.9 中的 Co-Ge 原子链中出现的 Ge 空位而引起的 *e/a* 的降低和奥氏体相的减弱[32]。但在

$MnCoGe_{1+x}$合金中，Hassan 等人证明 T_t降低是因为如图 4.10 所示的Ni_2In和 TiNiSi 两相之间的竞争从而引起的化学压力[15]。在调节 Mn/Ge 比例的基础上，进一步研究 Co/Ge 比例的调控，有利于研究影响 MnCoGe 基合金相变的因素。

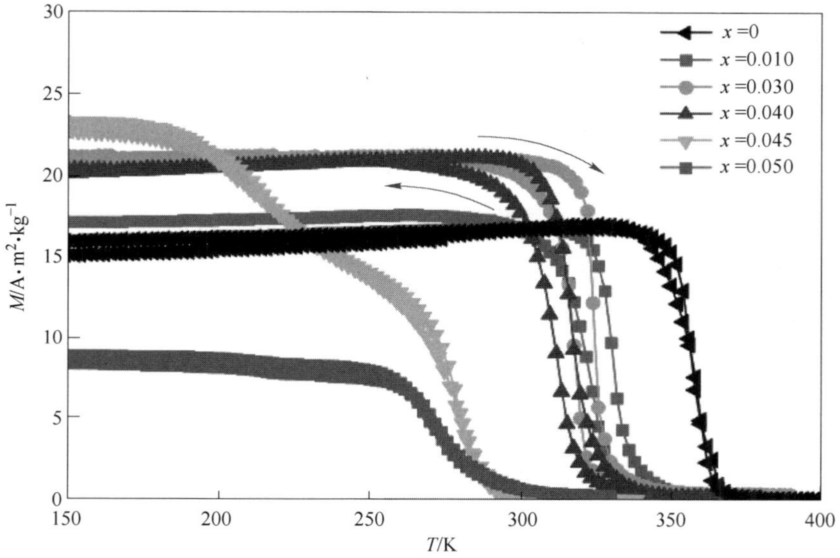

图 4.9 $MnCoGe_{1-x}$合金 0.05 T 磁场下的 $M(T)$ 曲线[32]

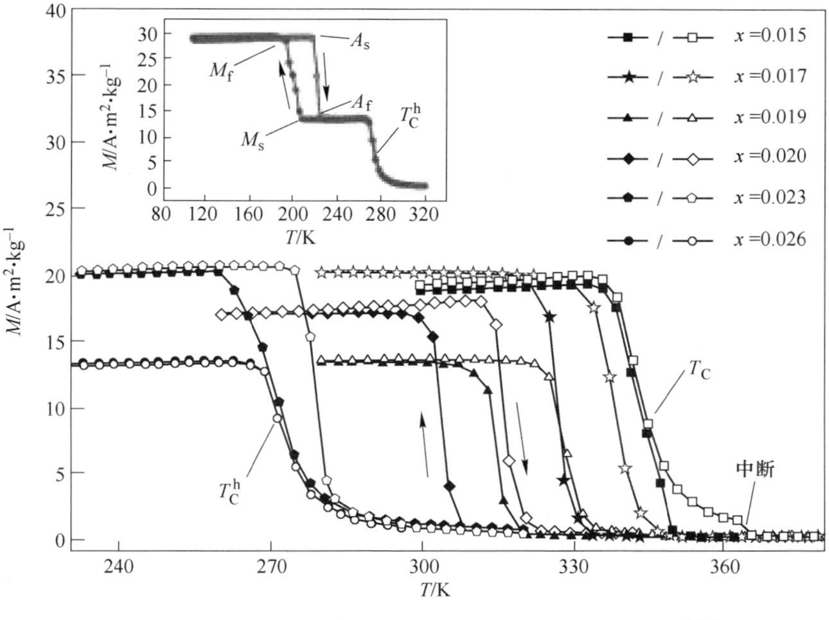

图 4.10 $MnCoGe_{1+x}$合金在 0.1 T 磁场下的 $M(T)$ 曲线[15]

4.2.2　样品制备与表征

通过电弧熔炼 $MnCo_{1-x}Ge_{1+x}$（$x=0.013$，0.015，0.02，0.03），$MnCo_{1+y}Ge_{1-y}$（$y=0.012$，0.016，0.02，0.03，0.05，0.08）多晶铸锭。将熔炼好的铸锭放入充满氩气的高真空石英管中，并在马弗炉里 1123 K 下退火 5 d，然后在水中急冷，可以得到成相均匀的合金样品。通过粉末 X 射线衍射仪（XRD）来测定合金样品室温下的物相；合金的元素分布与含量采用扫描电镜（SEM）的能量色散 X 射线光谱（EDS）测定；通过差示扫描量热仪（DSC）来表征合金样品的热性质与相变行为；利用综合物性测量系统（PPMS）的振动样品磁强计（VSM）测量样品的 $M(T)$ 和 $M(H)$ 曲线。

4.2.3　双向调控 Co/Ge 的 MnCoGe 基合金的结构及磁性

图 4.11 是 $MnCo_{1-x}Ge_{1+x}$（$x=0.013$，0.015，0.02，0.03）和 $MnCo_{1+y}Ge_{1-y}$（$y=0.012$，0.016，0.02，0.03，0.05，0.08）合金在室温下测试的 XRD 精修图谱[33]。从图 4.11（a）中可以看出，$MnCo_{1-x}Ge_{1+x}$（$x=0.013$，0.015）合金主要为正交 TiNiSi 型马氏体，且伴有少量的六角 Ni_2In 型奥氏体，以上可以表明 $MnCo_{1-x}Ge_{1+x}$（$x=0.013$，0.015）合金的 T_t 接近室温。当 Co/Ge 比例降低到 $x=0.02$ 和 0.03 时，从图中可以观察到几乎单一的 Ni_2In 型奥氏体，该结果表明六角相被稳定且 T_t 逐渐低于室温。从室温 XRD 的结果中可以看出，$MnCo_{1-x}Ge_{1+x}$ 合金的 T_t 在室温附近，并且随着 Ge 含量的增多而逐渐降低。

从图 4.11（b）可以看出，$MnCo_{1+y}Ge_{1-y}$（$y=0.012$，0.016，0.02，0.03，0.05，0.08）合金始终是 TiNiSi 型马氏体和 Ni_2In 型奥氏体共存的状态。当 $y=0.012$ 时，正交 TiNiSi 型马氏体占主导且伴随着少量的六角 Ni_2In 型奥氏体。六角 Ni_2In 相的含量随着 Co 含量的增加而逐渐增加，而正交 TiNiSi 马氏体的含量却随着 Co 含量的增加而减少。当 $y=0.08$ 时，六角 Ni_2In 相开始占主导地位。值得注意的是，第二相 Co_2MnGe 明显存在于 $MnCo_{1+y}Ge_{1-y}$（$0.012<y\leqslant 0.08$）合金中，该现象在 $MnCoGe_{1+x}$ 合金[15]中也同样发生，且它的含量随着 Co 含量的增加而明显上升。当 $y=0.012$ 时，从图 4.12（a）的精修图中可以看出有极少量的 Co_2MnGe 相存在。对于 $y=0.08$ 的样品，XRD 精修图谱中 Co_2MnGe 相的强度甚至与 Ni_2In 相的主峰强度相当。表 4.6 和图 4.12（a）的插图中给出了计算得到的 Ni_2In 型、TiNiSi 型结构和 Co_2MnGe 的相体积分数[34]。从计算结果来看，Co_2MnGe 第二相和 Ni_2In 型奥氏体的体积分数都逐渐增加，与上述描述较为一致。

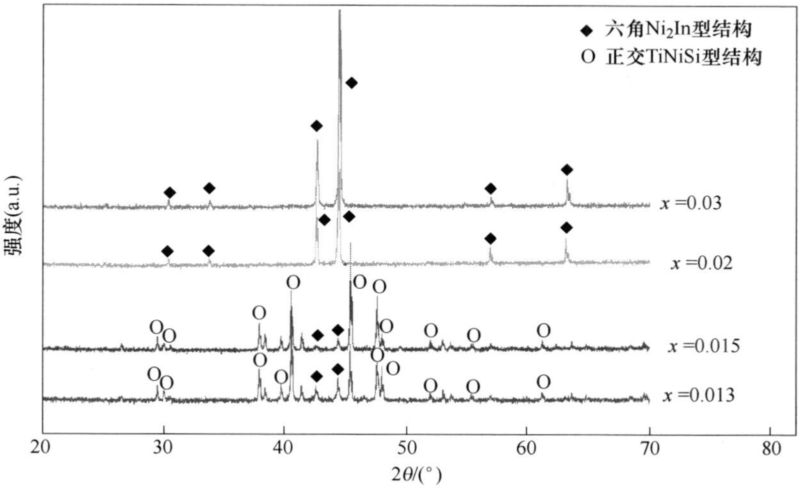

(a)

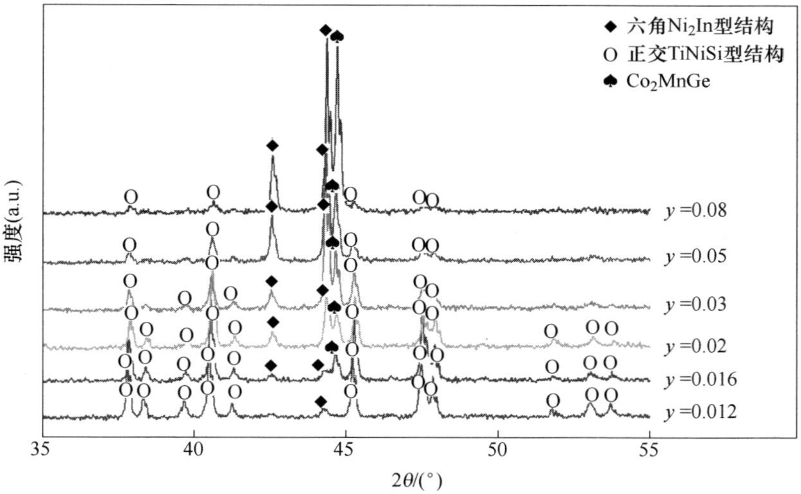

(b)

图 4.11 $MnCo_{1-x}Ge_{1+x}$ 和 $MnCo_{1+y}Ge_{1-y}$ 合金在室温下记录的 XRD 图谱[33]

(a) $MnCo_{1-x}Ge_{1+x}$；(b) $MnCo_{1+y}Ge_{1-y}$

表 4.6 TiNiSi 型，Ni_2In 型结构和 Co_2MnGe 二次相的体积分数随 $MnCo_{1+y}Ge_{1-y}$ 合金成分的变化

$MnCo_{1+y}Ge_{1-y}$	TiNiSi 型结构/%	Ni_2In 型结构/%	Co_2MnGe/%
y=0.012	96.1	3.9	—
y=0.016	73.3	20.7	6
y=0.02	65.2	28.5	6.3
y=0.03	37	51.3	11.7
y=0.05	30.4	53.6	16
y=0.08	25	50.7	24.3

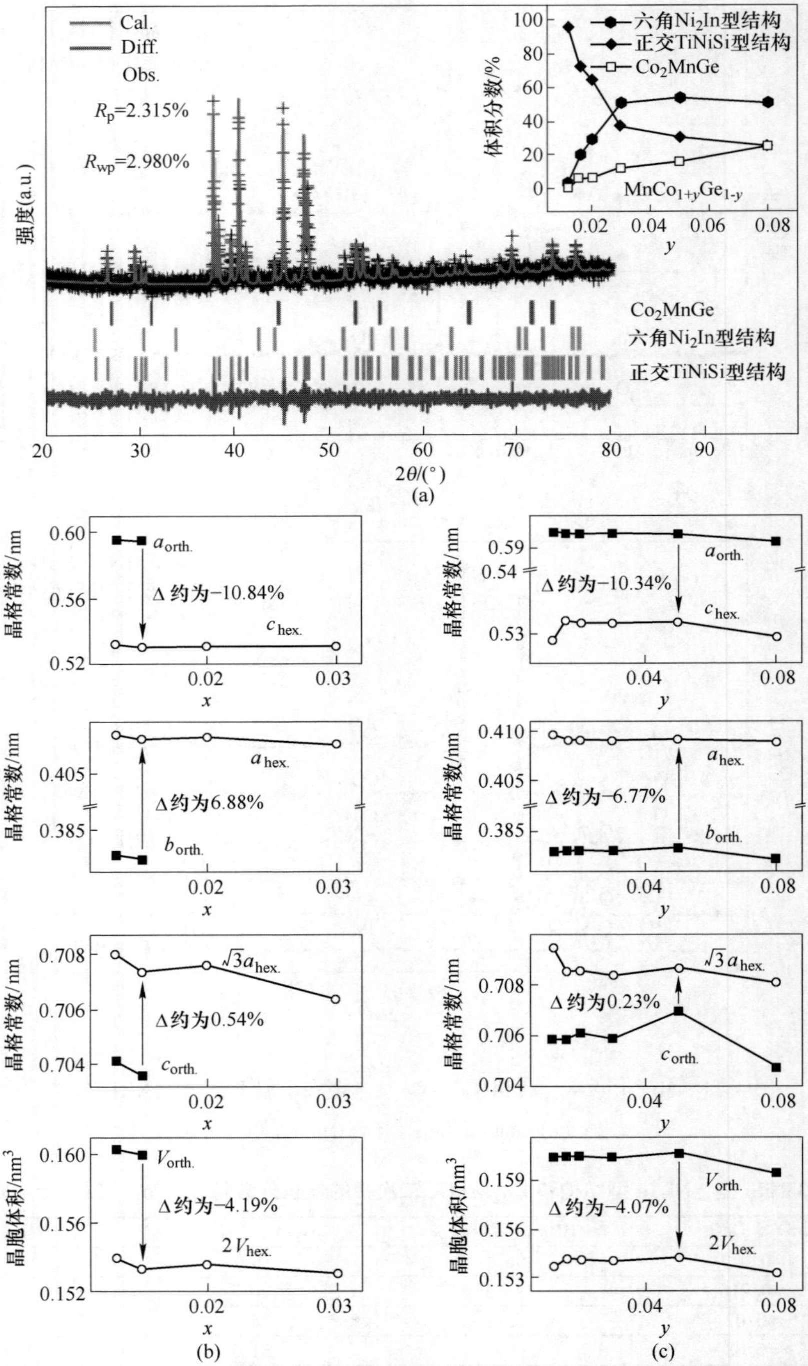

图 4.12　$MnCo_{1.012}Ge_{0.988}$合金在室温下 Rietveld 精修图谱（a）、$MnCo_{1-x}Ge_{1+x}$（b）和 $MnCo_{1+y}Ge_{1-y}$（c）晶格常数和晶胞体积与 x 或 y 的关系[34]

基于 Rietveld 精修的 $MnCo_{1-x}Ge_{1+x}$ 和 $MnCo_{1+y}Ge_{1-y}$ 体系的晶格常数和晶胞体积与 x 或 y 的关系如图 4.12（b）和（c）所示。TiNiSi 型和 Ni_2In 型结构的单轴和体积遵循以下关系：$a_{orth.}=c_{hex.}$，$b_{orth.}=a_{hex.}$，$c_{orth.}=\sqrt{3}a_{hex.}$ 和 $V_{orth.}=2V_{hex.}$ [24-26]。对于图 4.12（b）中的 $MnCo_{1-x}Ge_{1+x}$ 体系，随着 x 含量的增加，晶格常数沿 $c_{hex.}$ 减小 10.84%（$a_{orth.}$），而其他晶格常数沿 $a_{hex.}$ 延长 0.54%（$c_{orth.}\sqrt{3}$）和 6.88%（$b_{orth.}$），导致大的晶胞体积负膨胀约 4.19%，符合先前关于正分 MnCoGe 合金的报道（−5.5%～−3.9%）[15,25]。对于 $MnCo_{1+y}Ge_{1-y}$ 合金，如图 4.12（c）所示，$y=0.012$～0.08 时，TiNiSi 型和 Ni_2In 型结构共存，单元体积负膨胀约为 4.07%。

本书测试了两种系列合金在 $\mu_0H=0.1$ T 下的热磁曲线以及 DSC 曲线来确定相变温度和特征温度，如图 4.13 所示。从图 4.13（a）可以看出 $MnCo_{0.987}Ge_{1.013}$ 合金的磁化强度随温度下降而在 319 K 附近突然增加，表明该处发生了顺磁到铁磁的转变。此相变表现出约 20 K 的热滞（$\Delta T_{hys}=T_t-T'_t$），说明发生了耦合的一级磁结构相变。同样在 $x=0.015$ 和 $x=0.02$ 的样品中发现了相似的特性。将 $dM/dT(T)$ 曲线的最大值所对应的温度定义为逆马氏体相变温度和正马氏体相变

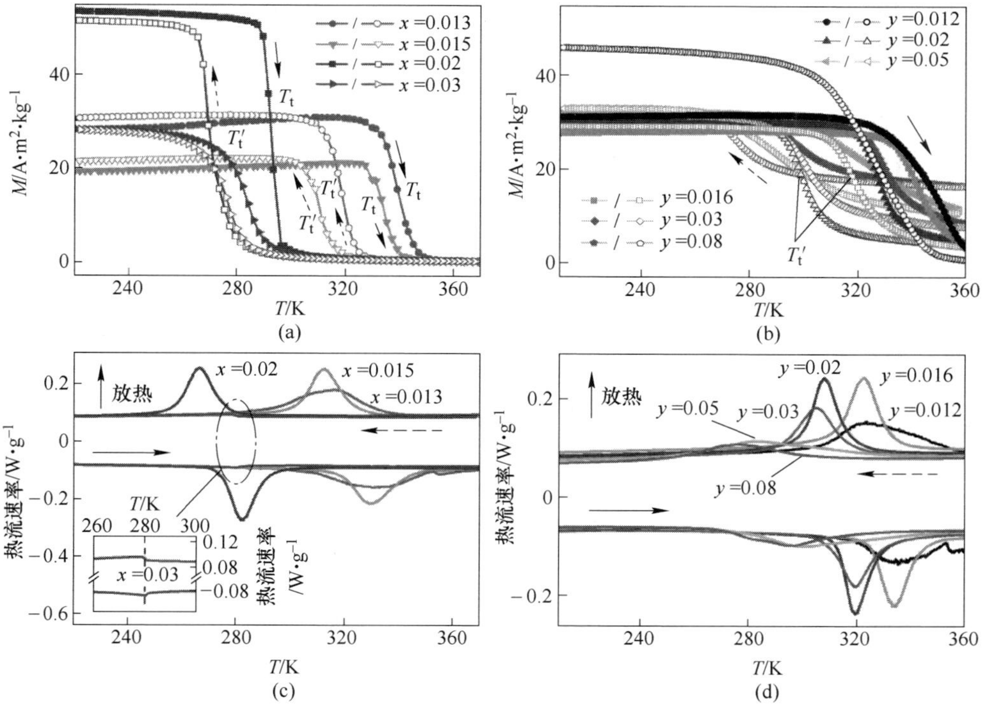

图 4.13　$MnCo_{1-x}Ge_{1+x}$ 和 $MnCo_{1+y}Ge_{1-y}$ 合金在 $\mu_0H=0.1$ T 的磁场下的热磁曲线和 10 K/min 的升降温速率下获得的 DSC 曲线[34]

（a）（c）$MnCo_{1-x}Ge_{1+x}$；（b）（d）$MnCo_{1-y}Ge_{1+y}$

温度（T_t和 T'_t），它们随 Co 含量的降低而降低，而 ΔT_{hys}与这三个样品的 Co/Ge 比例几乎无关。$MnCo_{1-x}Ge_{1+x}$合金的 T_t、T'_t和 ΔT_{hys}的具体值随成分的变化列于表 4.7。图 4.13（a）显示的 DSC 曲线也支持上述结果。当 $x=0.013$、0.015 和 0.02，ΔT_{hys}的吸热/放热峰可以被明显检测到，该结果证实发生了一级磁结构耦合相变[28]。DSC 曲线中的 T_t、T'_t与热磁曲线对应的峰值温度，它们均随着 Co/Ge 比例的降低而向低温移动。

当 $x=0.03$ 时，虽然在 $M(T)$ 曲线中仍观察到 $\Delta T_{hys}\approx 8$ K，但是很难确定相变为一级。结合 DSC 曲线来看，它显示出台阶状的吸热/放热峰，DSC 曲线中几乎没有显示 ΔT_{hys}［见图 4.13（c）］。280 K 的相变温度非常接近 T_C^{hex}（约 275 K）[34]，这表明 $x=0.03$ 时样品的相变为 Ni_2In 型奥氏体的磁相变[2,32,36]。

$MnCo_{1+y}Ge_{1-y}$体系的 $M(T)$ 曲线如图 4.13 所示，从图 4.13 上可以看出 PM/FM 相变附近有大的 ΔM 和较为明显的 ΔT_{hys}，且 DSC 曲线呈现出针状，并伴有较为明显的 ΔT_{hys}吸热/放热峰，证明实现了一级磁结构耦合相变。与 $MnCo_{1-x}Ge_{1+x}$体系相似，当调控 Co/Ge 比例时，T_t减小，ΔT_{hys}几乎不变（见表 4.7 和表 4.8）。但不同的地方在于，$M(T)$ 曲线上的高温 Ni_2In 型奥氏体状态不是纯顺磁性，而是存在明显铁磁性。高温部分的磁化强度随着 Co/Ge 比例的增加而明显增加。当 $y=0.08$ 时，磁化强度为 16.8 A · m²/kg（$T=350$ K）。结合图 4.11 和图 4.12 中 XRD 结果，上述 $M(T)$ 曲线中观察到的现象是因为铁磁态的 Co_2MnGe 第二相的出现。Co_2MnGe 的居里温度 $T_C\approx 905$ K 远高于本实验中 $M(T)$ 曲线的温度范围[37]。Co_2MnGe的存在使得 $MnCo_{1+y}Ge_{1-y}$体系中本应为弱磁的高温奥氏体相呈现出非零甚至强磁态。

表 4.7　$MnCo_{1-x}Ge_{1+x}$体系的 T_t、T'_t和 ΔT_{hys}与成分的依赖性

$MnCo_{1-x}Ge_{1+x}$	T_t/K	T'_t/K	ΔT_{hys}/K
$x=0.013$	339	319	20
$x=0.015$	333	311	22
$x=0.02$	291	269	22
$x=0.03$	284	276	8

表 4.8　$MnCo_{1+y}Ge_{1-y}$体系的 T_t、T'_t和 ΔT_{hys}与成分的依赖性

$MnCo_{1+y}Ge_{1-y}$	T_t/K	T'_t/K	ΔT_{hys}/K
$y=0.012$	354	324	30
$y=0.016$	341	318	23
$y=0.02$	327	299	28

续表 4.8

$MnCo_{1+y}Ge_{1-y}$	T_t/K	T'_t/K	ΔT_{hys}/K
$y=0.03$	329	301	28
$y=0.05$	326	292	34
$y=0.08$	298	275	23

4.2.4 双向调控 Co/Ge 的 MnCoGe 基合金相变的调控机制

为了更深入了解一级磁结构的相变温度，结构和磁性状态随“实际”化学成分变化的情况，应考虑排除 Co_2MnGe 的贡献。本书通过 EDS 检测，证实了 $MnCo_{1+y}Ge_{1-y}$ 合金成分的均匀性，表明 Co_2MnGe 是均匀分布而非富集。根据 $MnCo_{1+y}Ge_{1-y}$ 合金的 XRD 精修数据，计算了扣除 Co_2MnGe 贡献的“实际”化学成分。$MnCo_{1+y}Ge_{1-y}$（$y=0.012$，0.016，0.02，0.03，0.05 和 0.08）的“实际”化学成分是 $MnCo_{1.012}Ge_{0.988}$、$MnCo_{0.964}Ge_{0.983}$、$MnCo_{0.962}Ge_{0.979}$、$MnCo_{0.934}Ge_{0.967}$、$MnCo_{0.919}Ge_{0.943}$、$MnCo_{0.873}Ge_{0.902}$。基于 $MnCo_{1-x}Ge_{1+x}$ 和 $MnCo_{1+y}Ge_{1-y}$ 体系的 XRD 和磁性测量数据，图 4.14 的结构和磁相图显示了实际 Co 含量与一级磁结构相变温度之间的关系。从图中可以看出，通过控制两个体系中的 Co/Ge 比例，T_t 和 T'_t 都会相应降低。且两个系统除 $MnCo_{0.97}Ge_{1.03}$ 合金外都实现了从六角顺磁奥氏体至正交铁磁马氏体的一级磁结构耦合相变。

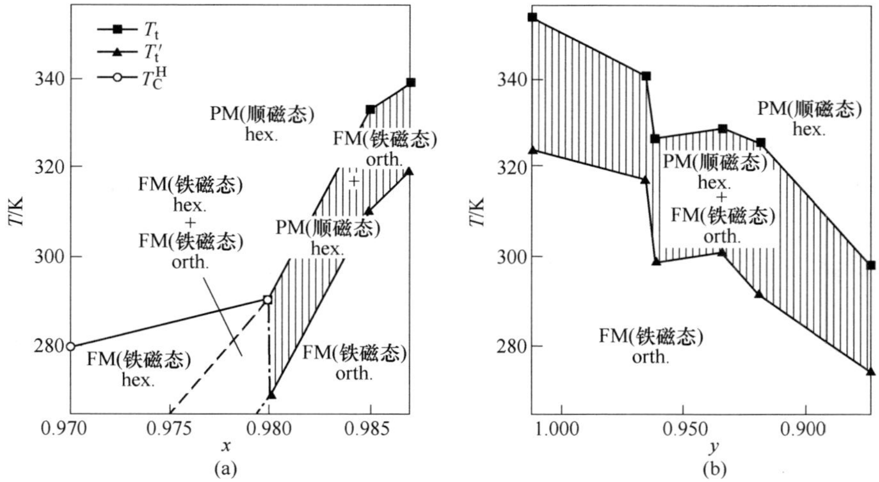

图 4.14 $MnCo_{1-x}Ge_{1+x}$ 和 $MnCo_{1+y}Ge_{1-y}$ 合金的结构和磁相图[34]

（a）$MnCo_{1-x}Ge_{1+x}$；（b）$MnCo_{1+y}Ge_{1-y}$

现在，讨论两个体系中 T_t 降低的原因。据报道，Mn 优先占据 $2a$ 位，Co 原子优先占据 2d 亚晶格，Ge 原子占据 2c 位[38]。在 MnCoGe 基合金的结构中，由于 s-p 和 s-d 轨道的杂化，2d 位的 Co 原子与 2c 位的 Ge 原子表现出共价键，形成 Co—Ge—Co 键[37]。类似于 MnNiGe 合金[31,38]，六元 Co-Ge 环在 MnCoGe 基合金的基本结构中起决定性作用。因此合理推测，六元 Co-Ge 环中一部分的化学键会因为 Co—Ge—Co 键中出现的空位而遭到破坏[2]，这就可能会使马氏体相在较低温度下不稳定，并减弱了奥氏体的弹性模量[39-40]，使得 $MnCo_{1-x}Ge_{1+x}$ 合金中正交马氏体和六角奥氏体之间的相对稳定性受到影响[2]。与 $MnCoGe_{1-x}$ 合金的情况相似[32]，通过在 $MnCo_{1-x}Ge_{1+x}$ 合金中引入适当的 Co 空位，从而引起 T_t 的降低，这是实现合金中磁性和结构相变耦合的因素。至于 $MnCo_{1+y}Ge_{1-y}$，它更不稳定。由于相对较高的 Co 含量，上面提到的更稳定的立方铁磁 Co_2MnGe 二次相在其中析出，从表 4.7 和表 4.8 可以看出，它随着 Co 含量的增加而逐渐增加。这样，$MnCo_{1+y}Ge_{1-y}$ 合金的结构中会出现 Co 空位，Co 空位出现在 Co—Ge—Co 键中影响结构稳定性，这将使 T_t 移至较低温度并实现一级磁结构耦合相变。总之，对于双向调控的 $MnCo_{1-x}Ge_{1+x}$ 和 $MnCo_{1+y}Ge_{1-y}$ 体系，由 Co 空位引起的结构不稳定性被视为 T_t 降低的统一解释。

4.2.5 双向调控 Co/Ge 的 MnCoGe 基合金的磁热效应

本节研究了 $MnCo_{1-x}Ge_{1+x}$ 和 $MnCo_{1+y}Ge_{1-y}$ 体系代表性合金的磁响应特性。在图 4.15（a）和（b）中分别绘制了 $MnCo_{0.98}Ge_{1.02}$ 和 $MnCo_{1.012}Ge_{0.988}$ 合金在 $\mu_0H=7$ T 的磁场下，T'_t 温度附近的 $M(H)$ 曲线。对于这两种合金，$M(H)$ 曲线显示出相似的特征。如图 4.15（a）所示，当 $MnCo_{0.98}Ge_{1.02}$ 合金的温度从 304 K 降至 246 K 时，在 $\mu_0H=7$ T 下，磁化强度从约 35 A · m²/kg 急剧增加到约 88 A · m²/kg。远高于 T'_t 的准线性磁化曲线和 $M(H)$ 去磁曲线没有明显的磁滞现象，说明了六角 Ni_2In 型奥氏体的顺磁特性。相反，远低于 T'_t 时，很容易磁化和饱和的特性表明铁磁性行为。在 T'_t 附近，连续的 S 型 $M(H)$ 曲线具有明显的磁滞，表明它是磁场诱导的变磁性相变。如图 4.15（b）所示，在 $MnCo_{1.012}Ge_{0.988}$ 合金中观察到了类似的磁化特征。

$MnCo_{0.98}Ge_{1.02}$ 和 $MnCo_{1.012}Ge_{0.988}$ 合金的 $-\Delta S_M(T)$ 曲线绘制在图 4.15（c）中。由于耦合的一级磁结构相变，在 $\mu_0\Delta H=0\sim5$ T 的磁场下，$MnCo_{0.98}Ge_{1.02}$ 和 $MnCo_{1.012}Ge_{0.988}$ 合金分别在 $T_t=266$ K 和 325 K 处，获得了 12.8 J/(kg · K) 和 8.2 J/(kg · K) 的 $-\Delta S_M$ 峰值（$-\Delta S_{max}$）。与一些传统的磁热材料相比，$MnCo_{0.98}Ge_{1.02}$ 和 $MnCo_{1.012}Ge_{0.988}$ 合金的 $-\Delta S_{max}$ 值与其相当甚至更大。除 $-\Delta S_M$ 外，制冷能力（RC）也是评估材料磁热性能的重要参数。通过使用式（4.2），可得到 $MnCo_{0.98}Ge_{1.02}$ 和 $MnCo_{1.012}Ge_{0.988}$ 合金在 $\mu_0\Delta H=0\sim7$ T 磁场变化下的约 234.5 J/kg 和约 328.8 J/kg 的大 RC 值。这些值也与许多磁热材料相当或更大，例如，在

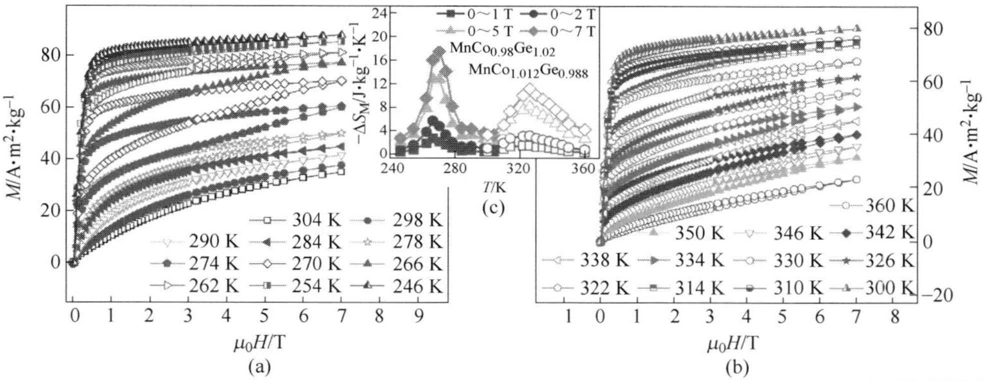

图 4.15 $MnCo_{0.98}Ge_{1.02}$和 $MnCo_{1.012}Ge_{0.988}$合金的 $M(H)$ 和$-\Delta S_M(T)$ 曲线[34]

(a) $MnCo_{0.98}Ge_{1.02}$ $M(H)$ 曲线；(b) $MnCo_{1.012}Ge_{0.988}$ $M(H)$ 曲线；

(c) 合金的$-\Delta S_M(T)$ 曲线

彩图

$\mu_0\Delta H=0\sim5$ T 磁场变化下 $MnCo_{0.42}Ni_{0.58}Ge$ 的约 140 J/kg[43]，$Mn_{0.98}Fe_{0.02}CoGe$ 的约 212 J/kg[44]；在 $\mu_0\Delta H=0\sim7$ T 磁场变化下的 $Ni_{45}Co_5Mn_{37.5}In_{12.5}$ 的约 324 J/kg[45]；在$\mu_0\Delta H=0\sim9$ T 磁场变化下 $Ni_{50}Mn_{33.13}In_{13.9}$的约 342 J/kg[46]。

磁化曲线和退磁曲线中的大磁滞损耗（HL）会使磁制冷效率降低[47]。因此，评价磁制冷工质的 RC 也需要考虑 HL 的影响。$MnCo_{0.98}Ge_{1.02}$和 $MnCo_{1.012}Ge_{0.988}$合金的 HL 与温度的关系图如图 4.16 所示，该曲线由磁化曲线和退磁曲线的闭合区域确定。平均磁滞损耗的计算方法可参考上一章。表 4.9 中分别列出了 $MnCo_{0.98}Ge_{1.02}$和

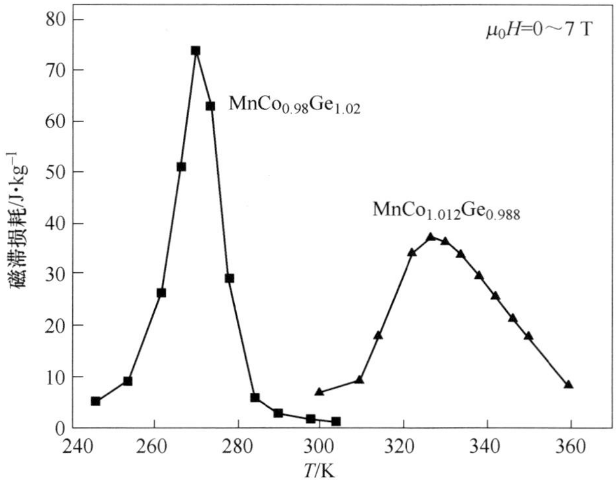

图 4.16 $MnCo_{0.98}Ge_{1.02}$和 $MnCo_{1.012}Ge_{0.988}$合金在 $\mu_0H=0\sim7$ T

磁场变化下的磁滞损耗与温度的关系[34]

$MnCo_{1.012}Ge_{0.988}$合金在$\mu_0\Delta H=0\sim7$ T 下表征的磁热效应的重要参数$-\Delta S_{max}$、RC 和 RC_{eff}。$MnCo_{0.98}Ge_{1.02}$合金的$-\Delta S_{max}$较大，HL_{ave}也较大，因此计算得出的 RC_{eff} 值相对较小。令人惊讶的是，与 $MnCo_{0.98}Ge_{1.02}$ 相比，较小的 HL_{ave} 和较宽的 ΔT_{FWHM} 贡献了 $MnCo_{1.012}Ge_{0.988}$ 合金较大的 RC_{eff} 值。较大的 RC_{eff} 值使 $MnCo_{0.98}Ge_{1.02}$和 $MnCo_{1.012}Ge_{0.988}$合金具有作为室温磁性制冷剂的巨大潜力。

表 4.9　$MnCo_{0.98}Ge_{1.02}$和 $MnCo_{1.012}Ge_{0.988}$合金在$\mu_0H=0\sim7$ T 磁场变化下的 T_{peak}、$-\Delta S_{max}$、ΔT_{FWHM}、RC、HL_{ave}和 RC_{eff}

样品	T_{peak}/K	$-\Delta S_{max}$ /J · kg^{-1} · K^{-1}	ΔT_{FWHM} /K	RC /J · kg^{-1}	HL_{ave} /J · kg^{-1}	RC_{eff} /J · kg^{-1}
$MnCo_{0.98}Ge_{1.02}$	270	17. 5	16. 9	234. 5	52. 2	182. 3
$MnCo_{1.012}Ge_{0.988}$	326	11. 2	38. 1	328. 8	28. 1	300. 7

参 考 文 献

[1] Yüzüak E, Dincer I, Elerman Y, et al. Enhancement of magnetocaloric effect in $CoMn_{0.9}Fe_{0.1}Ge$ alloy [J]. Journal of Alloys and Compounds, 2015, 641: 69-73.

[2] Liu E K, Zhu W, Feng L, et al. Vacancy-tuned paramagnetic/ferromagnetic martensitic transformation in Mn-poor $Mn_{1-x}CoGe$ alloys [J]. Europhysics Letters, 2010, 91: 17003.

[3] Aryal A, Quetz A, Pandey S, et al. Magnetostructural phase transitions and magnetocaloric effects in as-cast $Mn_{1-x}Al_xCoGe$ compounds [J]. Journal of Alloys and Compounds, 2017, 709: 142-146.

[4] Zhang C L, Nie Y G, Shi H F, et al. Tuning magnetostructural transition and the associated giant magnetocaloric effect via thermal treatment in MnCoGe-based alloys [J]. Journal of Magnetism and Magnetic Materials, 2019, 469: 437-442.

[5] Li Y, Zeng Q Q, Wei Z Y, et al. An efficient scheme to tailor the magnetostructural transitions by staged quenching and cyclical ageing in hexagonal martensitic alloys [J] Acta Materialia 2019, 174: 289-299.

[6] 杨胜. Mn(Co,Ni) Ge 基合金负热膨胀与磁驱马氏体相变研究 [D]. 赣州：江西理工大学，2019.

[7] Yuce S, Bruno N M, Emre B, et al. Accessibility investigation of large magnetic entropy change in $CoMn_{1-x}Fe_xGe$ [J]. Journal of Applied Physics, 2016, 119: 133901.

[8] Ma S C, Ge Q, Hu Y F, et al. Driving higher magnetic field sensitivity of the martensitic transformation in MnCoGe ferromagnet [J]. Applied Physics Letters, 2017, 111: 192406.

[9] Gong Y Y, Wang D H, Cao Q Q, et al. Textured, dense and giant magnetostrictive alloy from fissile polycrystal [J]. Acta Materialia, 2015, 98: 113-118.

[10] Hu Q B, Hu Y, Fang Y, et al. Large magnetostrain in magnetic-field-aligned $Mn_{0.965}CoGe$ compound [J]. Aip Advances, 2017, 7: 056430.

[11] Zhao Y Y, Hu F X, Bao L F, et al. Giant negative thermal expansion in bonded MnCoGe-based compounds with Ni_2In-type hexagonal structure [J]. Journal of the American Chemical Society, 2015, 137: 1746-1749.

[12] Yang S, Ma S C, Liu K, et al. Controllable negative thermal expansion by mechanical pulverizing in hexagonal $Mn_{0.965}Co_{1.035}Ge$ compounds [J]. Inorganic Chemistry, 2018, 57: 14199-14207.

[13] Wu R R, Bao L F, Hu F X, et al. Effect of substitution of In for Co on magnetostructural coupling and magnetocaloric effect in $MnCo_{1-x}In_xGe$ compounds [J]. Journal of Applied Physics, 2014, 115: 17A911.

[14] Tozkoparan O, Yildirim O, Yüzüak E, et al. Magnetostructural transition in Co-Mn-Ge systems tuned by valence electron concentration [J]. Journal of Alloys and Compounds, 2019, 791: 208-214.

[15] Hassan N U, Chen F H, Zhang M G, et al. Realisation of magnetostructural coupling and a large magnetocaloric effect in the $MnCoGe_{1+x}$ system [J]. Journal of Magnetism and Magnetic Materials, 2017, 439: 120-125.

[16] Choudhury D, Suzuki T, Tokura Y, Tuning structural instability toward enhanced magnetocaloric effect around room temperature in $MnCo_{1-x}Zn_xGe$ [J]. Scientific Reports, 2014, 4: 7544.

[17] Si X D, Shen Y L, Ma X X, et al. Field dependence of magnetic entropy change and estimation of spontaneous magnetization in Cd substituted MnCoGe [J]. Acta Materialia, 2018, 143: 306-317.

[18] Zhang H, Li Y W, Liu E K, et al. Multiple magnetic transitions in $MnCo_{1-x}Cu_xGe$ driven by change in atom separation and exchange interaction [J]. Materials and Design, 2017, 114: 531-536.

[19] Krenke T, Acet M, Wassermann E F, et al. Ferromagnetism in the austenitic and martensitic states of Ni-Mn-In alloys [J]. Physical Review B, 2006, 73: 174413.

[20] Planes A, Mañosa L, Acet M. Magnetocaloric effect and its relation to shape-memory properties in ferromagnetic Heusler alloys [J]. Journal of Physics: Condensed Matter, 2009, 21: 233201.

[21] Samanta T, Dubenko I, Quetz A, et al. Magnetostructural phase transitions and magnetocaloric effects in $MnNiGe_{1-x}Al_x$ [J]. Applied Physics Letters, 2012, 100: 052404.

[22] Ma S C, Wang D H, Xuan H C, et al. Effects of the Mn/Co ratio on the magnetic transition and magnetocaloric properties of $Mn_{1+x}Co_{1-x}Ge$ alloys [J]. Chinese Physics B, 2011, 20 (8): 087502.

[23] Rietveld H M. Line profiles of neutron powder-diffraction peaks for structure refinement [J]. Acta Crystallographica, 1967, 22: 151-152.

[24] Johnson V. Diffusionless orthorhombic to hexagonal transitions in ternary silicides and germanides [J]. Inorganic Chemistry, 1975, 14: 1117-1120.

[25] Koyama K, Sakai M, Kanomata T, et al. Field-induced martensitic transformation in new ferromagnetic shape memory compound $Mn_{1.07}Co_{0.92}Ge$ [J]. Japanese Journal of Applied Physics, 2004, 43 (12): 8036-8039.

[26] Kanomata T, Ishigaki H, Suzuki T, et al. Magneto-volume effect of $MnCo_{1-x}Ge$ ($0 \leqslant x \leqslant 0.2$) [J]. Journal of Magnetism and Magnetic Materials, 1995, 140-144: 131-132.

[27] Caron L, Trung N T, Bruck E. Pressure-tuned magnetocaloric effect in $Mn_{0.93}Cr_{0.07}CoGe$ [J]. Physical Review B, 2011, 84: 020414 (R).

[28] Liu K, Ma S C, Zhang L, et al. Tuning the magnetic transition and magnetocaloric effect in $Mn_{1-x}Cr_xCoGe$ alloy ribbons [J]. Journal of Alloys and Compounds, 2017, 690: 663-668.

[29] Li G J, Liu E K, Zhang H G, et al. Phase diagram, ferromagnetic martensitic transformation and magnetoresponsive properties of Fe-doped MnCoGe alloys [J]. Journal of Magnetism and Magnetic Materials, 2013, 332: 146-150.

[30] 刘恩克，王文洪，张宏伟，等. Ni_2In 型六角 MM′X 铁磁马氏体相变材料及其研究进展 [J]. 材料科学进展，2012，31 (4)：13-25.

[31] Anzai S, Ozawa K. Coupled nature of magnetic and structural transition in MnNiGe under pressure [J]. Physical Review B, 1978, 18 (5): 2173-2178.

[32] Bao L F, Wang W D, Ren Y J, et al. Tuning martensitic phase transition by nonmagnetic atom vacancy in MnCoGe alloys and related giant magnetocaloric effect [J]. Chinese Physics Letters, 2016, 33 (7): 077502.

[33] Song Y, Chen S Y, Ma S C, et al. Magneto-structural coupling through bidirectionally controlling the valence electron concentration in MnCoGe alloy [J]. Journal of Alloys and Compounds, 2020, 819: 153061.

[34] Song Y, Ma S C, Yang F, et al. Co-vacancy induced magneto-structural transformation in Co and Ge bidirectional regulation MnCoGe system [J]. Journal of Magnetism and Magnetic Materials, 2020, 495: 165865.

[35] Wang J T, Wang D S, Chen C F, et al. Vacancy induced structural and magnetic transition in $MnCo_{1-x}Ge$ [J]. Applied Physics Letters, 2006, 89: 262504.

[36] Trung N T, Zhang L, Caron L, et al. Giant magnetocaloric effects by tailoring the phase transitions [J]. Applied Physics Letters, 2010, 96 (17): 172504.

[37] Kawakami M, Kasamatsu Y, Ido H. Temperature and pressure dependence of NMR frequencies in ferromagnetic Heusler alloys containing cobalt and manganese [J]. Journal of Magnetism and Magnetic Materials, 1987, 70: 265-267.

[38] Szytuła A, Pędziwiatr A T, Tomkowicz Z, et al. Crystal and magnetic structure of CoMnGe, CoFeGe, FeMnGe and NiFeGe [J]. Journal of Magnetism and Magnetic Materials 1981, 25: 176-186.

[39] Cano A, Levanyuk A P. Defects as a cause of continuity of normal-incommensurate phase transitions [J]. Physical Review B, 2000, 62: 12014-12020.

[40] Krenke T, Moya X, Aksoy S, et al. Electronic aspects of the martensitic transition in Ni-Mn

based Heusler alloys [J]. Journal of Magnetism and Magnetic Materials, 2007, 310: 2788-2789.

[41] Tegus O, Brück E, Buschow K H J, et al. Transition-metal-based magnetic refrigerants for room-temperature applications [J]. Nature, 2002, 415 (6868): 150-152.

[42] Krenke T, Duman E, Acet M, et al. Inverse magnetocaloric effect in ferromagnetic Ni-Mn-Sn alloys [J]. Nature Materials, 2005, 4: 450-454.

[43] Ren Q Y, Hutchison W D, Wang J L, et al. Magnetic and structural transitions tuned through valence electron concentration in magnetocaloric $Mn(Co_{1-x}Ni_x)Ge$ [J]. Chemistry of Materials, 2018, 30: 1324-1334.

[44] Ren Q Y, Hutchison W D, Wang J L, et al. The magneto-structural transition in $Mn_{1-x}Fe_xCoGe$ [J]. Journal of Physics D: Applied Physics, 2016, 49: 175003.

[45] Huang L, Cong D Y, Suo H L, et al. Giant magnetic refrigeration capacity near room temperature in $Ni_{40}Co_{10}Mn_{40}Sn_{10}$ multifunctional alloy [J]. Applied Physics Letters, 2014, 104: 132407.

[46] Zhang X X, Zhang B, Yu S Y, et al. Combined giant inverse and normal magnetocaloric effect for room-temperature magnetic cooling [J]. Physical Review B, 2007, 76: 132403.

[47] Provenzano V, Shapiro A J, Shull R D. Reduction of hysteresis losses in the magnetic refrigerant $Gd_5Ge_2Si_2$ by the addition of iron [J]. Nature, 2004, 429: 853-857.

5 MnNiGe 基合金非磁性元素替代实现铁磁性转变

5.1 引　言

变磁性是一种磁场驱动转变，从弱磁（反铁磁 AFM 或顺磁 PM）到强磁态（铁磁 FM 或亚铁磁 FIM）。它对于基础研究和室温（RT）磁响应效应的应用（如磁热效应 MCE）非常重要，我们需要了解如何通过化学取代来操控变磁性转变，使其在较低的临界场（H_{req}）下激发变磁性转变。

近年来，MnNiGe 基的金属间化合物由于其潜在的多功能性能受到了广泛的关注。MnNiGe 室温下是反铁磁物质，磁有序转变温度约 346 K，在比较低的温度下还会发生从简单螺旋结构到摆线螺旋结构的转变[1-6]。MnNiGe 基合金有两种晶格，一种是正交 TiNiSi 型结构马氏体，空间群为 *Pnma*，另一种是六角 Ni_2In 型结构的母相奥氏体，空间群为 $P6_3/mmc$。在 $T_t = 470$ K 时，MnNiGe 基合金发生了从正交 TiNiSi 型结构到六角 Ni_2In 型结构的无扩散结构相变[1-7]。注意到母相奥氏体/马氏体相磁结构的不一致性，相对于马氏体的螺旋反铁磁性，其母相奥氏体表现为线性铁磁性，居里温度 $T_C = 205$ K。因此，可知 MnNiGe 的结构相变温度（470 K）远高于母相奥氏体/马氏体相的磁有序转变温度，不能发生磁和结构相变的耦合。科研工作者通过多种方法，比如过渡金属元素取代、过渡族元素缺位、主族元素取代等方法调控磁相变，降低结构相变温度，使磁和结构相变发生耦合[8-16]。MnNiGe 基合金的磁结构相变可分为两类，第一类发生在反铁磁 TiNiSi 相和铁磁 Ni_2In 相之间，在不改变低温 TiNiSi 相磁性的情况下，降低结构相变温度，可实现磁和结构相变的耦合，获得大的磁热效应[8-12]；第二类发生在铁磁 TiNiSi 和顺磁 Ni_2In 相之间，与第一类不同的是实现了低温 TiNiSi 相由反铁磁到铁磁的翻转[12-16]。第一类磁结构相变温度受限于 Ni_2In 相的居里温度，往往远低于室温，而第二类可以发生在室温附近，对室温磁制冷有很大的潜在应用。通常情况下，温度和磁场都可以诱导一级磁相变，但相对温度，磁场驱动变磁性相变对材料获得优异磁功能性质更具直接关键作用。MnNiGe 基合金以其可调控的磁结构相变和巨大磁热效应正成为一种潜在的磁功能材料。

2013 年，Zhang 等人[12]通过改变化学成分将 T_t 降低到 Ni_2In 相 T_C 以下时，首先实现了从 AFM 马氏体到 FM 母相的铁磁性马氏体相变（MMT）[8,12,16]。由于马氏体内部的 FM 序，可以得到从 FM TiNiSi 型到 PM Ni_2In 型的第二种 MMT，这可以发生在 T_C 和 T_N 之间（包括室温）的宽温度间隔。然而，到目前为止，第二类 MMT 仅在用 FM 元素（Fe 或 Co）取代 Mn/Ni 的化合物中被报道过，并且在 Fe 取代的 $MnNi_{1-x}Fe_xGe$ 体系，不同的含量也可以实现不同类型的 MMT[12-13]。Zhang 等人报道了铁磁元素 Fe 对 MnNiGe 的取代，发现掺杂量 x 从 0.23 变化到 0.27 时导致了 FM-AFM 马氏体相变的产生，也就是第一类磁性马氏体相变，并且在低温 TiNiSi 相中，随着 Fe 元素的增多，其磁化强度逐渐增加，有向铁磁态发展的趋势，但始终没有翻转成 FM 态[12]；而 Liu 等人通过将铁含量从 $x=0.23$ 变化到 $x=0.30$ 实现了第二类磁性马氏体相变[13-14]。有趣的是，在 Zhang 等人报道的热磁 $M(T)$ 行为中，AFM 马氏体存在类 FM 转变，其特征是低温马氏体的磁化强度随着 Fe 含量的增加而急剧增加。这表明，当 x 进一步增加时，FM 马氏体的建立和 FM TiNiSi 型到 PM Ni_2In 型的转变是可能的，这正是 Liu 等人的研究结果。

除了 Fe 取代之外，$MnNiGe_{0.928}Ga_{0.072}$ 合金在静水压力下也被观察到低温 AFM 马氏体的更显著的类 FM 转变[16]。低温 TiNiSi 反铁磁相的磁矩随着外压力的增加明显增大，然而，到目前为止还没有关于压力诱导的 FM 马氏体和 PM 奥氏体之间的第二类 MMT 的报道[15-16]。考虑到在调控 MMT 时，化学压力与静水压力具有相似性。此外，通过大半径主族元素铟取代和 MnNiGe 合金同结构的 MnCoGe 合金中的 Co，在合金中也能诱导出一级顺磁 Ni_2In 相到铁磁 TiNiSi 相的磁性马氏体相变[11]。因此得到启发：可以利用大半径主族元素铟 In 取代 MnNiGe 合金的不同晶格位，引入化学压力，调控实现第二类磁结构耦合相变及磁场驱动变磁性相变[17]。在本章中，通过加入非磁性和大尺寸主族元素铟去取代 Mn/Ni，尤其是 Mn，实现了在马氏体中由化学压力引起的 AFM-FM 转变，导致了螺旋反铁磁体 MnNiGe 从 FM 马氏体到 PM 奥氏体的第二类 MMT。

5.2 研究方案及制备过程

5.2.1 研究方案

（1）选取合适的大半径主族元素 In 进行不同晶格位替代，以及合适小半径元素进行间隙位原子掺杂，引入化学压力。通过这些方法实现 TiNiSi 类型相反铁磁到铁磁的翻转，进而实现顺磁 Ni_2In 到铁磁 TiNiSi 类型相之间的 MMT，并研究其物理机制。

（2）综合利用同步辐射结合第一性原理计算、相场模拟等实验和理论方法对引入化学压力和调节内应力影响 Mn-Mn 原子间距、其他原子间距及 Mn 原子磁矩变化进行研究，探究合金增强马氏体相变的物理机制。

（3）通过 XRD 精修、DSC 测量、比热容测量/热磁曲线、等温磁化曲线的测量等表征磁驱马氏体相变；通过计算变磁性临界场 H_{req} 对温度依赖关系，等温磁熵变 ΔS_M 和绝热磁温变 ΔT_{ad} 随温度变化的曲线表征磁场驱动变磁性相变。

（4）在实现磁场驱动变磁性马氏体相变的基础上，对基于磁场诱导相变机制的磁热效应及其他相关物理效应进行研究。

5.2.2　样品制备和测试过程

采用电弧熔炼法制备了多晶 $MnNiGe_{1-x}In_x$（$x=0.05$，0.055，0.065，0.09，0.11），$MnNi_{1-x}GeIn_x$（$x=0.08$，0.10，0）和 $Mn_{1-x}NiGeIn_x$（$x=0.04$，0.08，0.12，0.18）合金，它们在 1073 K 下退火 120 h 后水淬。利用室温下 CuK_α 粉末 X 射线衍射（XRD，D8-ADVANCE，德国 BRUKER/AXS）测量确定了这些合金的晶体结构。采用差示扫描量热仪（DSC，404F3/200F3）在 10 K/min 的升温速率和降温速率下确认了其量热性能。采用 PPMS DynaCool 低温测试系统（美国 Quantum Design）配有的振动样品磁强计（VSM）模块进行磁性能测试。在外加磁场 $\mu_0H=0.3$ T，5 T 和 8.5 T 下测量了磁化强度的温度依赖性曲线。采用回线方法测量了等温磁化曲线，采用 loop 测量的目的是保证使用麦克斯韦关系计算磁熵变（ΔS_M）值的可靠性。

5.3　研究结果

5.3.1　MnNiGe 的晶体结构

图 5.1 为室温下 $MnNiGe_{1-x}In_x$，$MnNi_{1-x}GeIn_x$ 和 $Mn_{1-x}NiGeIn_x$ 合金的 XRD 图谱。从这些图像中可以看出几乎没有杂质相。随着这三个体系中 In 含量的增加，六角奥氏体迅速稳定，并且正交马氏体被抑制，表明通过 In 取代 Ge，Ni 和 Mn 可以降低 T_t。如图 5.1（d）所示，$MnNi_{0.98}GeIn_{0.02}$ 化合物中几乎只存在 TiNiSi 型马氏体单相，而其他化合物中则存在两种结构相共存的现象。这表明马氏体转变的出现和马氏体转变温度 T_t' 在室温附近。$MnNi_{0.98}GeIn_{0.02}$ 的 T_t' 应该略微偏高于其他两种合金。

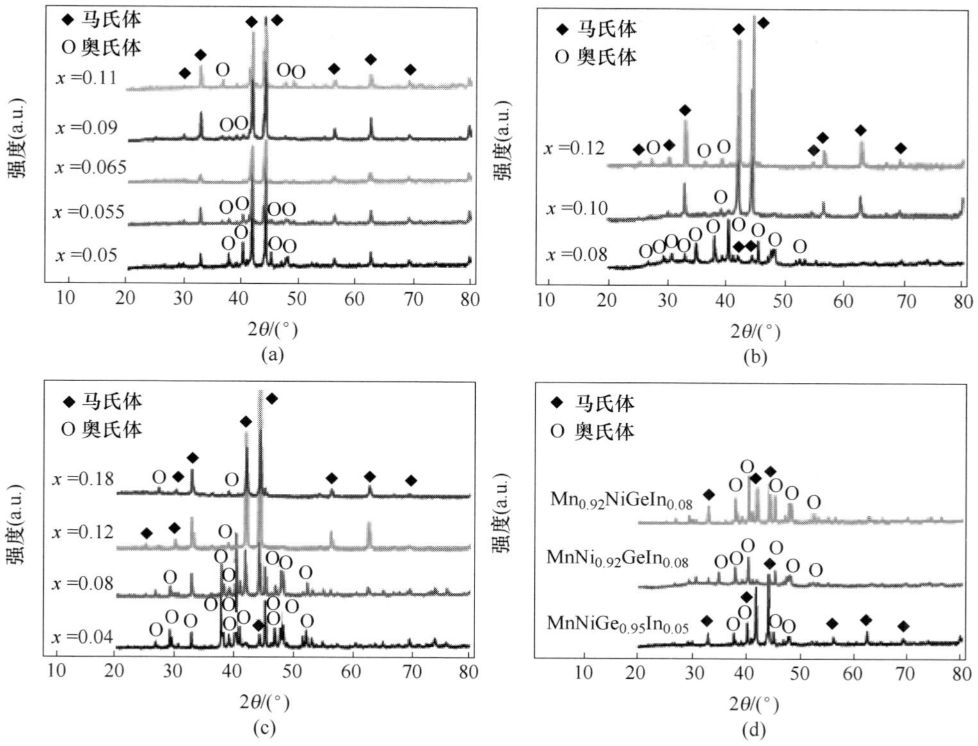

图 5.1 $MnNiGe_{1-x}In_x$(a)、$MnNi_{1-x}GeIn_x$(b) 和 $Mn_{1-x}NiGeIn_x$(c) 体系室温下(RT)的 XRD 图谱；$MnNiGe_{0.95}In_{0.05}$、$MnNi_{0.98}GeIn_{0.02}$和 $Mn_{0.98}NiGeIn_{0.02}$合金的 XRD 图谱(d)

5.3.2 MnNiGe 的磁性及磁热效应

图 5.2 是 $MnNiGe_{1-x}In_x$(a)、$MnNi_{1-x}GeIn_x$(b) 和 $Mn_{1-x}NiGeIn_x$(c) 的 FC 和 FW 热磁曲线。很明显，随着铟含量的增加，T_t 降低到 T_N以下，这三个系统的磁性和结构变化是一致的[2,12]。图 5.3 中的 DSC 热流曲线也表明了这一特性，箭头表示温度的演化，DSC 曲线的峰值对应的温度即为 T_t。对于这三个体系，T_t都随着铟含量的增加而降低。此外，还发现由磁化曲线一阶导最大值导出的 T_t与由 DSC 曲线导出的 T_t有很好的一致性。热滞的存在表明了这个 MMT 的一级性质。需要注意的是，锗取代体系中的 MMT 由于横跨 MMT 的磁化强度差异（ΔM）（对 $MnNiGe_{0.95}In_{0.05}$来说大约是 10.5 A · m^2/kg）很小且类线性的等温磁化曲线［见图 5.4（b）］而出现螺旋磁到顺磁转变[2,18-19]。相比之下，铟取代镍体系因为相对较大的 ΔM（对 $MnNi_{0.92}GeIn_{0.08}$来说大约是 20.2 A · m^2/kg）和磁化曲线［见图 5.4（d）］中场诱导的变磁性转变而出现 FM-PM 相变。这意味着通过 In 取

代 Ni 在马氏体中建立部分类 FM 有序[13,20-21]。对于锰取代体系，如图 5.2（c）所示，在 μ_0H=0.3 T 磁场下的 $M(T)$ 曲线中观察到马氏体范围内的 AFM-FM 转变，并且随着 In 浓度的增加，转变温度迅速向较低的温度移动，从 x=0.04 的 215 K 到 x=0.18 的 145 K。当外加磁场增加到 μ_0H=5 T 时，低温范围内的转变消失，这表明在马氏体中建立的 FM 有序。从 x=0.04 的 T_N=345 K 到 x=0.18 的 T_t=225 K 是一个宽约 120 K 的温度窗口，其中 FM 马氏体和 PM 奥氏体之间发生磁结构耦合相变[13,20]。

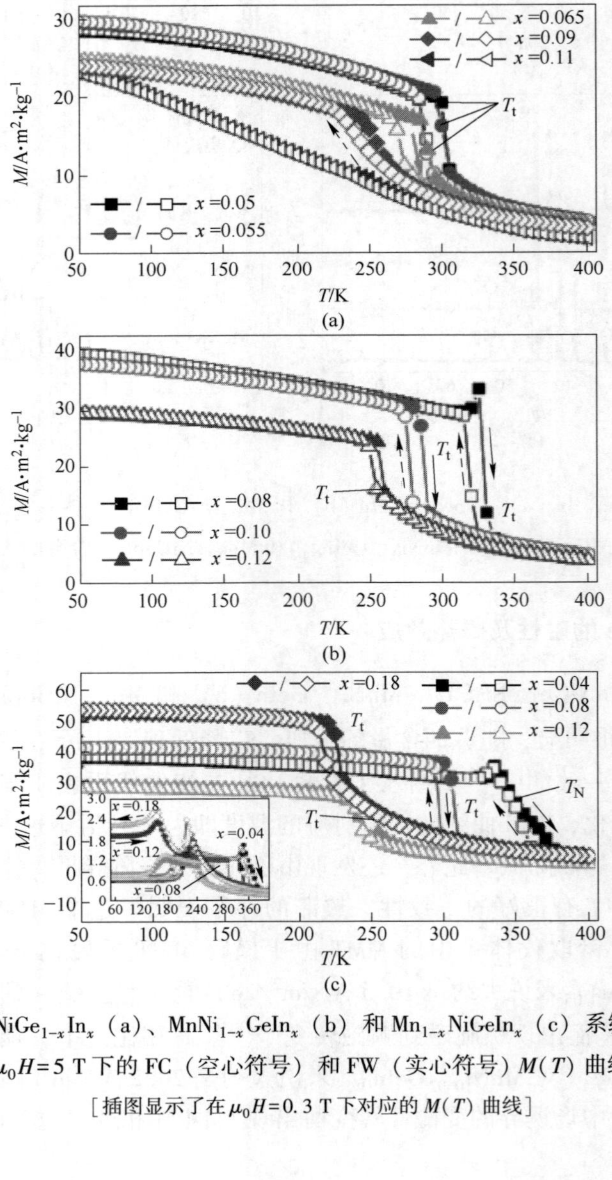

图 5.2　$MnNiGe_{1-x}In_x$（a）、$MnNi_{1-x}GeIn_x$（b）和 $Mn_{1-x}NiGeIn_x$（c）系统在外加磁场 μ_0H=5 T 下的 FC（空心符号）和 FW（实心符号）$M(T)$ 曲线

[插图显示了在 μ_0H=0.3 T 下对应的 $M(T)$ 曲线]

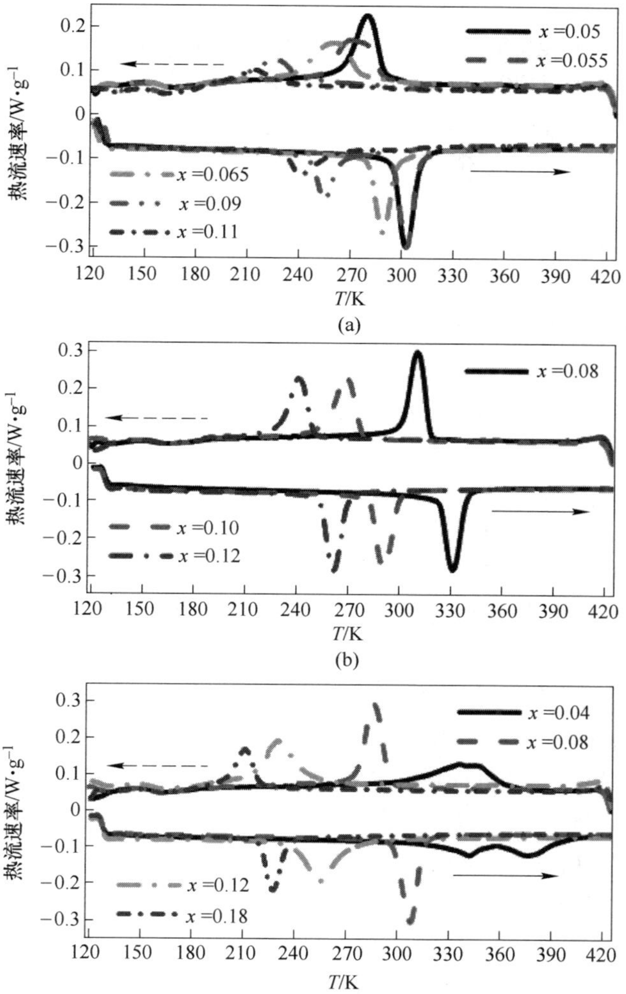

图 5.3 对 $MnNiGe_{1-x}In_x$（a）、$MnNi_{1-x}GeIn_x$（b）和 $Mn_{1-x}NiGeIn_x$（c）体系，以 10 K/min 的升温速率和降温速率测量的 DSC 热流曲线与温度的关系

图5.4（a）（c）（e）给出了 $MnNiGe_{0.95}In_{0.05}$、$MnNi_{0.92}GeIn_{0.08}$和$Mn_{0.92}NiGeIn_{0.08}$样品在μ_0H为 5 T 和 8.5 T 下的磁化曲线。T'_t附近对应的磁化曲线如图 5.4（b）（d）和（f）所示。在这里，必须强调的是，磁化曲线是采用回线测量方式去探索变磁性转变，以保证使用麦克斯韦关系 $\left(\frac{\partial M}{\partial T}\right)_H=\left(\frac{\partial S}{\partial H}\right)_T$ 取得的磁熵变（ΔS_M）值的可靠性[22]。对于 $MnNiGe_{0.95}In_{0.05}$合金，随着磁场从$\mu_0H=5$ T到$\mu_0H=8.5$ T的增加，T'_t和 T_t几乎没有变化［见图 5.4（a）］。同时，在$\mu_0H=8.5$ T 时，观察到

磁化强度随磁场变化的类线性关系［见图 5.4（b）］。这两个特征表明，在铟取代 Ge 的体系中，没有磁场诱导的变磁性 MT（MFDMMT）。值得注意的是，在图 5.4（b）的插图中，$-\Delta S_M$的最大值在 $\Delta H=0\sim2$ T、5 T 和 8.5 T 的磁场下分别为 0.5 J/(kg · K)、5.2 J/(kg · K)和 15.1 J/(kg · K)。

从图 5.4（c）中可以看出，对于 $MnNi_{0.92}GeIn_{0.08}$ 合金，虽然 T_t 保持不变，但是 T'_t 增加了 3.5 K，意味着样品中存在 MFDMMT。如图 5.4（d）所示，从 318 K和 320K 下的 $M(H)$ 曲线可以确定发生了显著的从 PM 母相到 FM 马氏体的 MFDMMT。其特征是具有明显的磁滞，在 H_{req} 发生磁化突变和 H_{req} 的高温依赖性。另一个值得注意的点是较大的 $-\Delta S_{max}$，约为 29.3 J/(kg · K)（$\Delta H=0\sim$ 8.5 T），在同一磁场变化情况下，它几乎是 $MnNiGe_{0.95}In_{0.05}$ 的 2 倍多。随着磁场的增加，ΔS_M 的峰值温度向更高温度的变化进一步验证了镍取代体系中 MFDMMT 的存在。

与 Ge 和 Ni 取代体系相比，磁场 μ_0H 从 5 T 增加到 8.5 T，Mn 取代体系的 T'_t 和 T_t 分别增加 6.8 K 和 3 K［见图 5.4（e）及其插图］，表明 AFM-FM 转变更为完美，从而使 $Mn_{0.92}NiGeIn_{0.08}$ 合金中的 MFDMMT 更加清晰。如图 5.4（f）所示，在 298 K 下观察到一个完整的 MFDMMT，其中相变临界磁场和完成磁场分别为 $H_{req}=2.8$ T 和 $H_{com}=6.9$ T。在 300 K 时，在 $H_{req}\approx6.6$ T 时实现了更陡的 MFDMMT，这时候磁化强度突然增加（$\Delta M\approx35.7$ A · m^2/kg）。外推得到 H_{com} 约为 8.8 T。重要的是，这种转变是可逆的，退磁过程的 H_{req} 约为 5.4 T。另一个发现是 $Mn_{0.92}NiGeIn_{0.08}$ 合金具有更大的 $-\Delta S_{max}$：在 $\Delta H=0\sim5$ T 和 8.5 T 时分别是 13 J/(kg · K)和 38 J/(kg · K)，这几乎是 $MnNiGe_{0.95}In_{0.05}$ 的 3 倍。这些值可与 $\Delta H=0\sim5$ T 下的 $MnNi_{0.77}Fe_{0.23}Ge$［18 J/(kg · K)］[13] 和其他知名 MCE 材料，包括 $LaFe_{11.4}Si_{1.6}$［19.3 J/(kg · K)］[23]，$MnFeP_{0.45}As_{0.55}$［18 J/(kg · K)］[24]，$Ni_{0.5}Mn_{0.37}Sn_{0.13}$［18 J/(kg · K)］[25] 和 Gd_5（Si_2Ge_2）［18.5 J/(kg · K)[26] 相比较。大的 $-\Delta S_{max}$ 和包括室温在内的宽温度窗口（120 K）表明 $Mn_{1-x}NiGeIn_x$ 体系是在室温附近具有应用潜力的 MCE 材料[13,20]。由前述可知，基于 MCE 的磁制冷技术以其高制冷效率和环境友好性，被认为是目前流行的基于气体压缩制冷技术的一种非常有前途的替代方案[13,23-26]。

下面的研究，证明了 In 取代 Ni，Mn 体系中的强磁弹耦合来自 Mn-Mn 间的原子间距，包括最近邻（d_1）和次近邻（d_2）距离，并且磁矩（M_m）局域于 Mn 原子上，在决定 AFM-FM 转变和场诱导的 PM-FM 变磁性转变中起主导作用[13,20,27]。基于第一性原理密度泛函理论（DFT），首先计算了 MnNiGe 和铟掺杂的 MnNiGe 化合物的 d_1 和 d_2，计算结果见表 5.1。来自于计算和实验的晶体结构和磁性数据之间的比较可以解释马氏体内部中 FM 序的建立和铟取代 Ni 和 Mn 体系中磁场诱导的 PM-FM 变磁性转变。图 5.5 为无铟和含铟的 MnNiGe 化合物中

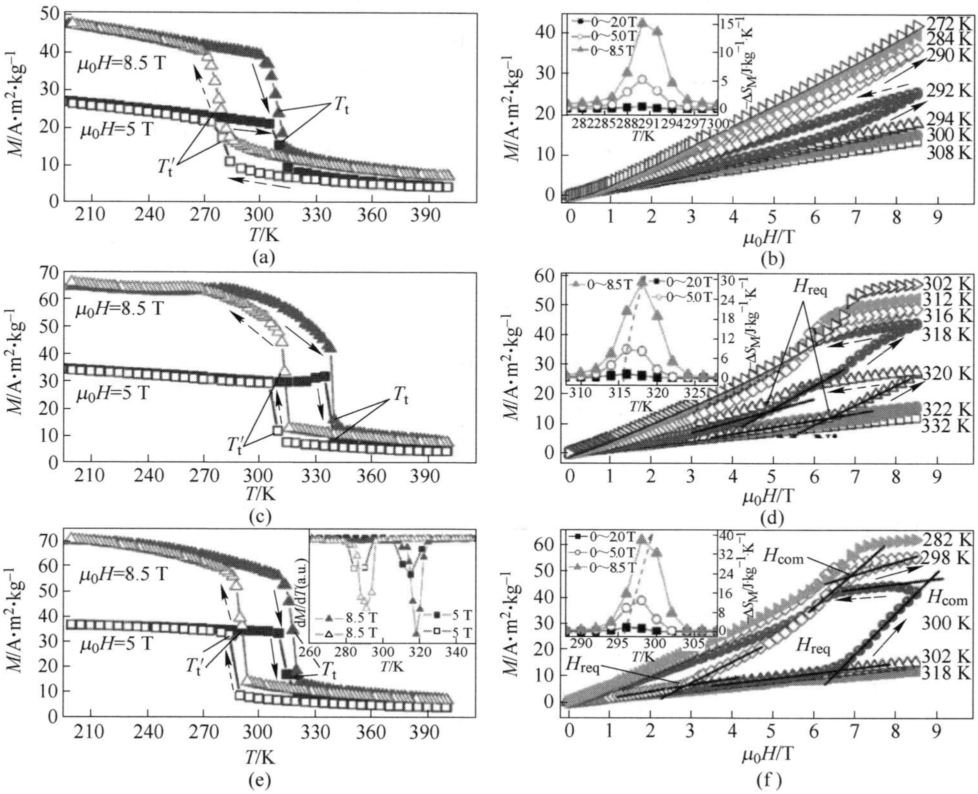

图 5.4 $MnNiGe_{0.95}In_{0.05}$（a）（b）、$MnNi_{0.92}GeIn_{0.08}$（c）（d）和 $Mn_{0.92}NiGeIn_{0.08}$（e）（f）样品在 $\mu_0H=5$ T 和 8.5 T 场下的冷却（空心符号）和加热（实心符号）$M(T)$ 曲线（插图显示 $dM/dT(T)$ 曲线；（b）（d）和（f）表示在 $\mu_0H=8.5$ T 的磁场下，磁化和退磁过程 T_t'附近相应的等温 $M(H)$ 曲线。箭头表示磁场的施加方向。插图显示了这三个样品分别在 $\Delta H=0\sim2$ T、5 T 和 8.5 T 场变下的 $-\Delta S_M(T)$ 曲线。长虚线箭头表示 $-\Delta S_M$ 的最大值随着场的增加向更高温度的移动，这表明了 MFDMMT）

TiNiSi 型马氏体的晶体结构。该图使用 VESTA 进行了可视化[28]。如图 5.5 所示，结合表 5.1 和表 5.2 得出 Mn-Mn 原子最近邻和次近邻数据，MnNiGe 合金的 d_1 和 d_2 分别为 0.3091 nm 和 0.3131 nm，这些值与文献中的值非常接近[1,5,29-30]。值得注意的是，$Mn_{2\text{-}3}$、$Mn_{2^*\text{-}3^*}$ 和 $Mn_{2^*\text{-}3}$ 的 d_1 值相同，相邻单胞中的 d_1 和 d_2 值相同。然而，对于三种铟取代体系，单胞发生扭曲，其特征是 d_1 和 d_2 发生了改变[见图 5.5（b）~（d）]。需要指出的是，在铟原子取代 Ge 和 Ni 的合金体系的单胞，尤其是铟取代 Mn 原子合金中 In 原子附近的单胞中，d_1 和 d_2 的变化尤其明显。

表 5.1　通过第一性原理计算得到了不含铟和含铟的 MnNiGe 化合物中 Mn-Mn 原子间的最近邻距离 d_1　（nm）

样品	Mn_{2-3}	$Mn_{2^*-3^*}$	Mn_{2^*-3}	Mn_{2-3}	$Mn_{2^*-3^*}$	Mn_{2^*-3}
	左侧单胞			右侧单胞		
MnNiGe	0. 3091	0. 3091	0. 3091	0. 3091	0. 3091	0. 3091
$MnNiGe_{0.9375}In_{0.0625}$	0. 3142	0. 3142	0. 3142	0. 3315	0. 3315	0. 3315
$MnNi_{0.9375}GeIn_{0.0625}$	0. 3255	0. 3181	0. 3255	0. 3237	0. 3237	0. 3237
$Mn_{0.9375}NiGeIn_{0.0625}$	0. 3082	0. 3078	0. 3078	0. 3148	0. 3128	0. 3128

表 5.2　通过第一性原理计算得到了不含铟和含铟的 MnNiGe 化合物中 Mn-Mn 原子的次近邻距离 d_2　（nm）

样品		Mn_{1-2}	$Mn_{1^*-2^*}$	Mn_{2-1}	$Mn_{2^*-1^*}$	Mn_{3-4}	$Mn_{3^*-4^*}$
左侧单胞	MnNiGe	0. 3131	0. 3131	0. 3131	0. 3131	0. 3131	0. 3131
	$MnNiGe_{0.9375}In_{0.0625}$	0. 3090	0. 3090	0. 3107	0. 3107	0. 3131	0. 3123
	$MnNi_{0.9375}GeIn_{0.0625}$	0. 3067	0. 3067	0. 3308	0. 3308	0. 3181	0. 3362
	$Mn_{0.9375}NiGeIn_{0.0625}$	0. 3132	0. 3096	0. 3186	0. 3202	0. 3138	0. 3138
				(Mn_2-In)			

样品		Mn_{1-2}	$Mn_{1^*-2^*}$	Mn_{2-1}	$Mn_{2^*-1^*}$	Mn_{3-4}	$Mn_{3^*-4^*}$	Mn_{4-3}	$Mn_{4^*-3^*}$
右侧单胞	MnNiGe	0. 3131	0. 3131	0. 3131	0. 3131	0. 3131	0. 3131	0. 3131	0. 3131
	$MnNiGe_{0.9375}In_{0.0625}$	0. 3225	0. 3225	0. 3050	0. 3050	0. 2996	0. 3120	0. 3152	0. 3168
	$MnNi_{0.9375}GeIn_{0.0625}$	0. 3141	0. 3141	0. 3074	0. 3074	0. 3052	0. 3066	0. 3126	0. 3160
	$Mn_{0.9375}NiGeIn_{0.0625}$	0. 3179	0. 3205	0. 3113	0. 3058	0. 3071	0. 3071	0. 3200	0. 3200
		(In-Mn_2)							

正如在类似的伪三元 $MnNiGe_{1-x}Si_x$ 体系中所报道的那样，d_1 和 d_2 的变化最初就决定了化合物的磁态，并在结构上诱导了 AFM-FM 转变[5,27]。根据基于理论和实验数据的线性拟合，当 d_1 和 d_2 分别在 0. 300 nm≤d_1≤0. 315 nm 和 0. 315 nm≤d_2≤0. 3175 nm 的数值范围内时，AFM-FM 转换占主导[5,27]。当 d_1≤0. 300 nm 和 d_2≥0. 3175 nm，共线 FM 态变得稳定，当 d_1≥0. 315 nm 和 d_2≤0. 315 nm，AFM 耦合得到稳定[5,27]。这个标准应该是本征并且普遍适用，因为硅具有相对较小的半径，因此需要更高的硅取代量来实现 AFM-FM 转变（0. 25 ≤x≤ 0. 55），硅取代量几乎比铟掺杂体系高一个数量级[5,27]。实际上，d_1 起着更主要的作用。被 d_1 分隔的 Mn 原子在晶格中没有形成连续的链（见图 5. 5），因此短程直接交换相互作用占主导地位[27]。在 d_1 和 d_2 中观察到交叉，0. 315 nm 应该是临界距离的值，当 d_1≥0. 315 nm，体系发生 AFM 排列；d_1≤0. 315 nm 时发生 FM 耦合[27]。

在允许的误差范围内，根据上述标准来对磁性状态进行了分析。对于铟取代锗合金［见图 5.5（b）］，主要考虑右侧含有铟原子的单包。从表 5.1 和表 5.2 中可以看出，d_1 为 0.3315 nm，远远大于 0.315 nm，d_2 给出了 4 个值（0.3225 nm、0.3050 nm、0.3152 nm 和 0.3168 nm），大部分小于 0.3175 nm。考虑到 d_1 的主导作用，d_1（≥0.315 nm）的明显增加引起了晶格尺寸的大膨胀，使得铟取代锗的合金保持 AFM 排列[27]。同样地，对于铟取代镍合金，结合表 5.1 和表 5.2 可以看出晶格的扭曲导致 d_1 的两个值（$d_{Mn_2\text{-}Mn_3} = d_{Mn_2^*\text{-}Mn_3} = 0.3255$ nm 和 $d_{Mn_2^*\text{-}Mn_3^*} = 0.3181$ nm 和 d_2 的 4 个值（0.3308 nm、0.3362 nm、0.3181 nm 和 0.3067 nm）。较高的 d_1（≥0.315 nm）值表明，In 取代 Ni 的合金仍然处于 AFM 态。然而，d_2 中的值（≥0.3175 nm）意味着材料转化为 FM 态，这意味着马氏体中存在部分 AFM-FM 转换。对于铟取代锰合金，结合表 5.1 和表 5.2 可以得到 d_1 为 0.3078 nm、0.3082 nm、0.3128 nm、0.3148 nm，d_2 为 0.3202 nm、0.3186 nm（左侧单胞中的 $d_{In\text{-}Mn_2}$）、0.3205 nm 和 0.3179 nm（右侧单胞中的 $d_{In\text{-}Mn_2}$）的值。4 个 d_1 值都在 0.300~0.315 nm 范围内，这意味着 In 取代 Mn 合金中有 AFM-FM 转变[27]。与铟取代镍合金相似，d_2 值均在 0.3175 nm 以上，表明 FM 序在内部建

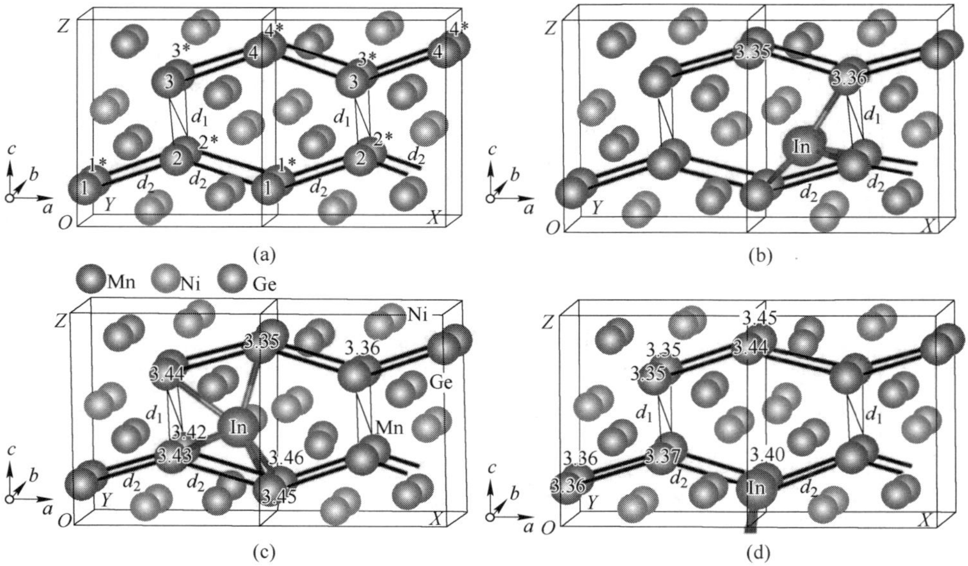

图 5.5　MnNiGe 中无铟和铟取代 Ge，Ni 和 Mn 的 TiNiSi 型（*Pnma*，No. 62）马氏体结构

［显示了两个单包，每个单包包含 8 个 Mn 原子，分别标记为 Mn（1、2、3 和 4）和 Mn（1*、2*、3* 和 4*）。d_1（细实线）表示 $Mn_{2\text{-}3}$、$Mn_{2^*\text{-}3^*}$、$Mn_{2^*\text{-}3}$ 的间距，d_2（粗实线）表示沿 X 轴 Mn 原子间的距离。(b)（c）和（d）中标记了铟原子附近的局域 Mn 磁矩（μ_B）］

（a）无铟；（b）铟取代 Ge；（c）铟取代 Ni；（d）铟取代 Mn

立。事实上，考虑到 d_1 的主导作用，d_1（≤0.315 nm）的显著减小导致晶格尺寸的剧烈收缩，使得铟取代锰合金实现了 AFM-FM 转变，并且稳定在 FM 态[13,27]。

已知 Mn-Mn 间距离，计算了局域在 Mn 原子上的磁矩，进一步确定 MnNiGe 和三个铟掺杂体系的磁性状态，见表 5.3。在 MnNiGe 中，所有 Mn 原子的磁矩值几乎完全相等，都为 3.24μ_B。这个值略大于文献中的值（约 2.86μ_B）[1,4-5]。这种差异可能是因为结果是在绝对零度时计算出来的，而参考文献中的值是来自 T=80 K[1,4-5]。当 Ge 原子被铟取代时，计算结果见表 5.4，所有位点的 Mn 磁矩值都略有增加，位于所有 Mn 原子上的磁矩值总体上仍然分布均匀，只有 2 个 Mn 原子的 M 值超过 3.35μ_B；这些特征表明，铟取代 Ge 对合金体系的磁性状态几乎没有影响，也就是说，AFM 磁结构仍然存在，因为磁矩只是局域在合金中的 Mn 原子上[1,13,27]。然而，对于铟取代 Ni 的合金体系，Mn 局域磁矩的变化已经变得很明显（见表 5.5），有 7 个 Mn 原子的 M_s 值大于 3.35μ_B。更有趣的是，对于铟取代 Mn 的合金体系，计算结果见表 5.6，Mn 局部磁矩的变化很大，有 9 个 Mn 原子的 M_s 值超过 3.35μ_B，这足以说明 Mn 磁矩的不稳定性。这些磁矩值分别标记在图 5.5（d）中。结合前面讨论的 Mn-Mn 原子间距对磁性状态的影响，可以发现，在铟取代 Ni 和 Mn 体系合金内部建立了 FM 序，尤其是在铟取代 Mn 的合金体系中。对于铟取代 Ni 和 Mn 的合金体系，局域磁矩大于 3.35μ_B 的 Mn 原子磁矩值总和分别为 23.9μ_B 和 30.4μ_B，这么大的值证明在铟取代 Ni 和 Mn，尤其是在铟取代 Mn 体系中实现了 AFM-FM 转变和更陡的变磁性转变。此外，值得注意的是，发现铟原子周围的 Mn 原子具有更大的自发局域磁矩值，如图 5.5（b）~（d）所示，这表明铟的引入应该是 Mn 磁矩增加的直接原因。考虑到Mn-Mn 间距（d_1 和 d_2）的变化，可以得出结论，MnNiGe 基合金中强的磁弹耦合起源于铟取代 Mn 位[27]。

表 5.3　MnNiGe 合金中 Mn 离子的磁矩

离子序数	磁矩			
	s	p	d	总计
1	0.012μ_B	0.005μ_B	3.226μ_B	3.243μ_B
2	0.012μ_B	0.005μ_B	3.226μ_B	3.243μ_B
3	0.012μ_B	0.005μ_B	3.227μ_B	3.244μ_B
4	0.012μ_B	0.005μ_B	3.336μ_B	3.243μ_B
5	0.012μ_B	0.005μ_B	3.227μ_B	3.244μ_B
6	0.012μ_B	0.005μ_B	3.336μ_B	3.243μ_B
7	0.012μ_B	0.005μ_B	3.227μ_B	3.244μ_B
8	0.012μ_B	0.005μ_B	3.336μ_B	3.243μ_B
9	0.012μ_B	0.005μ_B	3.336μ_B	3.243μ_B

续表 5.3

离子序数	磁矩			
	s	p	d	总计
10	0.012μ_B	0.005μ_B	3.336μ_B	3.243μ_B
11	0.012μ_B	0.005μ_B	3.227μ_B	3.244μ_B
12	0.012μ_B	0.005μ_B	3.336μ_B	3.243μ_B
13	0.012μ_B	0.005μ_B	3.227μ_B	3.244μ_B
14	0.012μ_B	0.005μ_B	3.336μ_B	3.243μ_B
15	0.012μ_B	0.005μ_B	3.336μ_B	3.243μ_B
16	0.012μ_B	0.005μ_B	3.336μ_B	3.243μ_B

表 5.4 In 取代 Ge 合金（$MnNiGe_{0.9375}In_{0.0625}$）中 Mn 离子的磁矩

离子序数	磁矩			
	s	p	d	总计
1	0.012μ_B	0.006μ_B	3.243μ_B	3.261μ_B
2	0.013μ_B	0.007μ_B	3.273μ_B	3.293μ_B
3	0.013μ_B	0.007μ_B	3.333μ_B	3.353μ_B
4	0.013μ_B	0.007μ_B	3.278μ_B	3.298μ_B
5	0.012μ_B	0.005μ_B	3.286μ_B	3.303μ_B
6	0.013μ_B	0.006μ_B	3.344μ_B	3.363μ_B
7	0.011μ_B	0.006μ_B	3.242μ_B	3.260μ_B
8	0.013μ_B	0.006μ_B	3.307μ_B	3.326μ_B
9	0.012μ_B	0.006μ_B	3.244μ_B	3.262μ_B
10	0.012μ_B	0.006μ_B	3.264μ_B	3.282μ_B
11	0.012μ_B	0.005μ_B	3.234μ_B	3.252μ_B
12	0.013μ_B	0.007μ_B	3.277μ_B	3.296μ_B
13	0.012μ_B	0.005μ_B	3.284μ_B	3.301μ_B
14	0.013μ_B	0.006μ_B	3.284μ_B	3.303μ_B
15	0.012μ_B	0.006μ_B	3.213μ_B	3.231μ_B
16	0.013μ_B	0.006μ_B	3.303μ_B	3.322μ_B

表 5.5 In 取代 Ni 合金（$MnNi_{0.9375}GeIn_{0.0625}$）中 Mn 离子的磁矩

离子序数	磁矩			
	s	p	d	总计
1	0.014μ_B	0.009μ_B	3.299μ_B	3.321μ_B
2	0.016μ_B	0.010μ_B	3.416μ_B	3.442μ_B
3	0.014μ_B	0.008μ_B	3.329μ_B	3.351μ_B

续表 5.5

离子序数	磁矩			
	s	p	d	总计
4	$0.015\mu_B$	$0.009\mu_B$	$3.402\mu_B$	$3.426\mu_B$
5	$0.015\mu_B$	$0.010\mu_B$	$3.428\mu_B$	$3.453\mu_B$
6	$0.015\mu_B$	$0.008\mu_B$	$3.262\mu_B$	$3.285\mu_B$
7	$0.014\mu_B$	$0.008\mu_B$	$3.281\mu_B$	$3.303\mu_B$
8	$0.014\mu_B$	$0.010\mu_B$	$3.294\mu_B$	$3.318\mu_B$
9	$0.014\mu_B$	$0.009\mu_B$	$3.299\mu_B$	$3.322\mu_B$
10	$0.016\mu_B$	$0.013\mu_B$	$3.213\mu_B$	$3.242\mu_B$
11	$0.015\mu_B$	$0.009\mu_B$	$3.262\mu_B$	$3.286\mu_B$
12	$0.015\mu_B$	$0.009\mu_B$	$3.396\mu_B$	$3.420\mu_B$
13	$0.015\mu_B$	$0.010\mu_B$	$3.434\mu_B$	$3.459\mu_B$
14	$0.014\mu_B$	$0.007\mu_B$	$3.341\mu_B$	$3.362\mu_B$
15	$0.013\mu_B$	$0.008\mu_B$	$3.283\mu_B$	$3.304\mu_B$
16	$0.014\mu_B$	$0.010\mu_B$	$3.296\mu_B$	$3.320\mu_B$

表 5.6　In 取代 Mn 合金（$Mn_{0.9375}NiGeIn_{0.0625}$）中 Mn 离子的磁矩

离子序数	磁矩			
	s	p	d	总计
1	$0.013\mu_B$	$0.008\mu_B$	$3.335\mu_B$	$3.356\mu_B$
2	$0.013\mu_B$	$0.008\mu_B$	$3.325\mu_B$	$3.347\mu_B$
3	$0.016\mu_B$	$0.011\mu_B$	$3.413\mu_B$	$3.441\mu_B$
4	$0.014\mu_B$	$0.011\mu_B$	$3.350\mu_B$	$3.374\mu_B$
5	$0.013\mu_B$	$0.008\mu_B$	$3.215\mu_B$	$3.237\mu_B$
6	$0.014\mu_B$	$0.009\mu_B$	$3.291\mu_B$	$3.313\mu_B$
7	$0.014\mu_B$	$0.011\mu_B$	$3.328\mu_B$	$3.353\mu_B$
8	$0.013\mu_B$	$0.008\mu_B$	$3.335\mu_B$	$3.356\mu_B$
9	$0.013\mu_B$	$0.008\mu_B$	$3.326\mu_B$	$3.347\mu_B$
10	$0.016\mu_B$	$0.011\mu_B$	$3.426\mu_B$	$3.453\mu_B$
11	$0.011\mu_B$	$0.006\mu_B$	$3.150\mu_B$	$3.167\mu_B$
12	$0.013\mu_B$	$0.009\mu_B$	$3.377\mu_B$	$3.400\mu_B$
13	$0.013\mu_B$	$0.008\mu_B$	$3.211\mu_B$	$3.232\mu_B$
14	$0.014\mu_B$	$0.009\mu_B$	$3.286\mu_B$	$3.309\mu_B$
15	$0.013\mu_B$	$0.010\mu_B$	$3.224\mu_B$	$3.247\mu_B$

虽然 Mn-Mn 间距起关键作用，但是合金体系中其他组成原子对之间的距离对于更好地理解 Mn 基合金的磁性和磁性转变也很重要[31]。图 5.6 为实空间中

Ni、Ge、Mn 的 K 边扩展 X 射线吸收精细结构（EXAFS）测量数据，由 EXAFS 结果得到各组分原子间的距离，它们与文献结果吻合较好[1-2,4-5]。

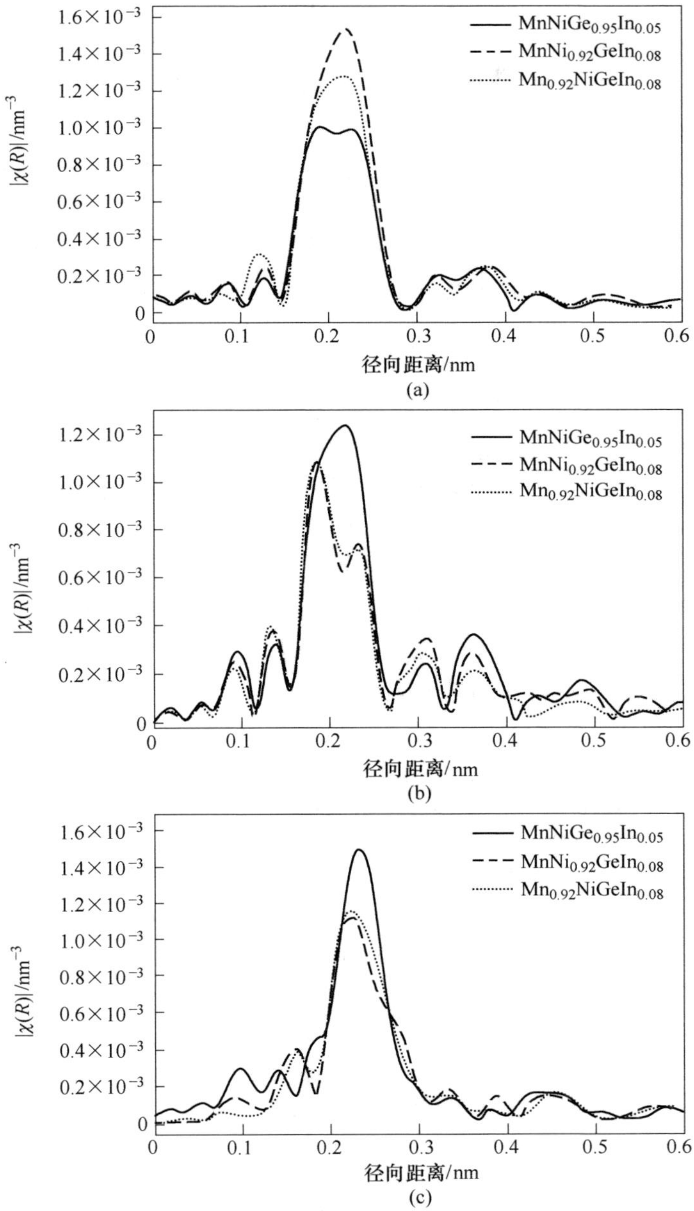

图 5.6 室温下 $MnNiGe_{0.95}In_{0.05}$、$MnNi_{0.92}GeIn_{0.08}$ 和 $Mn_{0.92}NiGeIn_{0.08}$ 样品的 Ni，Ge 和 Mn 在实空间中的 K 边 EXAFS 结果

(a) Ni；(b) Ge；(c) Mn

表 5.7 的这些距离值中，最近邻的 Ge-Mn 间距（$MnNiGe_{0.95}In_{0.05}$、$MnNi_{0.92}GeIn_{0.08}$和 $Mn_{0.92}NiGeIn_{0.08}$分别为 0.266 nm、0.281 nm、0.278 nm 明显大于最近邻 Ge 与 Ni 的间距（$MnNiGe_{0.95}In_{0.05}$的为 0.24 nm，$MnNi_{0.92}GeIn_{0.08}$和 $Mn_{0.92}NiGeIn_{0.08}$的为 0.236 nm）。Ge-Ni 距离值比 Ge-Mn 距离更小预示着 Ge-Ni 交换相互作用比 Ge-Mn 交换作用强，说明 Ge 与 Ni 的结合比 Ge 与 Mn 更强[31-33]。实际上，空间中 Ni 的 K 边和 Ge 的 K 边完全相反的特征进一步证实了更强的 Ge-Ni 杂化，如图 5.6（a）和（b）所示[31-33]。Ni 的 K 边在 $MnNi_{0.92}GeIn_{0.08}$（约 0.221 nm）和 $Mn_{0.92}NiGeIn_{0.08}$合金（约 0.215 nm）中有一个强度较高的宽主峰，而在 $MnNiGe_{0.95}In_{0.05}$中有两个相对较弱的峰（约 0.190 nm 和约 0.224 nm）。然而，在 Ge K 边中［见图 5.6（b）］，$MnNiGe_{0.95}In_{0.05}$只有一个较强的主峰（约 0.215 nm），而 $MnNi_{0.92}GeIn_{0.08}$（约 0.187 nm 和约 0.233 nm）和 $Mn_{0.92}NiGeIn_{0.08}$合金（约 0.187 nm 和约 0.227 nm）只有 2 个相对较弱的峰[31]。因此，Mn 原子比 Ni 原子移动更自由[32]。$MnNi_{0.92}GeIn_{0.08}$和 $Mn_{0.92}NiGeIn_{0.08}$样品的 Mn-Ni 距离（Mn 为中心原子）和 Ni-Mn 距离（当 Ni 为中心原子）之间的差异进一步证实了这一点。这两个样品中的 Mn-Ni 距离分别为 0.270 nm 和 0.277 nm；Ni-Mn 距离分别为 0.339 nm 和 0.337 nm。这一发现表明，Mn-Ni 相对于 Mn 作为中心原子的相互作用强于 Ni-Mn（Ni 作为中心原子），这意味着 Mn 原子从其晶体位置上来讲有相对较高的位移振幅[32]。因此，Mn 原子运动的空间越大，Mn 的局域自旋矩就越大[1,32]。特别是对于铟取代锰的化合物，更大的锰磁矩和更陡的 MFDMMT 可以进一步从组成原子之间的距离来解释。

表 5.7　$MnNiGe_{0.95}In_{0.05}$，$MnNi_{0.92}GeIn_{0.08}$和 $Mn_{0.92}NiGeIn_{0.08}$化合物中 Ni、Mn 和 Ge K 边 EXAFS 数据得到的组成原子对之间的原子间距离　（nm）

样品	元素（中心原子）	Mn	Ni	Ge
$MnNiGe_{0.95}In_{0.05}$	Mn	0.390	0.282	—
	Ni	—	0.274	0.240，0.375
	Ge	0.266	0.357	—
$MnNi_{0.92}GeIn_{0.08}$	Mn	0.381	0.270	—
	Ni	0.339	0.269	0.375
	Ge	0.281	0.236，0.359	—
$Mn_{0.92}NiGeIn_{0.08}$	Mn	0.382	0.277	—
	Ni	0.337	0.266	0.370
	Ge	0.278	0.236，0.357	—

综上所述，在铟取代锰体系中实现了 AFM-FM 转变和更陡的 PM-FM 变磁性转变，从而产生更大的 MCE，比如使得 $MnNi_{0.92}GeIn_{0.08}$的磁熵变化增加了 2 倍，

甚至 $Mn_{0.92}NiGeIn_{0.08}$ 合金磁熵增加了近乎 3 倍。根据第一性原理的计算，这种变磁性转变实际上源于铟取代 Mn 的过程中局域在 Mn 原子上的磁矩和 Mn-Mn 原子间距离的演化引起的强磁弹耦合。对于铟取代 Mn 合金而言，从 EXAFS 测量中获得组成原子中其他原子间距离也使得合金中发生更陡峭的变磁性转变。

参 考 文 献

[1] Bazeta W, Szytua A, Todorovic J, et al. Crystal and magnetic structure of NiMnGe [J]. Physica Status Solidi (a), 1976, 38 (2): 721-729.

[2] Anzai S. Coupled nature of magnetic and structural transition in MnNiGe under pressure [J]. Physical Review B, 1978, 18 (5): 2173-2178.

[3] Jeitschko W. A high-temperature X-ray study of the displacive phase transition in MnCoGe [J]. Acta Crystallographica Section B, 1975, 31: 1187-1190.

[4] Nizioł S, Bombik A, Bazela W, et al. Crystal and magnetic structure of $Co_xNi_{1-x}MnGe$ system [J]. Journal of Magnetism and Magnetic Materials, 1982, 27 (3): 281-292.

[5] Bażela W, Szytula A, Todorovic̀ J, et al. Crystal and magnetic structure of the $NiMnGe_{1-n}Si_n$ system [J]. Physica Status Solidi (a), 1981, 64 (1): 367-378.

[6] Szytuła A, Tomkowicz Z, Bȧela W, et al. Magnetic structure of NiMnGe [J]. Physica B&C, 1977, 86: 393-394.

[7] Shiraishi H, Hori T, Kato H, et al. Magnetic properties of $(Ni_{1-x}Mn_x)_{1.9}Ge$ alloys [J]. Journal of Magnetism and Magnetic Materials, 1998, 177: 1417-1418.

[8] Zhang C L, Wang D H, Cao Q Q, et al. Magnetostructural phase transition and magnetocaloric effect in off-stoichiometric $Mn_{1.9-x}Ni_xGe$ alloys [J]. Applied Physics Letters, 2008, 93 (12): 122505-122507.

[9] Zhang C L, Wang D H, Cao Q Q, et al. The magnetostructura and magnetocaloric effect in Co-doped $MnNiGe_{1.05}$ alloys [J]. Journal of Physics D: Applied Physics, 2010, 43 (20): 205003-205007.

[10] Zhang C L, Han Z D, Qian B, et al. Magnetostructural transformation and magnetocaloric effect in $MnNiGe_{1-x}Ga_x$ alloys [J]. Journal of Applied Physics, 2013, 114 (15): 153907.

[11] Wu R R, Bao L F, Hu F X, et al. Effect of substitution of In for Co on magnetostructural coupling and magnetocaloric effect in $MnCo_{1-x}In_xGe$ compounds [J]. Journal of Applied Physics, 2014, 115 (17): 17A911.

[12] Zhang C L, Wang D H, Chen J, et al. Magnetic phase transitions and magnetocaloric effect in the Fe-doped MnNiGe alloys [J]. Chinese Physics B, 2011, 20 (9): 097501-097504.

[13] Liu E K, Wang W H, Feng L, et al. Stable magnetostructural coupling with tunable magnetoresponsive effects in hexagonal ferromagnets [J]. Nature Communications, 2012, 3 (1): 873.

[14] Wei Z Y, Liu E K, Li Y, et al. Unprecedentedly wide Curie-temperature windows as phase-transition design platform for tunable magneto-multifunctional materials [J]. Advanced

Electronic Materials, 2015, 1: 1500076.

[15] Anzai S, Ozawa K. Coupled nature of magnetic and structural transition in MnNiGe under pressure [J]. Physical Review B, 1978, 18 (5): 2173.

[16] Dutta P, Das D, Chatterjee S, et al. Hydrostatic pressure effect on the magnetocaloric behavior of Ga-doped MnNiGe magnetic equiatomic alloy [J]. Journal of Physics D: Applied Physics, 2016, 49 (12): 125001.

[17] Ma S C, Liu E K, Ma C C, et al. Tuning the metamagnetism in a metallic helical antiferromagnet [J]. Applied Physics Letters, 2017, 111 (23): 232404.

[18] Liu E K, Du Y, Chen J L, et al. Magnetostructural transformation and magnetoresponsive properties of $MnNiGe_{1-x}Sn_x$ alloys [J]. IEEE Transactions on Magnetics, 2011, 47 (10): 4041-4043.

[19] Quetz A, Samanta T, Dubenko I, et al. Phase diagram and magnetocaloric effects in aluminum doped MnNiGe alloys [J]. Journal of Applied Physics, 2013, 114 (15): 153909.

[20] Liu E K, Zhang H G, Xu G Z, et al. Giant magnetocaloric effect in isostructural MnNiGe-CoNiGe system by establishing a Curie-temperature window [J]. Applied Physics Letters, 2013, 102 (12): 122405.

[21] Ma S C, Hou D, Yang F, et al. The antiferromagnetic-ferromagnetic conversion and magnetostructural transformation in Mn-Ni-Fe-Ge ribbons [J]. Applied Physics Letters, 2014, 104 (20): 202412.

[22] Caron L, Doan N B, Ranno L. On entropy change measurements around first order phase transitions in caloric materials [J]. Journal of Physics: Condensed Matter, 2016, 29 (7): 075401.

[23] Hu F X, Shen B G, Sun J R, et al. Influence of negative lattice expansion and metamagnetic transition on magnetic entropy change in the compound $LaFe_{11.4}Si_{1.6}$ [J]. Applied Physics Letters, 2001, 78 (23): 3675-3677.

[24] Tegus O, Brück E, Buschow K H J, et al. Transition-metal-based magnetic refrigerants for room-temperature applications [J]. Nature, 2002, 415 (6868): 150-152.

[25] Krenke T, Duman E, Acet M, et al. Inverse magnetocaloric effect in ferromagnetic Ni-Mn-Sn alloys [J]. Nature Materials, 2005, 4 (6): 450-454.

[26] Pecharsky V K, Gschneidner K A. Giant magnetocaloric effect in $Gd_5(Si_2Ge_2)$ [J]. Physical Review Letters, 1997, 78 (23): 4494.

[27] Gercsi Z, Sandeman K G. Structurally driven metamagnetism in MnP and related *Pnma* compounds [J]. Physical Review B, 2010, 81 (22): 224426.

[28] Momma K, Izumi F. VESTA: A three-dimensional visualization system for electronic and structural analysis [J]. Journal of Applied Crystallography, 2008, 41 (3): 653-658.

[29] Eriksson T, Bergqvist L, Burkert T, et al. Cycloidal magnetic order in the compound IrMnSi [J]. Physical Review B, 2005, 71 (17): 174420.

[30] Fjellvåg H, Andresen A F. On the crystal structure and magnetic properties of MnNiGe [J].

Journal of Magnetism and Magnetic Materials, 1985, 50 (3): 291-297.

[31] Priolkar K R, Lobo D N, Bhobe P A, et al. Role of Ni-Mn hybridization in the magnetism of the martensitic state of Ni-Mn-In shape memory alloys [J]. Europhysics Letters, 2011, 94 (3): 38006.

[32] Bhobe P A, Priolkar K R, Sarode P R. Local atomic structure of martensitic $Ni_{2+x}Mn_{1-x}Ga$: An EXAFS study [J]. Physical Review B, 2006, 74 (22): 224425.

[33] Bhobe P A, Priolkar K R, Sarode P R. Factors influencing the martensitic transformation in $Ni_{50}Mn_{35}Sn_{15}$: An EXAFS study [J]. Journal of Physics: Condensed Matter, 2007, 20 (1): 015219.

6 MnCoGe/MnNiGe 基合金创新制备工艺

6.1 引　　言

磁性一级相变合金由于其在相变点附近表现出丰富的物理性质，比如磁热效应、磁致电阻、磁致应变等，使其在功能材料领域有着广泛的应用前景，所以这类合金一直以来受到人们的广泛研究。一级磁相变合金根据相变过程中是否存在晶体结构上的改变通常分为两类，一类是磁结构相变合金，在这类合金中，相变可以被温度或磁场诱导，从而使磁化强度和晶体结构同时发生改变；另一类称为磁弹性相变合金，与前者不同的是相变后晶体结构不发生变化，但是晶格会产生扭曲，从而导致晶格常数的变化，同时还有可能会伴随着晶胞体积的变化。

1997 年，Pecharsky 和 Gschneidner 等人在 $Gd_5Si_{4-x}Ge_x$ 合金中发现了巨磁卡效应（giant magnetocaloric effect，GMCE）[1]，其磁熵变曲线如图 6.1 所示；该合金改变温度或者在外磁场的诱导下会发生从正交到单斜的结构相变，由于在该相变中合金结构发生变化并且相变过程中伴随着磁化强度的跃变，因此称之为磁结构相变；在这个相变过程中会产生较大的热滞和磁滞，所以这种相变是剧烈的一级相变。

随后 Tegus 等人[2]在 $Gd_5Si_{4-x}Ge_x$ 合金的基础上发现 $Tb_5Si_2Ge_2$ 与其具有相同磁结构相变，在该合金中同样具有很大的磁熵变，其磁熵变曲线如图 6.2 所示。由于磁场诱导的磁结构相变还会使电阻率和晶胞体积发生变化，因此 $Gd_5Si_{4-x}Ge_x$ 相变点附近也能观察到较大的磁电阻和磁致应变效应[3-4]。但对于这类合金来说，原材料中含有稀土元素，所以价格相对昂贵，并且容易被氧化；而且这类合金的性能又对原材料的纯度要求非常高，如果杂质元素如 C、O 等含量过高，合金相变类型就会发生改变，从一级转变成二级，从而导致在相变过程中没有结构相变发生，导致磁热效应减小，这些因素都很大地限制了这类合金的应用。

2004 年，Sutou 等人[5]发现了一类新型的铁磁形状记忆合金 Ni-Mn-X（X = In，Sn，Sb）。可以用温度或磁场在这类合金中诱导出从低温弱磁马氏体到高温铁磁奥氏体的马氏体相变，在相变过程中磁化强度发生突变，之后在这类合金中也相

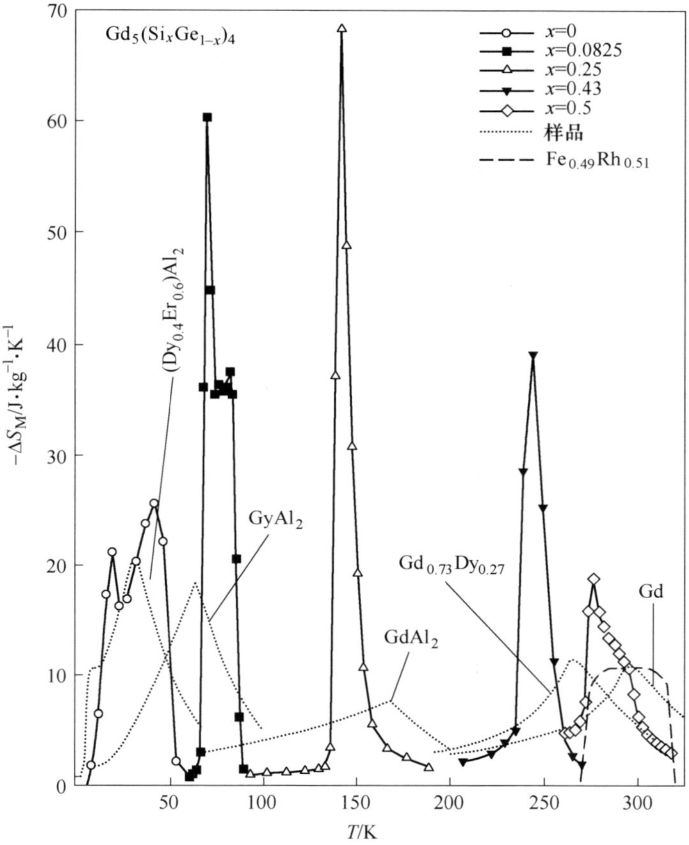

图 6.1　$MnFeP_{0.45}As_{0.55}$、$Gd_5Si_2Ge_2$合金及金属 Gd 的磁熵变[1]

继发现了电阻率及晶胞体积的突变，使得这类合金受到广泛研究。现在国内外很多课题组都在使用熔体快淬的方式来制备 NiMnX 合金条带，同样在条带中也能得到相同的马氏体相变，并获得较大的磁热效应，图 6.3 和图 6.4 分别为 $Mn_{50}Ni_{40}In_{10}$ 合金条带的热磁曲线及磁熵变曲线[6]。虽然在 NiMnX 合金中获得的磁热效应相当可观，但由于马氏体相变比较剧烈，从而导致相变前后自由能势垒较高，所以这类合金相变所产生的热滞和磁滞相对较大，不利于实际的应用。

2001 年 Hu 等人在 $LaFe_{11.4}Si_{1.6}$合金中获得了巨磁热效应[7]，$LaFe_{11.4}Si_{1.6}$合金具有 $NaZn_{13}$的立方结构，居里温度为 208 K，该合金发生的是一个不寻常的一级磁相变，伴随着磁化强度发生突变，并且相变前后具有很大的晶格负膨胀，晶格常数发生跃变，相变导致的磁化强度的跃变及晶格的负膨胀使这类合金具有大的磁热效应；在 $LaFe_{11.4}Si_{1.6}$合金中，晶体结构并没有发生改变，而晶格发生膨胀，因此称为磁弹性相变。此外，在这类合金中，磁场诱导的从顺磁到铁磁的变

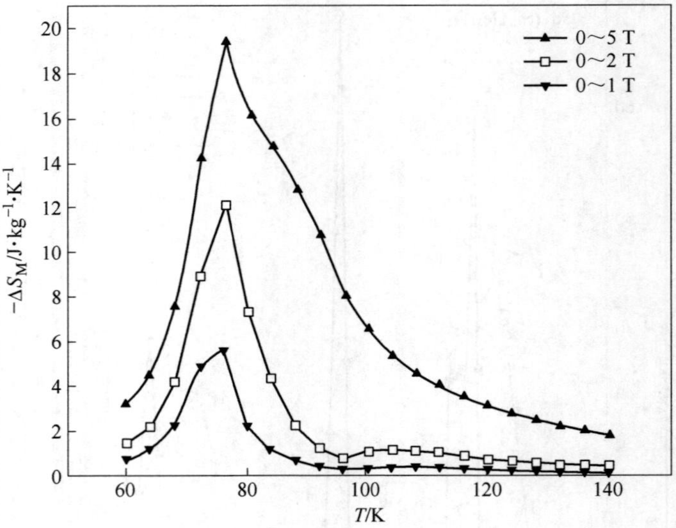

图 6.2　$Tb_5Si_2Ge_2$合金的磁熵变曲线[2]

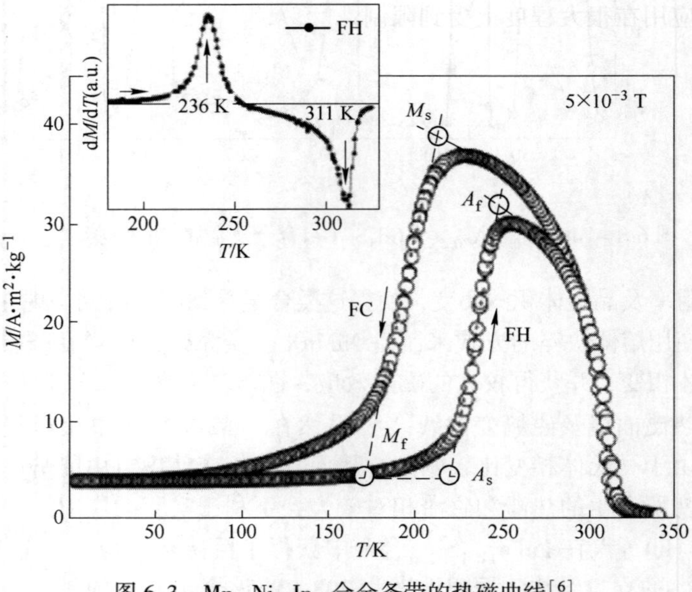

图 6.3　$Mn_{50}Ni_{40}In_{10}$合金条带的热磁曲线[6]

磁性相变使得磁熵变的峰值随磁场的增加不对称地变宽。随后人们用间隙原子 H 掺杂 $La(Fe_{0.88}Si_{0.12})_{13}H_{1.0}$ 合金[8]，在相变温度附近，不仅磁化强度发生突变，电阻率也发生突变，晶格的负膨胀也在这类合金中产生了较大的磁致伸缩效应

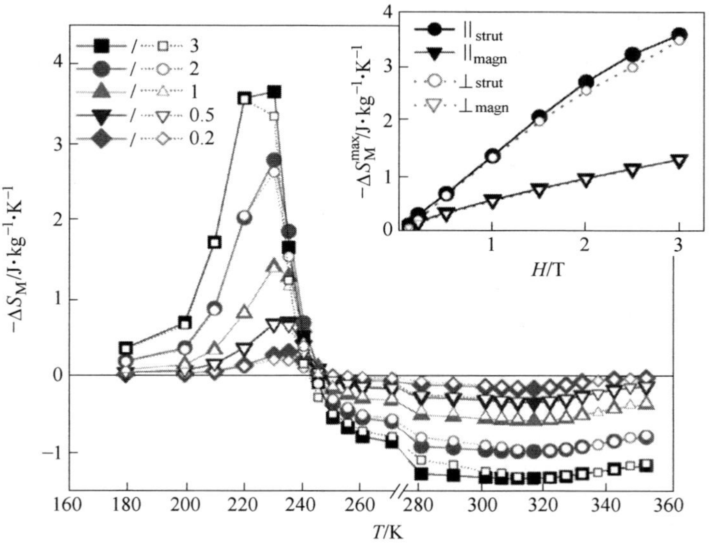

图 6.4　$Mn_{50}Ni_{40}In_{10}$合金条带的磁熵变曲线[6]

(见图 6.5)；但是这类合金变磁性临界场较高，而且对温度特别敏感，因此这类合金的实际应用在很大程度上受到限制。

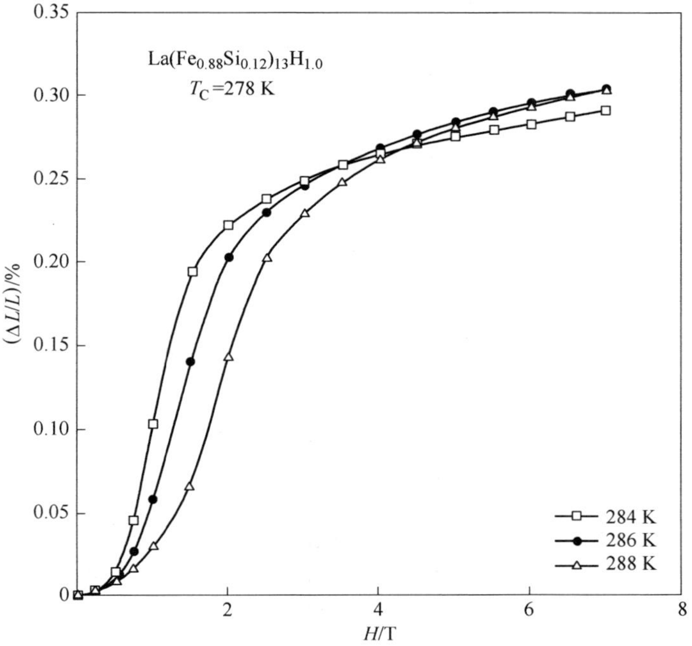

图 6.5　La-Fe-Si-H 合金中磁致伸缩效应[8]

2002 年，Tegus 等人[9]在 $MnFeP_{0.45}As_{0.55}$合金中获得了可与 $Gd_5Si_{4-x}Ge_x$合金相媲美的巨磁热效应，其居里温度为 300 K，这个巨磁热效应归因于场诱导的从低温铁磁到高温顺磁的一级变磁性相变。其制冷能力远远大于金属元素 Gd。

2010 年，Trung 等人制备出了 $MnCoGeB_x$和 $Mn_{1-x}Cr_xCoGe$ 系列合金，并获得了巨磁热效应[10-11]，其磁熵变曲线如图 6.6 所示。MnCoGe 基合金在室温下为 TiNiSi 型铁磁态，结构相变温度远高于磁相变。通过小半径原子 B 的掺杂和过渡元素 Cr 的取代，使其结构相变和磁相变发生耦合，从而获得大的磁熵变值。

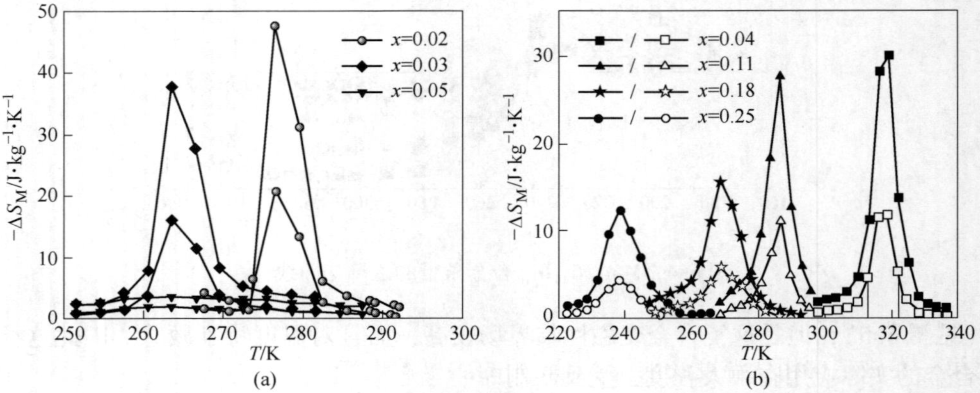

图 6.6　$MnCoGeB_x$和 $Mn_{1-x}Cr_xCoGe$ 合金的磁熵变曲线[10-11]

（a）$MnCoGeB_x$；（b）$Mn_{1-x}Cr_xCoGe$

2013 年，Caron 等人[12]在 $Mn_{2-x}Cr_xSb$ 合金中获得了巨逆磁热效应，其磁熵变曲线如图 6.7 所示，此合金具有四角的 Cu_2Sb 结构，在低温时呈现反铁磁态；

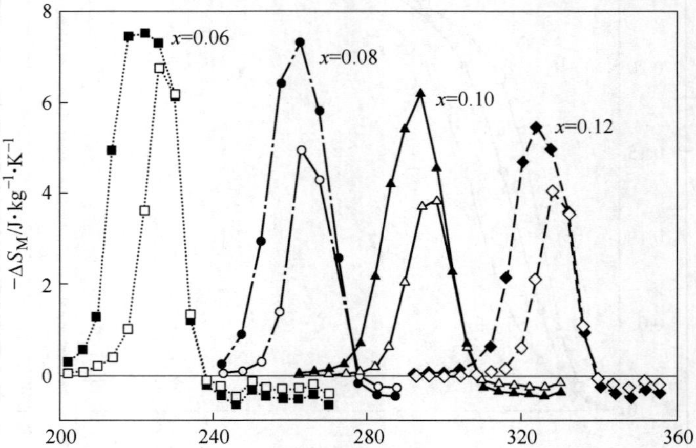

图 6.7　$Mn_{2-x}Cr_xSb$ 合金的磁熵变曲线[12]

随着温度升高，达到居里温度后，会发生一个从反铁磁态到亚铁磁态一级磁相变，相变过程中晶格对称性没有发生变化，而晶格常数发生了不连续的改变，说明这个相变属于磁弹性相变。

在众多的磁相变合金中 MnCoNi/MnCoGe 基合金以其较低的成本和优异的性能有很好的应用前景。但是作为马氏体相变材料的一种极其重要的研究对象，MnNiGe 基合金与 MnCoGe 基合金也有一些不同点。这主要表现为：MnNiGe 基合金母相结构与马氏体相结构的不一致性，其母相与马氏体相之间的转变是线性铁磁体与螺旋反铁磁体之间的转变，$T_C = 205$ K，$T_N = 356$ K；在比较低的温度下还会发生从简单螺旋结构到摆线螺旋结构的转变。此外，MnNiGe 基合金的马氏体相变温度远远高于磁有序温度，并不能发生磁和结构相变的耦合。因此，科学家们通过过渡金属元素取代、过渡族元素缺位、主族元素取代等方法调节磁相变，降低结构相变温度，使磁和结构相变发生耦合。

MnNiGe 基合金的磁结构相变可分为两类，第一类发生在反铁磁 TiNiSi 相和铁磁 Ni_2In 相之间，在不改变低温 TiNiSi 相磁性的情况下，降低结构相变温度，实现磁和结构相变的耦合，获得大的磁热效应；第二类发生在铁磁 TiNiSi 相和顺磁 Ni_2In 相之间，与第一类不同的是实现了低温 TiNiSi 相由反铁磁到铁磁的翻转。第一类磁结构相变温度受限于 Ni_2In 相的居里温度，相变温度远低于室温，而第二类相变可以发生在室温附近，在室温磁制冷领域有很大的潜在应用。

1998 年，Shiraishi 等人[13]对 $(Ni_{1-x}Mn_x)_{1.9}Ge$ 体系材料进行了研究。该研究团队发现在 $x=0.5$ 附近，MnNiGe 体系可以发生从 Ni_2In 相到 TiNiSi 相的马氏体相变。2008 年，Zhang 等人[14-16]对 MnNiGe 体系材料进行了深入研究。他们使用过渡金属元素空位的方法将马氏体相变温度降低到母相磁性温区中，使得 $Mn_{1.9-x}Ni_xGe$ 体系发生了从铁磁奥氏体到反铁磁马氏体的转变，从而非常巧妙地获得了极其显著的磁熵变值，如图 6.8 所示。由于低温 TiNiSi 相为反铁磁，没有实现向铁磁的翻转，因此将其称为第一类 MnNiGe 基合金磁结构相变。2010 年，他们进一步研究了 Co 和 Ga 元素的取代对 MnNiGe 基体系磁结构相变的影响，同样在 $MnNi_{1-x}Co_xGe_{1.05}$和 $MnNiGe_{1-x}Ga_x$合金中发现大的磁热效应。2011 年，张成亮等人[17]研究了铁磁元素 Fe 对 MnNiGe 的取代，他们发现，Fe 元素的掺入导致了铁磁-反铁磁马氏体相变的产生，并产生了大磁熵变；在低温 TiNiSi 相中，随着 Fe 元素的增多，其磁化强度逐渐增加，有向铁磁态发展的趋势。2012 年，Samanta 等人[18]研究了主族元素 Al 取代 Ge 对磁结构相变影响，他们发现，Al 元素的掺入导致了铁磁-反铁磁马氏体相变的产生，获得了磁化强度的突变，获得了大的磁热效应；同时随着 Al 含量的增加，相变温度降低。上述 MnNiGe 基合金的相变均发生在反铁磁和铁磁之间，在低温获得了大的磁热效应；但是由于居里温度的限制，相变只能发生在 200 K 以下，不利于室温下的实际应用。

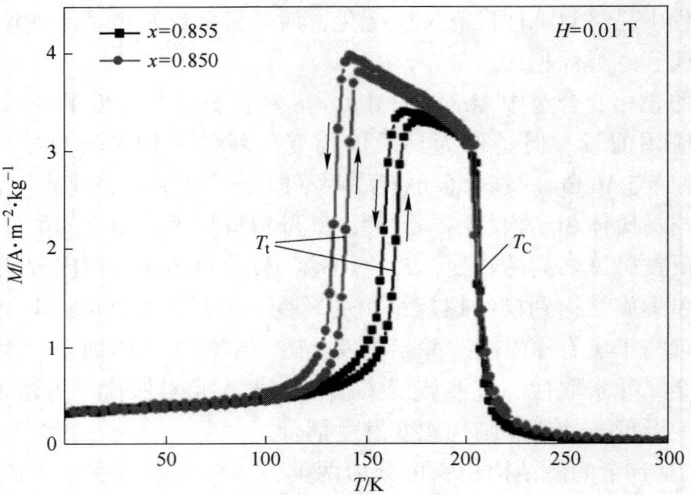

图 6.8　$Mn_{1.9-x}Ni_xGe$ 体系的热磁曲线[14]

2012 年，Liu 等人[19-20] 通过掺杂铁磁元素 Fe 在低温实现了反铁磁 TiNiSi 相到铁磁 TiNiSi 相的翻转，在两个铁磁相的居里温度之间形成包含室温的较大温度窗口；在这个窗口发生铁磁 TiNiSi 相到顺磁 Ni_2In 相的磁结构相变，获得了大的磁熵变值，如图 6.9 所示。后来，他们又在 $Mn_{1-y}Fe_yNiGe$ 合金基础上通过掺杂 Si，拓宽了居里温度窗口。2013 年，Sivachenko 等人[21] 通过过渡族元素 Cr 取代 Mn 元素，在经过淬火的样品中同样获得了铁磁 TiNiSi 相到顺磁 Ni_2In 相的一级磁

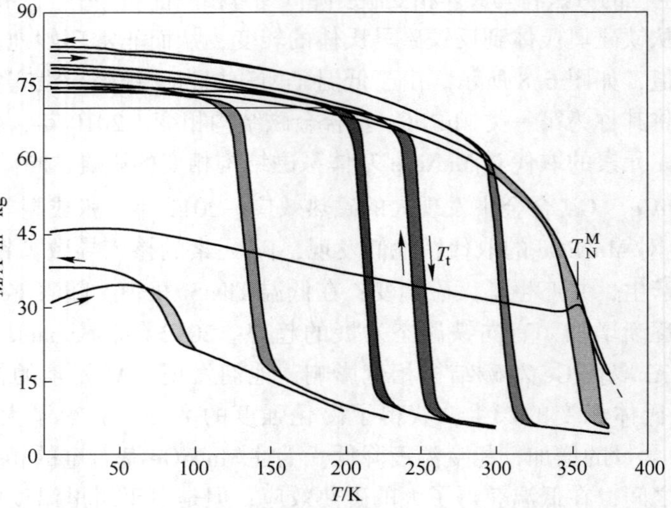

图 6.9　$Mn_{1-x}Fe_xNiGe$ 合金的热磁曲线[19]

结构相变，实现了低温反铁磁到铁磁的翻转，然而将样品慢慢冷却后，却获得了等结构的从铁磁到顺磁的二级磁相变。淬火后的样品在0~5 T变化磁场下获得大的磁熵变值28 J/(kg·K)。

尽管MnCoNi/MnCoGe基合金有很好的应用前景，但是多数学者对MnCoNi/MnCoGe基合金这一领域研究还集中在合金块体的研究，合金条带或棒材的研究比较少。以熔炼的制备方法制成的合金块体通常需要在真空或氩气保护氛围下进行长时间的退火处理以获得稳定的相结构，这会导致生产这类材料的成本大大提高，不利于大规模生产，而且熔炼后的块体在经过多次热/磁循环后极易碎成粉末。相对而言，用熔体快淬的方法制备合金条带只需短时间（通常1 h）的退火处理就能使样品成相，且材料更加稳定，因此合金条带相对于块体有更好的应用优势，有很好的应用前景。相比于块体合金，棒材在制作的过程中由于已经经过了一次快速冷却的过程，因此只需要较短的时间退火即可成相，节约了能源，成本易于控制，有利于实际应用，同样拥有广阔的应用前景[22-24]。

6.2 实验方案

实验所用的原材料是纯度均超过99.9%的金属单质，主要包括过渡金属元素（V、Mn、Fe、Co、Ni、Cr等）和主族元素（Ge、In、Sb等）及稀土元素（Nd、Dy等），下面是实验样品制备的详细步骤：

（1）配料。通过文献资料选定合金成分，用化学计量比计算出合金中元素所需要量，然后用高精度天平称量配料，样品称量精度在$\pm5\times10^{-4}$。配料前要用砂轮机仔细打磨掉所用过渡金属元素表面的氧化层以保证样品纯度。本实验中由于采用的是电解Mn，因此Mn元素配料前还需经过酸洗和熔炼以保证Mn的纯度，以下是保证Mn纯度的具体步骤：1）取一定量的电解Mn放入烧杯中，再用配好的水稀释后的稀盐酸与其发生化学反应；2）等观察到氧化物消失，Mn表面出现银白色金属光泽后，将废弃液倒掉；3）用去离子水冲洗，然后用无水乙醇漂洗两遍后吹干；4）将清洗好的Mn放入高真空熔炼炉中进行熔炼，每次熔炼完后都要打磨掉其表面的氧化物，翻转重复熔炼3~4次，以保证Mn元素的纯度。配料时还需注意，对于一些易挥发金属元素，例如Mn元素，配料时需考虑适当增加用量，保证样品成分，避免成分发生偏析。

（2）熔炼。熔炼是采用高真空电弧熔炼及甩带联合系统来完成的，主要是利用其中的电弧炉进行熔炼。具体的熔炼步骤如下：1）对熔炼炉进行清洁处理。打开炉盖以后，用沾了酒精的纸巾把熔炼炉清理干净，尤其是水冷铜坩埚。擦拭完以后需要用细砂纸对水冷铜坩埚进行多次打磨，确保没有其他附着的合金化合物。另外，还需要用砂轮机对电极打磨光亮。2）将配好的原材料和金属Zr按照自己选定的顺序逐一放入铜坩埚中，注意记录清楚样品的摆放顺序。值得注意的是，小颗粒或粉末状金属应放置到材料堆底部，以免被电弧吹出。3）关上炉盖进行抽真空步骤，抽真空的过程分为两个阶段，第一个阶段是用机械泵将炉内气压粗抽到 5 Pa 左右，第二个阶段是用分子泵把气压抽到低于 1×10^{-3} Pa。最后向炉腔内充入不低于 0.05 MPa 的高纯度 Ar 气体，然后就可以开始熔炼了。4）熔炼的时候首先从金属 Zr 开始熔炼，目的是让 Zr 与炉内的氧气发生反应从而避免熔炼时样品发生氧化。进行熔炼的时候，旋转把手的按钮就可以调节电极与样品之间的距离，当调节到合适位置的时候就可以开始起弧。电弧与样品之间的距离要合适，距离太大没办法起弧，而距离太小则容易触碰到样品造成样品的污染。调节电极的起弧电流大小，从 20 A 开始逐渐加大，直到样品可以熔融为止。在熔炼的过程中需要调节电磁搅拌棒的位置，以便将样品熔融均匀。5）熔炼完样品以后，需要把样品翻转，然后反复熔炼 3~4 遍，这是为了进一步获得均匀的合金样品。每一次熔炼过程结束后都需要用砂纸和酒精把腔体擦拭干净。

（3）熔体快淬制备条带。本实验使用熔体快淬的方法制备多晶薄带样品。将通过电弧熔炼的铸锭剪碎，取其中 3~5 g 的量放入石英管中，装入甩带系统中，铸锭碎块不宜过小，越小熔融所需的电流就越大，超出量程可能损坏密封橡胶圈；关闭舱门，按照熔炼实验中的抽真空步骤进行抽真空，直到低于 1×10^{-3} Pa 后充入 0.1 MPa 的高纯氩气，然后将铜辊调至所需转速，以防甩带时忘调转速导致铜辊损坏；打开高频感应电源，慢慢调节电源电流，以防铸锭碎块受热不均，直至石英管中的铸锭熔化，然后将熔融的铸锭在高压下喷射到旋转的铜辊上，熔融的液体在铜辊表面快速冷却，形成合金条带。

（4）铜模喷铸。本实验使用高真空甩带系统进行喷铸，值得注意的是，换上喷铸装置后，要确保连接冷却水的橡胶管密封性良好。将已熔炼的铸锭剪碎，取一部分放入石英管中，然后置于喷铸系统。通过机械泵和分子泵将真空度抽取到低于 1×10^{-3} Pa 后充入 0.1 MPa 的氩气，打开高频感应电源开关，然后缓慢加大电流，直至样品熔融为宜。注意，电流不能大于 40 A。当样品熔融以后按下系统的喷铸按钮，完成喷铸实验。需要注意的是，按下喷铸按钮以后，要立即将按钮按回，避免空气进入实验装置；实验完成以后要等待实验系统冷却以后，再打开机械泵和粗抽阀抽出废气。取样品的时候一定要关闭所有的电源开关。

（5）均匀化热处理。仅仅经过电弧熔炼，铜模喷铸或熔体快淬制备的样品，它内部的内应力比较大，其相结构一般不够稳定，因此需要通过均匀化热处理来减少其内部缺陷和内应力。其步骤为：首先把实验样品放入一端封闭的石英管中，再将石英管中间烧细，其内部是连通的，用机械泵粗抽到真空度接近 3 Pa，充进大气压为 0.06 MPa 的氩气。然后再反复抽真空 2~3 次，以保证其真空度。完成以后，利用乙炔焊枪把石英管的颈部烧断。将密封好的石英管放到退火炉中，设定好退火的温度和时间，在退火完成后需要迅速取出放入冷水中淬火。

6.3 MnCoGe 基合金

在一级磁性相变合金中，过渡族金属磁性相变合金受到较多的关注，尤其是 Mn 基相变合金，受到了国内外学者的广泛研究。由于不含有稀土等贵重金属，且 Mn 具有多样的化学价态和丰富的磁学行为，因此成为研究的热点。这类合金不含有易氧化且价格昂贵的稀土元素，原料成本低，同时，由于 Mn 离子化合价较为多样，磁性状态会随着原子间距的改变而改变，因此这类磁性相变合金所表现的磁性行为较为丰富。

在众多的 Mn 基一级磁相变合金中，MnCoNi/MnCoGe 基合金以其特有的优异性能受到人们的关注，之前主要的研究集中于合金块体，然而合金条带不需要或者只需要很短时间的退火过程即可成相，同时磁性能也很优异，因此本章主要研究的是 MnCoGe 基合金条带的磁相变和磁热效应。根据已有的研究结果，MnCoGe 块体合金在室温下是一个共线的铁磁体，晶体结构为正交 TiNiSi 结构（空间群 *Pnma*），饱和磁化强度 $M_s \approx 4.13\,\mu_B$，居里温度 $T_C \approx 345$ K。随着温度升高在 650 K 会发生一个从低温正交 TiNiSi 相到高温六角 Ni_2In 相（$M_s \approx 2.76\,\mu_B$，$T_C \approx 275$ K，空间群 $P6_3/mmc$）的马氏体结构相变。由于正分的 MnCoGe 基合金磁相变温度比结构相变温度低了近 300 K，磁相变和结构相变很难发生耦合，意味着 MnCoGe 基合金的结构相变在顺磁态下发生所引起的磁化强度变化非常小，因此没有什么实际的应用，所以调控 MnCoGe 基合金的结构相变意义重大，一般来说有以下几种调控方法来降低 MnCoGe 基合金的结构相变温度：

（1）过渡金属元素取代，是近些年来最常见的一种降低 MnCoGe 基合金结构相变温度的方法，如 2012 年 Samanta 等人用 Cu 取代 Mn 在室温附近获得了巨磁热效应[25]，他们通过 Cu 原子的取代降低了 MnCoGe 基合金的结构相变温度，因此在 $Mn_{1-x}Cu_xCoGe$ 获得剧烈的一级磁结构相变，并且随着 Cu 含量的增加，其结构相变温度逐渐降低。

（2）过渡元素缺位。2010 年，Liu 等人用 Mn 元素缺位的方法在 $Mn_{1-x}CoGe$ 合金发现了一级磁结构相变，并获得巨大的磁热效应[26]。可见过渡元素缺位也是降低 MnCoGe 合金结构相变温度的一种有效方法。

（3）间隙位原子掺杂。2010 年，Trung 等人通过 B 原子的掺杂在 $MnCoGeB_x$ 中获得了巨磁热效应[10]，B 原子掺杂后在合金 $MnCoGeB_x$ 中获得了剧烈的一级磁结构相变，随着 B 原子含量的增加，其结构相变温度逐渐降低。

（4）施加外压力。对 $Mn_{0.93}Cr_{0.07}CoGe$ 合金施加不同外压力[27]，从其热磁曲线中可以看到，随着外压力的增大，结构相变温度逐渐降低，当压力大于

500 MPa时，结构相变温度已经低于居里温度。

2013 年，Tapas 等人用熔体快淬的方法制备出了 MnCoGe 条带，MnCoGe 条带在室温下是六角的 Ni_2In 相[28]。本章是通过过渡元素取代的方法对 MnCoGe 基合金条带的相变进行调控，制备出能够发生一级磁结构耦合相变的合金条带样品，并研究其显微结构及其磁热性质。

6.3.1　Cu 取代 MnCoGe 基合金

通过 Cu 元素取代，制备了 $Mn_{0.89}Cu_{0.11}CoGe$ 的快淬和退火条带（800 ℃，1 h）。图 6.10 所示为 $Mn_{0.89}Cu_{0.11}CoGe$ 的快淬和退火条带样品的自由面和断面的 SEM 图谱。图 6.10（a）为快淬条带的自由面形貌图，可以看出样品内部晶粒大小分布均匀、晶界清晰，经过测量得到平均晶粒为 0.7 μm。图 6.10（b）为快淬条带的断面图，可以看到一定的柱状晶垂直于表面生长形成了一定的织构，且可以看到柱状晶间存在一些裂纹，容易使材料沿裂纹断开。图 6.10（c）为退火后的条带自由面形貌，晶界相比快淬条带变得模糊，平均晶粒尺寸增加到 7.9 μm。图 6.10（d）为退火后的条带断面形貌，织状晶的生长方向更加有序。

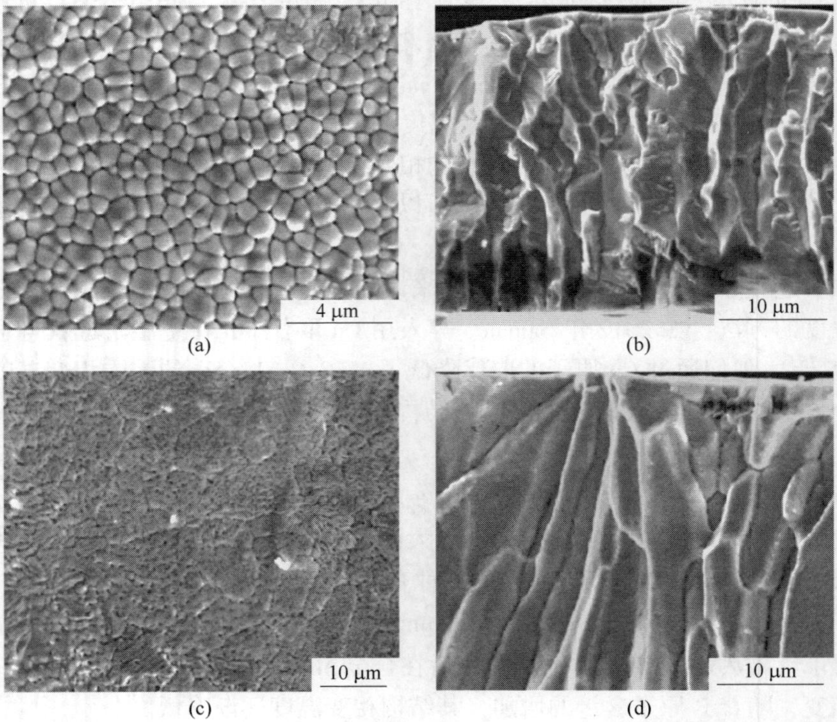

图 6.10　快淬和退火条带自由面和断面的 SEM

（a）快淬条带自由面；（b）快淬条带断面；（c）退火条带自由面；（d）退火条带断面

为了确定样品的晶体结构，制作了图 6.11 中的 $Mn_{0.89}Cu_{0.11}CoGe$ 合金条带在室温下的 XRD 衍射图谱。从图 6.11 中可以看到，快淬条带和退火条带在室温下均是单相的六角 Ni_2In 型结构（空间群 $P6_3/mmc$），表明 Ni_2In 相在 Cu 的取代下在室温下变得更稳定了。经过计算，快淬条带晶格常数为 $a=0.40972$ nm，$c=0.52826$ nm；退火条带的晶格常数 $a=0.40805$ nm，$c=0.53271$ nm，说明退火后晶格常数 a 减小 c 增加，从而使得 c/a 从 1.29 增加到 1.31，晶胞体积 V 从 0.07685 nm^3 减小到 0.07682 nm^3。此外，退火相对来说对晶格常数 c 的影响更明显，说明晶胞上原子之间的距离发生了改变。

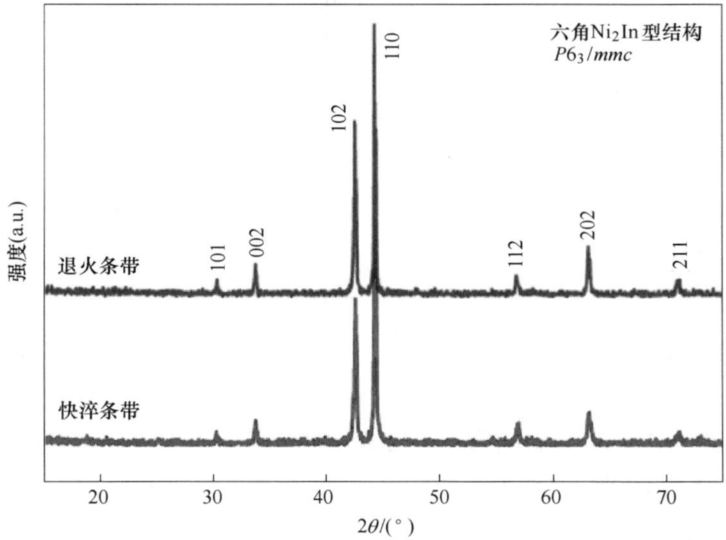

图 6.11　$Mn_{0.89}Cu_{0.11}CoGe$ 条带室温下的 XRD 图谱

图 6.12 为快淬和退火条带的热磁曲线，可以看到在低温阶段，条带均呈铁磁态，随着温度的升高，两种条带均发生从铁磁到顺磁的磁有序转变。此外，在升降温曲线中均未观察到明显热滞，可以证明发生的是二级磁相变。同时，退火后的条带 T_C 出现了明显的降低，从 242 K 降低到 234 K，这样的变化来源于退火对晶胞参数的改变和应力、结构的弛豫过程使得样品中 Mn-Mn 之间的距离发生了改变，从而影响了 T_C。

通过测量 $Mn_{0.89}Cu_{0.11}CoGe$ 条带在相变温度附近的等温磁化曲线［见图 6.13（a）（c）］发现两个样品均表现出很强的铁磁性，且在磁化和退磁曲线中均没有观察到磁滞，说明发生的是二级磁相变。图 6.13（b）（d）的两个样品的 Arrott 曲线均显示正的斜率，进一步证明了其为二级磁相变。在磁性测量的基础上，用 Maxwell 关系计算得出快淬和退火条带在 $\Delta H=0\sim1$ T 外场下的最大磁熵变值

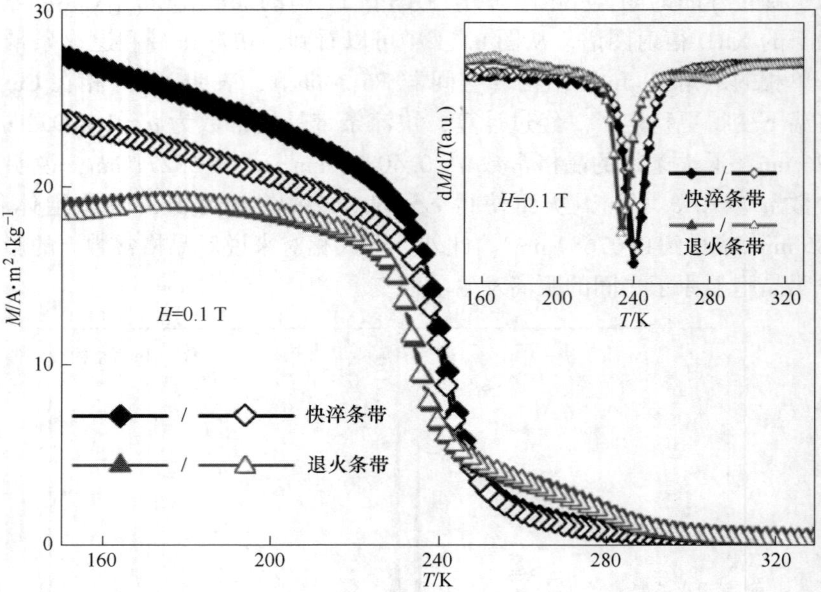

图 6.12　$Mn_{0.89}Cu_{0.11}CoGe$ 合金条带的热磁曲线

$-\Delta S_{max}$分别为 0.95 J/(kg·K) 和 0.89 J/(kg·K)，如图 6.14 所示；由于是二级磁相变，所以磁熵变值相对较小且相变温区较宽。

相对于二级磁相变材料而言，一级磁相变材料在相变点附近磁化强度变化会更加剧烈，从而能够获得更大的磁熵变。$Mn_{0.89}Cu_{0.11}CoGe$ 合金条带发生的二级相变主要由于 Cu 元素的过量掺杂导致结构相变温度过低，使其无法与磁相变发生耦合。为了通过降低 Cu 元素的掺杂量来进一步调控结构相变温度，进一步制备了 $Mn_{1-x}Cu_xCoGe$（x=0.02，0.04，0.06）3 个条带样品，选取一部分进行退火处理（800 ℃，1 h）。

图 6.15 为 $Mn_{1-x}Cu_xCoGe$（x=0.02，0.04，0.06）合金条带在 0.1 T 磁场下的热磁曲线。观察快淬条带样品可以发现，随着温度降低，在 T_C 约 266 K 时发生了一个从顺磁到铁磁的磁有序相变，随着温度继续降低，发生了一个一级性质的结构相变，说明 Cu 的掺杂稳定了 Ni_2In 相，因此在低温铁磁区发生了从六角 NI_2In 相到正交 TiNiSi 相的结构相变。可以明显看出，在快淬样品中磁相变和结构相变没有发生耦合，因此产生的饱和磁化强度变化程度较低。相应地，退火条带中在 286 K 处发生了饱和磁化强度的突变，意味着发生了很强的顺磁到铁磁的结构相变，且 10 K 的热滞说明其为一级相变。以上说明了退火可以稳定 TiNiSi 相从而提高结构相变温度使其与磁相变温度靠近，促进结构相变和磁相变的耦合。随着 Cu 含量的增加，$Mn_{1-x}Cu_xCoGe$ 合金条带的结构相变温度逐渐降低，但

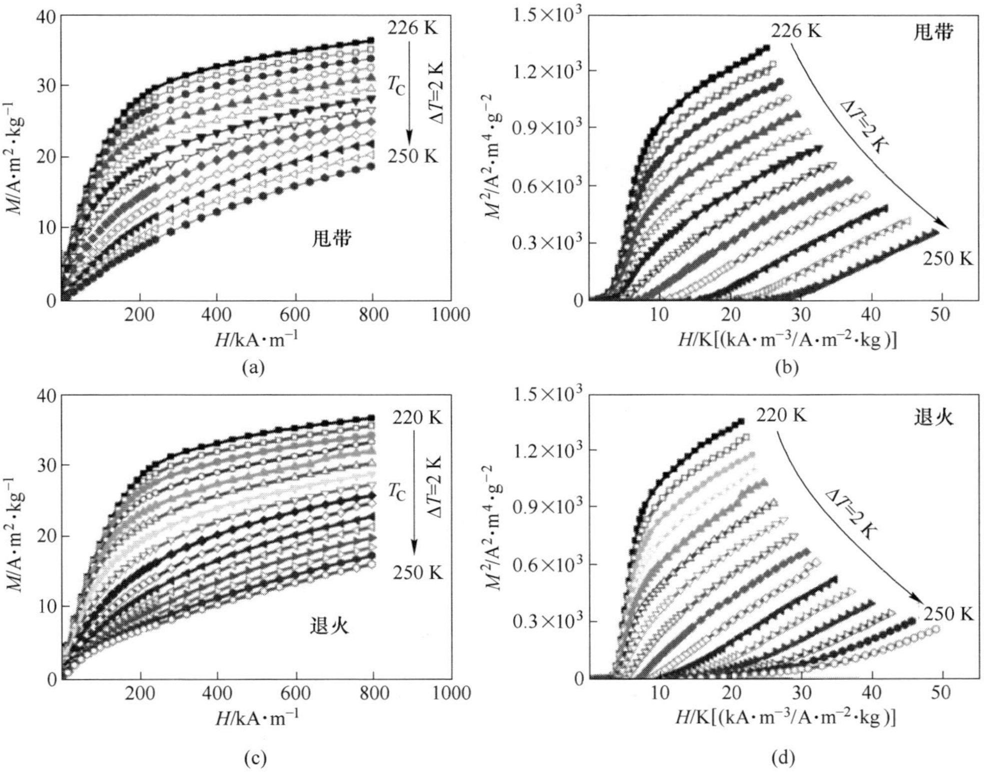

图 6.13 $Mn_{0.89}Cu_{0.11}CoGe$ 合金条带的等温磁化曲线和 Arrott 曲线

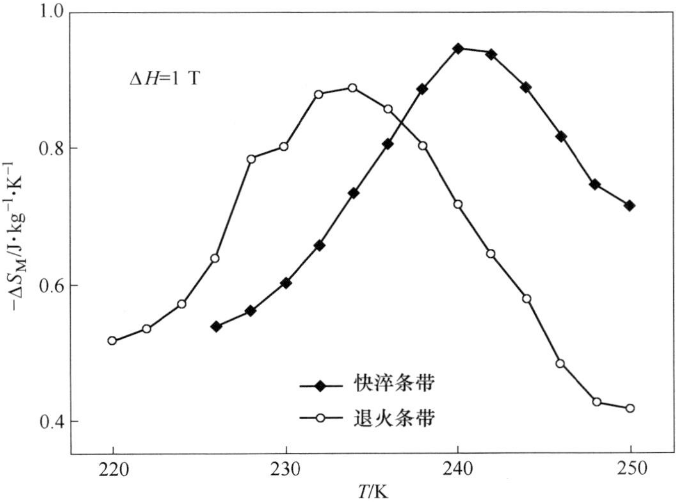

图 6.14 $Mn_{0.89}Cu_{0.11}CoGe$ 合金条带的等温磁熵变

相比快淬样品，退火能够有效稳定条带中的 TiNiSi 相并提升结构相变温度，因此最终在 $x=0.02$ 和 $x=0.04$ 的退火条带样品中发生了磁耦合并获得了较大的磁化强度突变。

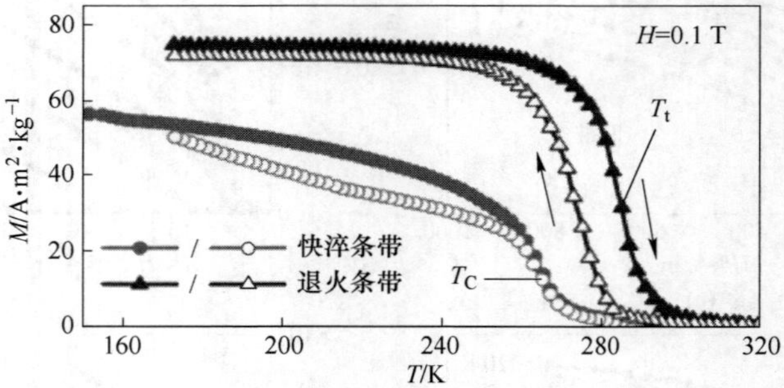

(a)

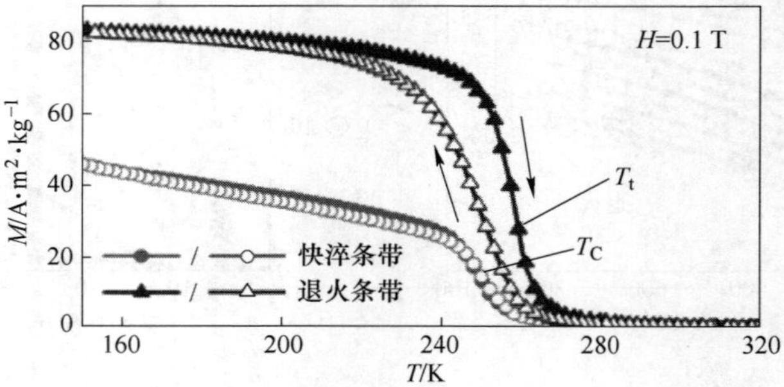

(b)

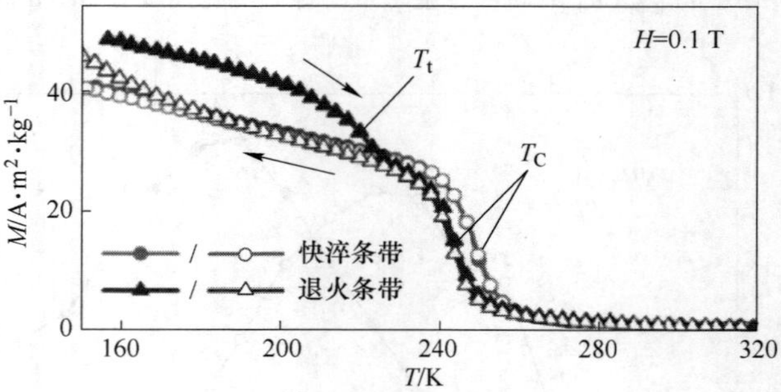

(c)

图 6.15　$Mn_{1-x}Cu_xCoGe$（$x=0.02$，0.04，0.06）合金条带的热磁曲线

（a）$x=0.02$；（b）$x=0.04$；（c）$x=0.06$

为了证实上面的论述，测量了这些样品在室温下的 XRD 衍射图谱来确定 $Mn_{1-x}Cu_xCoGe$ 合金条带的结构[29]。从图 6.16 中可以看到，所有的快淬条带几乎都是六角的 Ni_2In 结构，说明 Cu 取代 Mn 在室温以下就稳定了 Ni_2In 相；对于退火条带，由于结构相变温度 T_t 低于室温，所以主要还是 Ni_2In 结构，但是也存

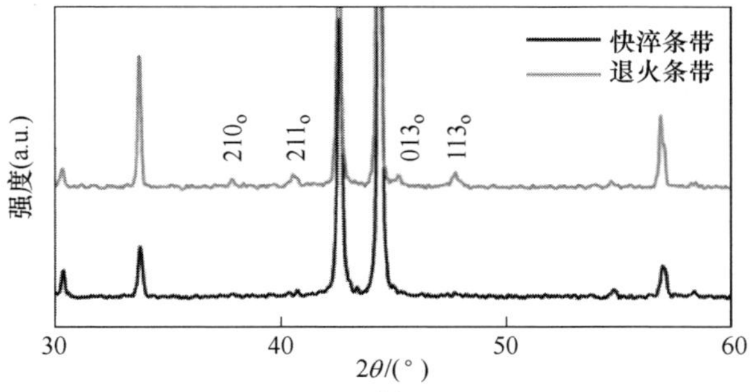

(a)

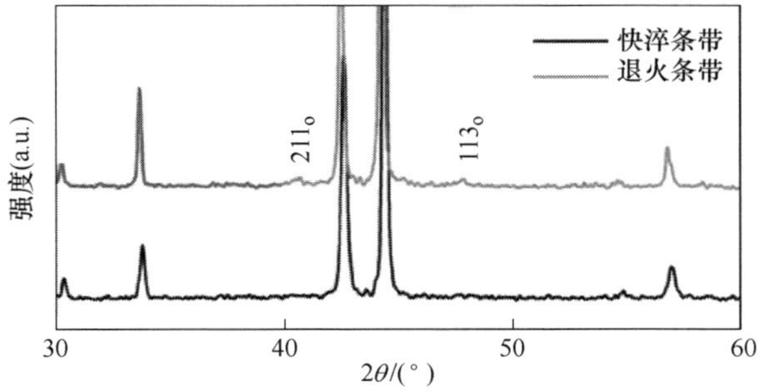

(b)

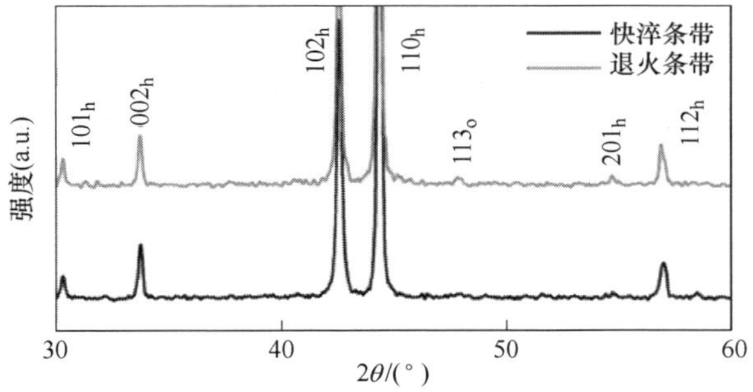

(c)

图 6.16 $Mn_{1-x}Cu_xCoGe$（$x=0.02$，0.04，0.06）合金的 XRD 衍射图谱

（a）$x=0.02$；（b）$x=0.04$；（c）$x=0.06$

在一些正交 TiNiSi 型结构的痕迹。TiNiSi 结构的出现意味着在 $Mn_{1-x}Cu_xCoGe$ 退火条带中有结构相变的发生。值得一提的是，对于大多数的 Mn 基合金来说，它们的相变行为及相关的物理性质都与 Mn-Mn 的原子间距有关[28-29]。在 MnCoGe 基合金中，六角 Ni_2In 和正交 TiNiSi 型结构最大的区别在于前者具有更小的 Mn-Mn 间距。从晶体学观点来看，TiNiSi 结构可以看成是 Ni_2In 结构的斜方扭曲[30-31]。因此很容易理解 $Mn_{1-x}Cu_xCoGe$ 条带中 Cu 的掺杂稳定了六角的 Ni_2In 相，这是由于 Cu 的原子半径小于 Mn，掺杂 Cu 原子减小了 Mn-Mn 间距。以样品

x= 0. 02 为例，退火后晶格常数和晶胞体积分别为 a = 0. 407901 nm，c = 0. 531783 nm，V= 0. 07663 nm^3，由此可见，退火后 a 减小，c 和 V 增加。晶格常数和体积各向异性的变形会改变 Mn-Mn 间距，从而引起 TiNiSi 相的畸变来提高 TiNiSi 结构的相对稳定性。与此同时，根据已有的报道，六角 Ni_2In 相倾向于较小的 c 和较大的 a[32]，因此，c 的增加和 a 的减小就意味着稳定 TiNiSi 相；另外退火过程中条带会经历结构的松弛，也会改变 Mn-Mn 间距，从而影响 TiNiSi 的相对稳定性。

图 6. 17 为 $Mn_{1-x}Cu_xCoGe$（x=0. 02，0. 04）合金条带在升降温过程中测得的 DSC 曲线，升降温速率为 10 K/min。从图 6. 17（b）和（d）可以看到，退火条带在升降温过程中存在吸热和放热峰，并且有热滞产生，说明发生了一个一级的相变；而快淬条带吸放热峰更宽并且几乎为零的热滞，说明发生的是二级性质的磁相变，这与热磁曲线相符合。

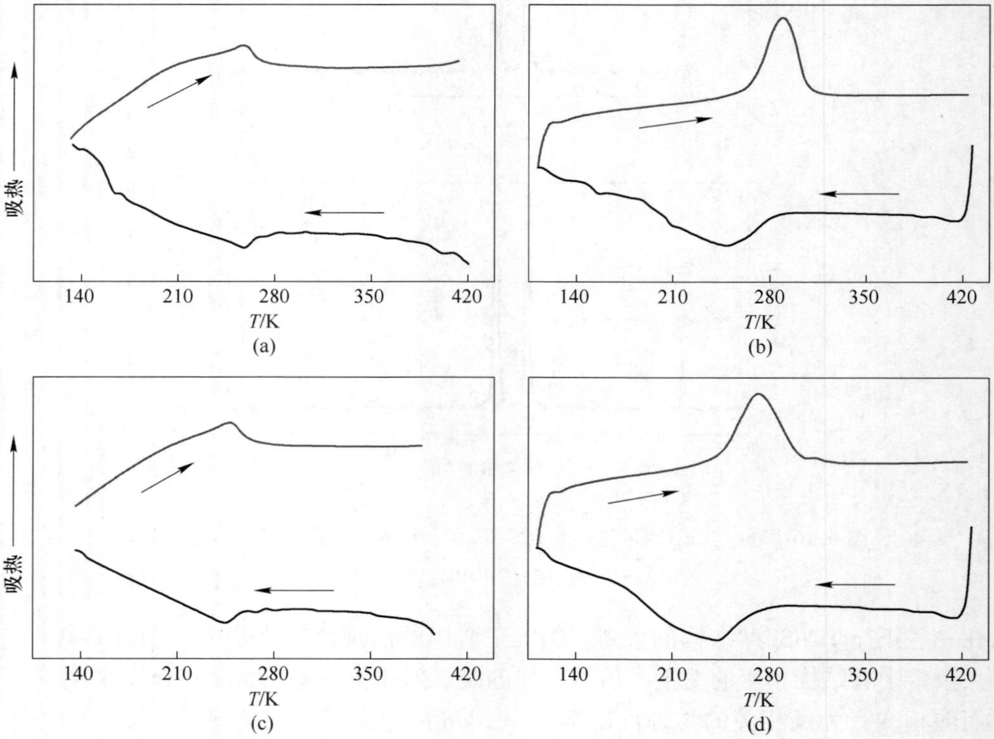

图 6. 17　$Mn_{1-x}Cu_xCoGe$（x=0. 02，0. 04）合金条带的 DSC

（a）x=0. 02，快淬条带；（b）x=0. 04，快淬条带；（c）x=0. 02，退火条带；（d）x=0. 04，退火条带

在磁性测量的基础上，利用麦克斯韦关系计算出了 $Mn_{1-x}Cu_xCoGe$（x=0. 02，0. 04，0. 06）系列合金样品在 ΔH=0～1 T 下的磁熵变值，图 6. 18 是$Mn_{1-x}Cu_xCoGe$

合金磁熵变随温度变化关系，在 $x=0.02$ 和 $x=0.04$ 的快淬条带中由于磁相变和结构相变没有发生耦合，所以磁熵变较小，分别为 1.3 J/(kg · K) 和 1.4 J/(kg · K)；而在退火条带中，分别在 286 K、260 K 发生了一级的磁结构相变，相变伴随着磁化强度的突变，所以得到了比较大的低磁场磁热效应，它们的最大磁熵变值 $-\Delta S_M$ 分别达到了 7.2 J/(kg · K)、8.4 J/(kg · K)。而当 $x=0.06$ 时，相变变成二级性质，因此合金的 $-\Delta S_M$ 相对较小，仅有 1.3 J/(kg · K)，快淬条带和退火条带基本一致。

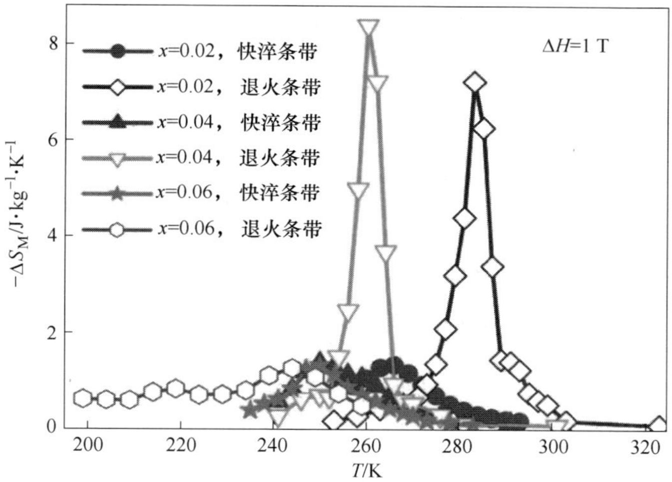

图 6-18 $Mn_{1-x}Cu_xCoGe$（$x=0.02$，0.04，0.06）合金的磁熵变曲线

通过对 $Mn_{1-x}Cu_xCoGe$（$x=0.02$，0.04，0.06）合金条带磁性测量，发现通过 Cu 对 Mn 的取代，降低了 $Mn_{1-x}Cu_xCoGe$ 合金条带的结构相变温度，实现了磁结构耦合，从而在结构相变温度附近获得大的磁熵变，并在 $Mn_{1-x}Cu_xCoGe$ 合金条带中获得了巨磁热效应。

6.3.2 Cr 取代 MnCoGe 基合金

在之前的工作基础上，研究了过渡元素 Cr 取代 Mn 的方法来调控 MnCoGe 基合金条带[24]，制备了 $Mn_{1-x}Cr_xCoGe$（$x=0.01$，0.015，0.02，0.03）的快淬和退火条带（800 ℃，1 h）。如图 6.19 所示，测量了退火合金条带在室温下的 XRD 衍射图谱，通过 XRD 衍射图谱发现，当 Cr 原子的取代量仅为 0.01 时，其合金条带在室温下几乎为单一的正交 TiNiSi 型结构，说明该合金样品的结构相变依然远高于室温。随着 Cr 含量的进一步增加，当 $x=0.03$ 时，$Mn_{0.97}Cr_{0.03}CoGe$ 合金条带在室温下呈单一的 Ni_2In 相，说明此合金的结构相变温度低于室温。同样地，可以发现 Cr 原子的掺杂可使六角 Ni_2In 型结构在室温下得到稳定。

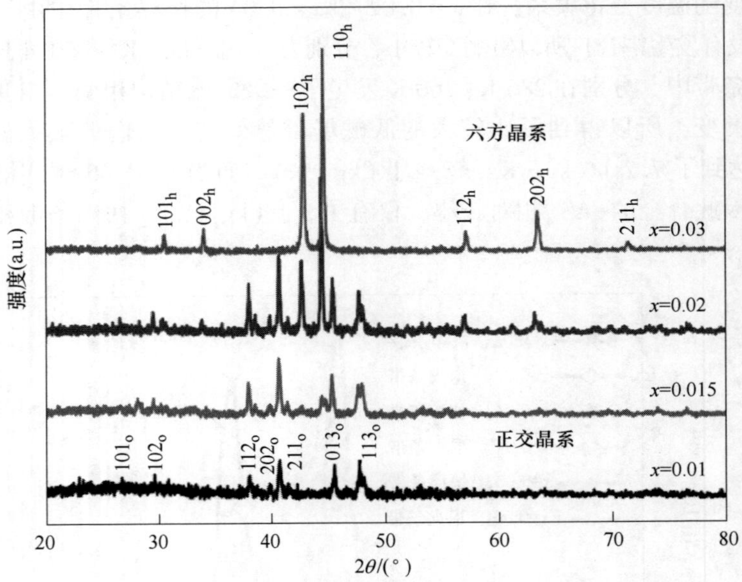

图 6.19　$Mn_{1-x}Cr_xCoGe$ 退火合金条带室温下的 XRD 衍射图谱

图 6.20 为 $Mn_{1-x}Cr_xCoGe$（$x=0.02$，0.03）系列退火合金条带在外加应用磁场 0.1 T 下的热磁曲线。少量过渡元素 Cr 取代 Mn 降低了 MnCoGe 合金的结构相变温度，同时居里温度 T_C 也略有降低；Cr 的取代量越多，其结构相变温度越低。

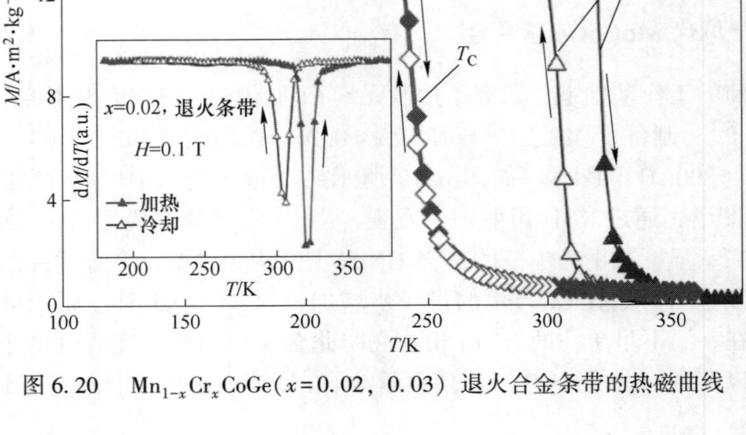

图 6.20　$Mn_{1-x}Cr_xCoGe$（$x=0.02$，0.03）退火合金条带的热磁曲线

当 $x=0.02$ 时，铁磁到顺磁的磁有序相变发生在约 321 K，并伴随着剧烈的磁化强度突变，降温曲线的相变温度滞后升温曲线 16 K，继而很好地说明该相变属于一级性质，这主要归因于铁磁到顺磁的磁有序相变与 TiNiSi 到 Ni_2In 相的结构相变发生了耦合。对于 $x=0.03$ 的合金条带，高温区域为 Ni_2In 型顺磁态，其居里温度 T_C 约为 245 K，升降温热磁曲线几乎完全重合，说明该磁有序相变为二级相变。通过 Cr 对 Mn 的取代降低了 MnCoGe 基合金的结构相变的主要原因为 Cr 原子半径小于 Mn，Cr 的掺杂减小了合金内部的 Mn-Mn 原子间距，使得 Ni_2In 相在低温下得以稳定[24]；另外是 Cr 原子的价电子数比 Mn 小，Cr 对 Mn 的取代使 MnCoGe 基合金的价电子浓度 e/a 减小，从而降低了结构相变温度。

图 6.21 为 $Mn_{1-x}Cr_xCoGe$（$x=0.02$，0.03）退火合金条带在磁相变附近的等

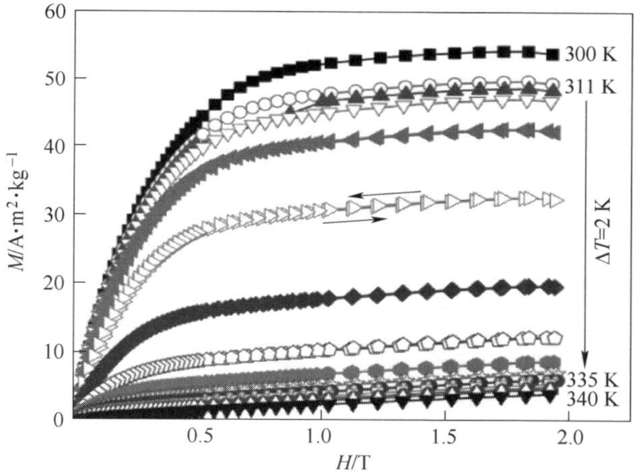

(a)

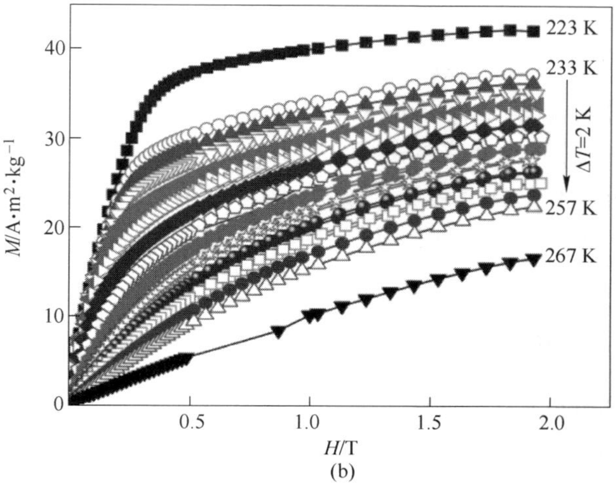

(b)

图 6.21 $Mn_{1-x}Cr_xCoGe$（$x=0.02$，0.03）退火合金条带的等温磁化曲线

（a）$x=0.02$；（b）$x=0.03$

温磁化曲线，最大外加磁场为 2 T，部分曲线还进行了升、降磁场测量。从两个合金样品的等温磁化曲线来看，其磁化行为基本相似，即先在一个较小的特定外加磁场作用下，磁化强度发生突变并急剧增大，然后随着磁场的增加缓慢上升。在 2 T 磁场下，$Mn_{0.98}Cr_{0.02}CoGe$ 合金的磁化强度已经趋于饱和，最大饱和磁化强度高达 55 $A \cdot m^2/kg$，而 $Mn_{0.97}Cr_{0.03}CoGe$ 还在缓慢增加磁化强度，没有完全饱和。这是因为 Cr 含量的增加，使得铁磁态磁矩间的交互作用减弱，从而需要更大的外加磁场。此外，随着测量温度的升高，磁化强度逐渐降低，即发生了铁磁向顺磁的转变，这与热磁曲线的测量结果一致。通过 $Mn_{1-x}Cr_xCoGe$（$x=0.02$，0.03）合金相变温度附近的磁化和退磁曲线测量，在相对低的磁场下并没有观察到明显的磁滞和磁场诱导的变磁性相变；但是对等温磁化曲线进行放大，可观察到 $Mn_{0.98}Cr_{0.02}CoGe$ 合金条带仍然存在一定的磁滞，于是初步认为 $x=0.02$ 的合金条带在磁场诱导下发生了一级相变。

为了进一步证实这一推断，在等温磁化曲线的基础上绘制了 Arrott 曲线，如图 6.22 所示。从 $Mn_{0.98}Cr_{0.02}CoGe$ 合金条带的 Arrott 曲线可观察到，在 323～333 K的温区范围内，其曲线呈明显的 S 形，证明该合金在磁场诱导下发生了一级相变。所以认为在 $Mn_{0.97}Cr_{0.03}CoGe$ 合金条带的磁结构相变附近应该存在磁场诱导的变磁性行为，但是没有在 *M-H* 曲线中观察到，原因可能为诱导变磁性相变的临界场较高（>2 T）。近些年来，对于很多一级磁相变材料而言有一个不可避免的问题，即磁场诱导的变磁性相变往往可能导致较大的磁滞，由于大的磁滞损耗，从而降低了磁制冷效率，不利于实际应用[30-32]。而 $Mn_{0.98}Cr_{0.02}CoGe$ 合金在低磁场下的磁化曲线具有很好的可逆性，即磁滞损耗很小，而且拥有大的磁热效应，因此对磁制冷的实际应用有很大的意义。$Mn_{0.97}Cr_{0.03}CoGe$ 合金的 Arrott 曲线既没有出现明显的 S 形，也没有出现负斜率，从而判断该合金的相变属于二级顺磁到铁磁相变，这与热磁曲线的分析结果一致。

在磁性测量的基础上，利用麦克斯韦关系计算出了 $Mn_{0.98}Cr_{0.02}CoGe$ 和 $Mn_{0.97}Cr_{0.03}CoGe$退火合金条带的磁熵变，其曲线如图 6.23 所示。在 $\Delta H=2$ T 的磁场作用下，$Mn_{0.98}Cr_{0.02}CoGe$ 合金条带的最大磁熵变值高达 9.7 J/(kg · K)，且在保持大的低磁场磁熵变的同时，磁滞损耗非常小，预示着该合金条带有利于磁制冷的实际应用。

6.3.3 V 取代 MnCoGe 基合金

在之前工作的基础上，尝试了使用熔体快淬制备了 $MnV_{0.02}CoGe_{0.99}$条带样品[33]。图 6.24 所示为快淬样品条带断裂截面和自由表面的 SEM 图像。断裂截面显微照片显示出垂直于条带表面生长的有序柱状晶，证明快淬过程诱导了织构多晶带状的形成。在柱状晶粒之间观察到的裂缝表明这些带状是脆性的，容易在

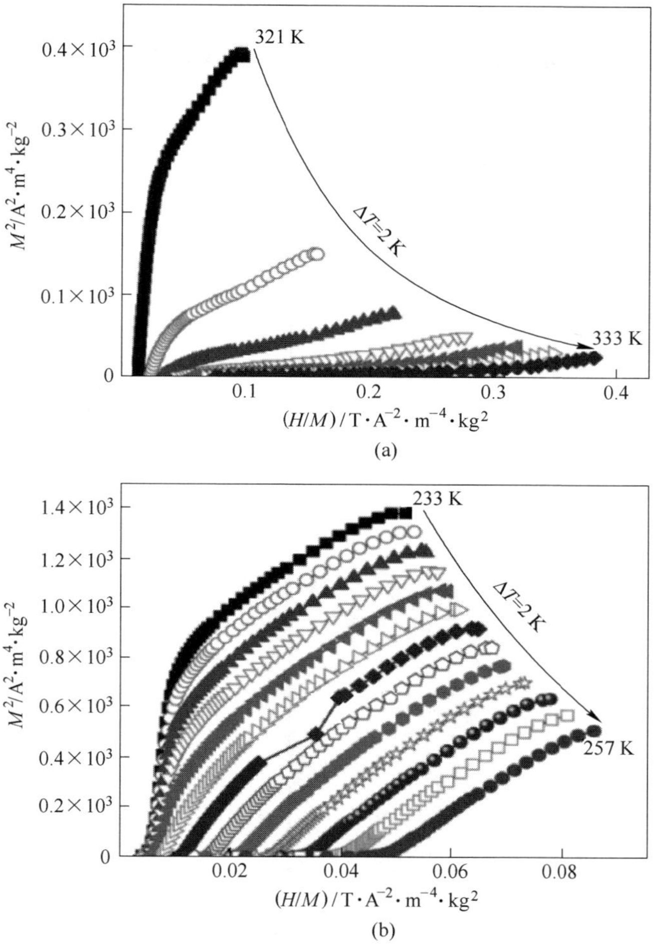

图 6.22 $Mn_{1-x}Cr_xCoGe$（$x=0.02$，0.03）退火合金条带的 Arrott 曲线

（a）$x=0.02$；（b）$x=0.03$

这个方向上劈裂。从图 6.24（b）中自由表面的 SEM 图观察到平均晶粒尺寸为 2.5 mm，许多可见的晶间孔进一步证明了这些条带是脆弱的。此外，通过扫描电镜检查未检测到次级相，表明这些条带具有单相特征。通过 EDS 微量分析，确定了条带的平均元素化学成分为 $MnV_{0.02}CoGe_{0.99}$[33]。

图 6.25 为室温下测定 $MnV_{0.02}CoGe_{0.99}$条带结构的 XRD 图谱。非常明显，快速淬火的 $MnV_{0.02}CoGe_{0.99}$在晶格参数为 $a=0.407985$ nm 和 $c=0.531108$ nm 的六角 Ni_2In 型结构（空间群 $P6_3/mmc$）中结晶，表明这些条带在室温以下会发生结构转变。如上所述，应该是 V 的引入起到了类似于施加压力的“化学压力”作用，通过稳定六角 Ni_2In 型结构，将 T_t降低到更低的温度，甚至远低于室温。从

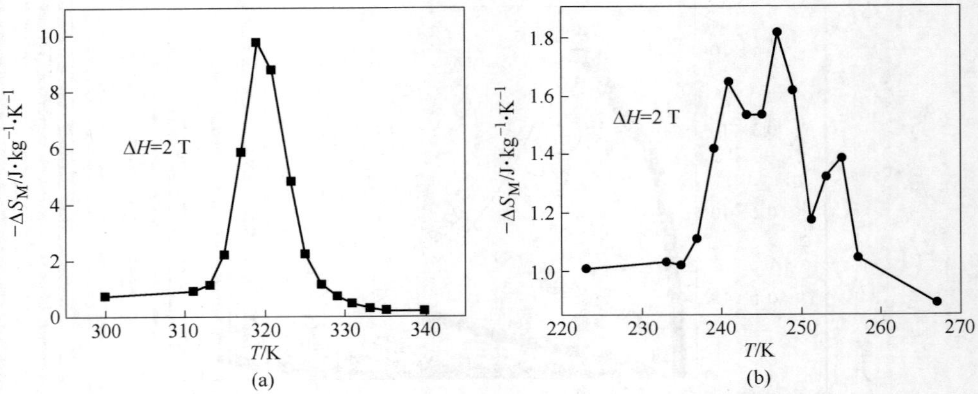

图 6.23　$Mn_{1-x}Cr_xCoGe$(x=0.02，0.03）退火合金条带的磁熵变

（a） x=0.02；（b） x=0.03

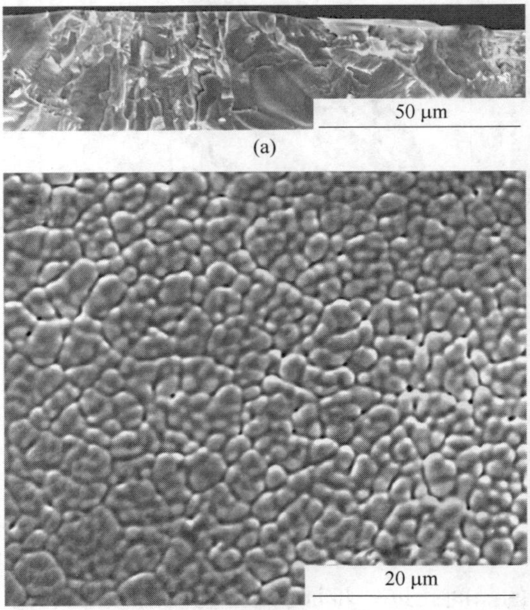

图 6.24　快淬 $MnV_{0.02}CoGe_{0.99}$条带不同区域的 SEM 图

（a）断裂截面；（b） 自由表面

这些 XRD 图中也可以看出，快淬 $MnV_{0.02}CoGe_{0.99}$条带中几乎实现了单相，这与 SEM 的结果一致。

图 6.26 为快淬 $MnV_{0.02}CoGe_{0.99}$条带在 150 ～ 330 K 的温度下的热磁曲线。在 T_C约为 252 K 处随着温度的升高，发生了从 FM 态向 PM 态转变，对应于插图

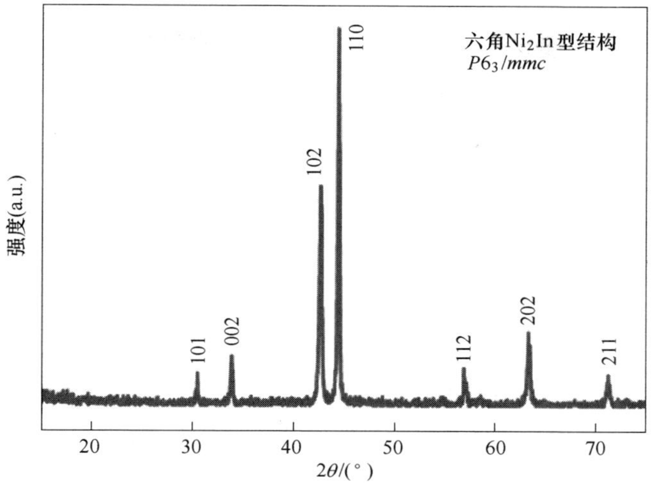

图 6.25 室温下快淬 $MnV_{0.02}CoGe_{0.99}$条带的 XRD 谱图

所示的 dM/dT 曲线的最低点，并导致了磁化强度的突然下降。同时升温和降温循环之间不明显的热滞（约 2 K）证明了这种转变的二级性质，优异的热可逆性对于磁制冷的实际应用是非常有利的。

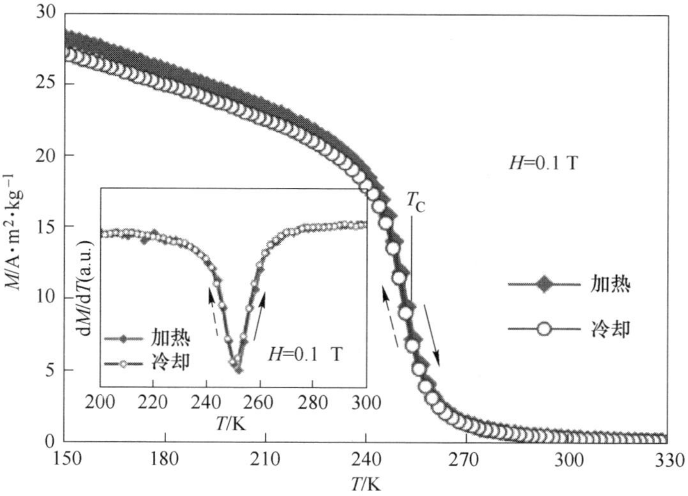

图 6.26 快淬 $MnV_{0.02}CoGe_{0.99}$条带的热磁曲线

图 6.27 为快淬 $MnV_{0.02}CoGe_{0.99}$条带升降温过程的 DSC 曲线。非常明显，在升温降温的 DSC 曲线上观察到明确的吸热/放热峰及几乎可以忽略不计的热滞后（约 2 K）。由 DSC 曲线峰 T_C约为 252 K 对应的温度定义的相变温度与磁测结果吻合较好。

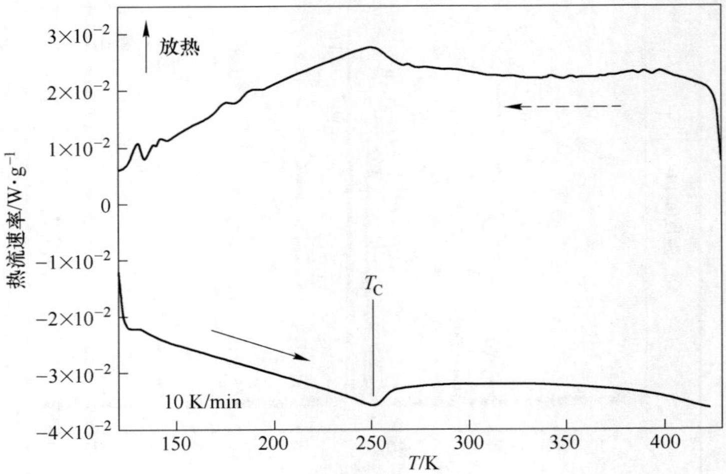

图 6.27　快淬 $MnV_{0.02}CoGe_{0.99}$ 条带冷却和加热的 DSC 曲线

图 6.28 为快淬 $MnV_{0.02}CoGe_{0.99}$ 条带在 T_C 附近测得的磁化和退磁过程等温磁化曲线 $M(H)$ 和相应的 Arrott 曲线。如图 6.28（a）所示，在低于 T_C 的温度范围内，在外加磁场下，条带具有显著的铁磁性，但在 1 T 的磁场下难以饱和。在磁场向上和磁场向下的圆（箭头所示）之间几乎为零磁滞，进一步证实了磁转变的二级特性和优异的磁可逆性。在 T_C 以上的曲线中，随着温度升高至 265 K，这些条带的铁磁性逐渐减弱并转变为 PM 状态，这与 $M(T)$ 测量结果一致。图 6.28（b）中 $M(H)$ 曲线对应的 Arrott 曲线进一步揭示了二级磁相变的特征，在这个图中没有观察到拐点或负斜率。因此，这些条带中没有磁滞损失，这种温度/磁场循环可逆性对磁制冷的应用是很重要的。

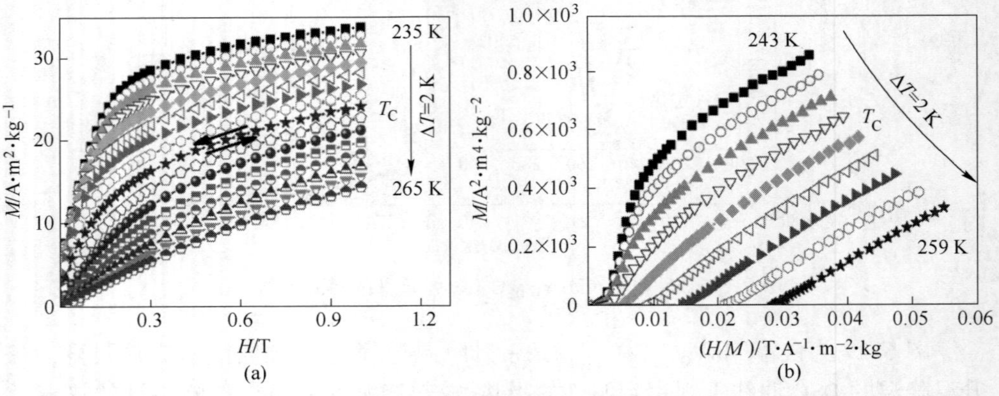

图 6.28　电场为 1 T 时，T_C 周围的等温磁化 $M(H)$ 曲线（a）和
快淬 $MnV_{0.02}CoGe_{0.99}$ 条带相应的 Arrott 曲线（b）

图 6.29 为等温 $M(H)$ 曲线使用麦克斯韦关系计算的 T_C 周围快淬条带的磁熵变，在外加磁场为 1 T 的情况下，条带呈明确的 λ 形曲线，曲线的峰值为 0.9 J/(kg · K)。制冷能力达到近 36 J/kg。由于较好的制冷能力和较低的制备成本，$MnV_{0.02}CoGe_{0.99}$ 快淬条带具有很好的应用前景。

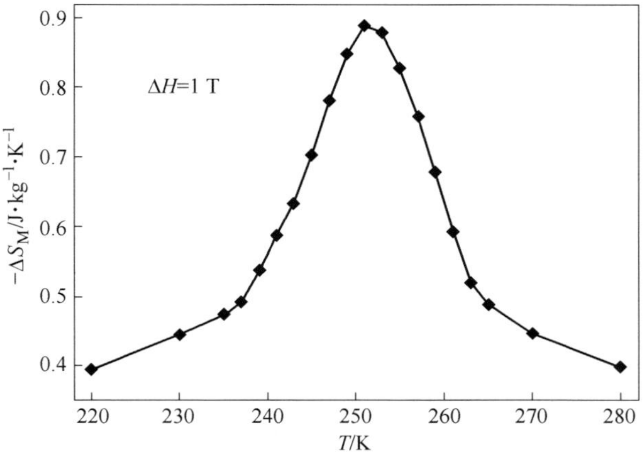

图 6.29 快淬 $MnV_{0.02}CoGe_{0.99}$ 条带的磁熵变

6.4 MnNiGe 基合金

MnNiGe 基金属间化合物作为潜在的多功能磁性材料，也吸引了越来越多人的关注。MnNiGe 基合金和 MnCoGe 基合金有相同的晶体结构，但 MnNiGe 基合金条带的相关研究较少。MnNiGe 基合金在奈尔温度（T_N 约为 346 K）以下具有螺旋的反铁磁结构，在室温下其晶体结构为正交的 TiNiSi 结构（空间群 *Pnma*）；在顺磁区域 470 K 时，会发生一个从低温正交 TiNiSi 向高温六角的 Ni_2In（$P6_3/mmc$）的结构相变。为了在 MnNiGe 基合金中使磁相变和结构相变同时发生并伴随磁化强度的突变，主要有以下两种方式：一种是通过过渡金属元素或主族元素取代和过渡金属元素缺位来降低结构相变温度，另一种是使 MnNiGe 基合金发生从铁磁 TiNiSi 结构到顺磁 Ni_2In 结构的磁结构相变，这种方法除了要降低合金的结构相变温度，还要使反铁磁 TiNiSi 结构转变为铁磁结构。

6.4.1 Fe 掺杂 MnNiGe 基条带合金

6.4.1.1 Fe 掺杂 $MnNi_{1-x}Fe_xGe$

通过过渡金属元素取代制备了 $MnNi_{1-x}Fe_xGe$（$x=0.15$，0.18）合金退火条带（800 ℃，1 h）[23]。图 6.30 为 $MnNi_{1-x}Fe_xGe$（$x=0.15$，0.18）合金退火条带

断面和自由面的显微结构。从图 6.30（a）中可以看到柱状晶结构有序地垂直于条带表面生长，并且在这种速凝条带中形成了一定的织构。从图 6.30（b）中可以看到整个自由表面上晶粒都相对均匀，晶粒间间隙较小，平均晶粒尺寸为 4.16 μm。通过扫描电子显微镜的能谱分析确定退火条带的元素成分为 $Mn_{1.01}Ni_{0.82}Fe_{0.15}Ge_{1.02}$。

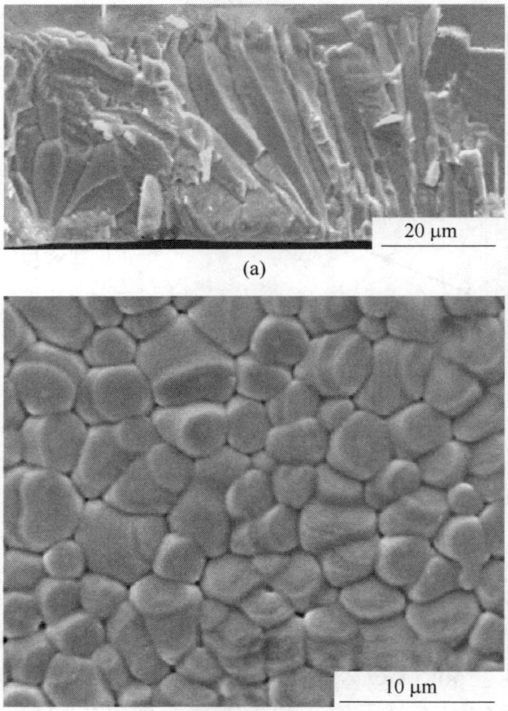

图 6.30　$Mn_{1.01}Ni_{0.82}Fe_{0.15}Ge_{1.02}$ 合金退火条带断面（a）和自由面（b）的 SEM 照片

为了确定两个退火条带样品的晶体结构，测量了这两个样品在室温下的 XRD 衍射图谱。如图 6.31 所示，从图中可以看到两个退火条带主要是六角 Ni_2In 型结构（空间群 $P6_3/mmc$），表明这两个样品中的 Ni_2In 相在室温下被稳定。经过计算，两个样品的晶格常数分别为 $a=0.40932$（6）nm，$c=0.53986$（5）nm；$a=0.40918$（6）nm，$c=0.53899$（2）nm，可以看到，Fe 含量的增加使得晶格常数减小，从而改变了 Mn-Mn 间距，使得 Ni_2In 结构更加稳定，从而降低了合金结构相变温度。从图 6.31 插图中放大的 XRD 图谱可以看到一些正交 TiNiSi 型结构的痕迹，表明在这两个样品中发生了结构相变，并且结构相变温度 T_t 稍低于室温。

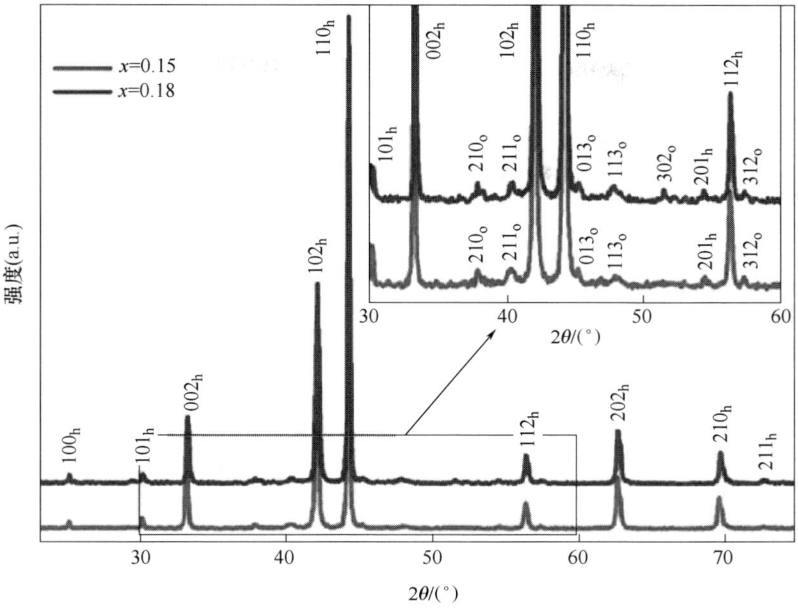

图 6.31 $MnNi_{1-x}Fe_xGe$ 合金条带室温下的 XRD 衍射图谱

如图 6.32 所示，测量了两个退火条带样品在 $\mu_0H=0.3$ T 和 $\mu H=2.5$ T 的磁场下，温度区间为 50~400 K 的热磁曲线。从图 6.32（a）中可以看到，$x=0.15$ 的样品在低温时为铁磁态，随着温度的升高，在温度 T_t 时会发生一个剧烈的从铁磁 TiNiSi 到顺磁 Ni_2In 的磁结构相变，在这个相变中产生了 18 K 的热滞，说明其为一级相变；从 6.32（a）插图的 dM/dT 曲线中可以得到磁结构相变温度 T_t 约为 288 K，当磁场从 0.3 T 增加到 2.5 T 时［见图 6.32（b）］，样品的相变类型和相变温度均没有发生明显变化，也是在 288 K 左右发生一个一级的磁结构相变。当 $x=0.18$ 时，样品发生相变的情况和 $x=0.15$ 的样品相似，在外加磁场为 0.3 T 时同样会发生一个铁磁 TiNiSi 到顺磁 Ni_2In 的磁结构相变，但外加磁场在从 0.3 T 增加到 2.5 T 后，其结构相变温度和热滞分别从 276 K 和 26 K 减小到 274 K 和14 K，表明磁场的增加降低了结构相变温度并使其热滞减小。如图 6.32（c）所示的 DSC 曲线，在升降温过程中出现的吸放热峰以及存在的热滞也可以证明在这两个样品中发生了一级的磁结构相变；在升温过程中两个样品的曲线分别在 290 K 和 276 K 出现峰值，这与磁性测量的相关数据相吻合。

在两个样品中均发生了从铁磁 TiNiSi 结构到顺磁 Ni_2In 的磁结构相变，表明 Fe 原子的掺杂使得在 $MnNi_{1-x}Fe_xGe$ 合金条带的 TiNiSi 态中建立了铁磁相互作用，从而使得原本的 MnNiGe 基合金低温时的反铁磁态转变成铁磁态[34]。这个转变是来源于 Fe 原子的掺杂诱使 MnNiGe 基合金中 Mn 原子的反铁磁相互作用向铁磁

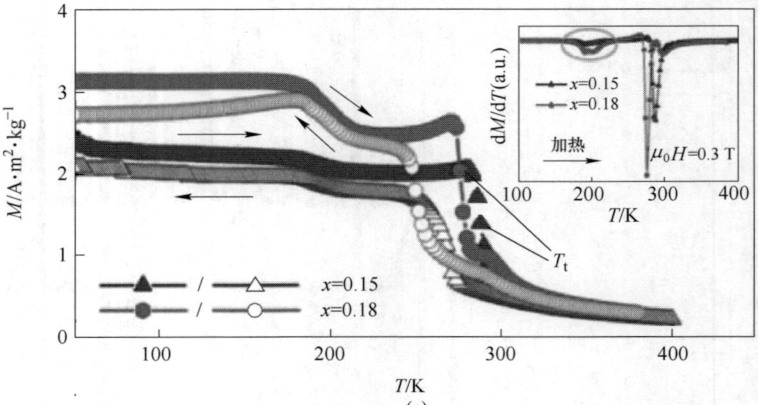

(a)

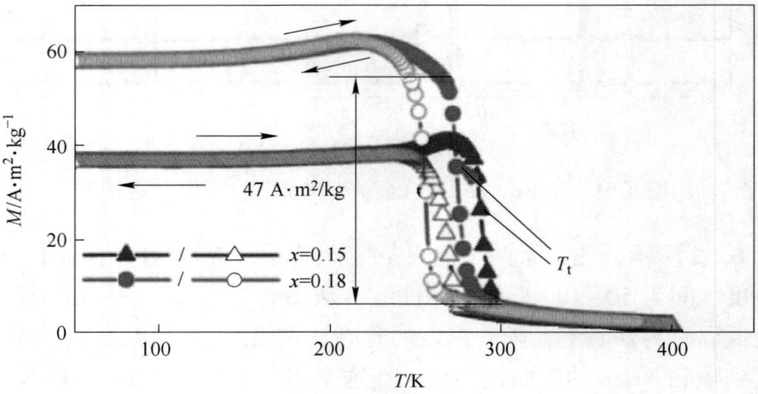

(b)

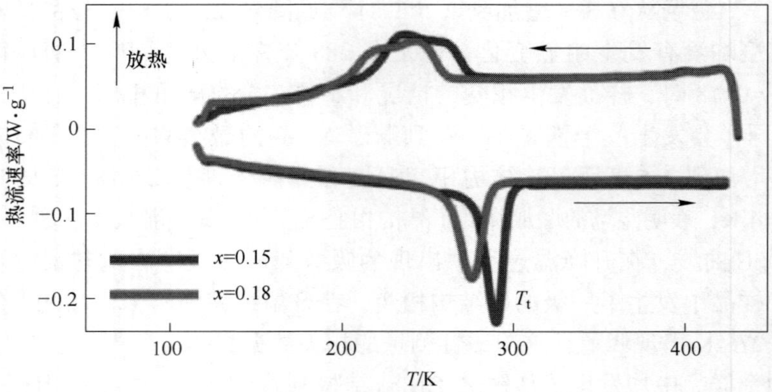

(c)

图 6.32　$MnNi_{1-x}Fe_xGe$ 合金条带的不同外磁场下的热磁曲线和 DSC 曲线

（a）$\mu_0H=0.3$ T 的热磁曲线；（b）$\mu_0H=2.5$ T 的热磁曲线；（c）DSC 曲线

转变，条带中 Fe-6Mn 原子组态取代了部分的 Ni-6Mn 原子组态从而建立了铁磁耦合，使得两个样品在低温时呈铁磁态。因此在外加磁场为 2.5 T 时，$x=0.15$ 和 $x=0.18$ 的两个样品的磁结构相变伴随的磁化强度变化量分别达到 37 A · m²/kg 和 47 A · m²/kg；此外 $x=0.18$ 的样品饱和磁化强度大于 $x=0.15$ 的样品，表明随着 Fe 原子掺杂量的增加，铁磁相互作用得到了增强[19]。

由于磁性状态的转变，两个条带在低温下显现出复杂的磁性行为。首先，确认了条带在低温下是呈铁磁态［见图 6.32（a）］，随着温度的升高，条带中 $x=0.15$ 和 $x=0.18$ 的两个样品分别在 242 K 和 234 K 发生一个类磁相变行为并且伴随着磁化强度的减小。随着温度继续升高，可以看到磁化强度又随之上升直到两个条带分别在 280 K 和 270 K 发生磁结构相变，这个过程表明在 TiNiSi 态时这两个条带合金存在内在的反铁磁相互作用。当磁场增加到 2.5 T 时，出现了如图 6.32（b）的差异，两个样品在发生磁结构相变前磁化强度随着温度的增加而单调增加，表明通过施加更大的磁场可以使这两个条带中内在的不稳定的反铁磁态转变为铁磁态，磁化强度单调增加则说明反铁磁没有完全转变为铁磁，反铁磁和铁磁的相互作用之间存在一定的竞争。

在等温磁化曲线中，反铁磁与铁磁之间的交换和竞争表现得更加明显，如图 6.33 所示。图 6.33（a）中的插图是 $x=0.15$，温度分别为 50 K、240 K、279 K 的等温磁化曲线，在温度为 50 K 时展现了一个明显的铁磁态的磁化过程，磁场到 3 T 的时候磁化强度还没达到饱和，表明 $x=0.15$ 的样品在低温下存在铁磁耦合；当温度增加到 240 K，磁化强度随着磁场的增加而线性增加，在 0.67 T 的时候出现了个拐点，但是在磁场达到 3 T 后也没有饱和的趋势，说明在 240 K 时呈反铁磁态；当温度增加到 279 K 后，随着磁场的增加，反铁磁与铁磁之间存在竞争，当磁场增加到 2.4 T，反铁磁完全转变为铁磁，在 3 T 磁场下饱和磁化强度为 33.4 A · m²/kg。上面所述均与磁性测量结果相符合。磁结构相变温度附近的等温磁化曲线［见图 6.33（a）］，与 279 K 时类似，被明显地分为 3 个区域：（1）小磁场下的弱磁区，随着磁场增加，磁化强度缓慢增加。（2）当磁场增大到临界场 H_{cr}后，磁化强度突然增加，并且增加得越来越快。在这个过程中存在一个复杂的反铁磁和铁磁之间的竞争并且向铁磁转变。（3）Fe 原子的引入导致了一个铁磁化的过程。此外，发生了场诱导的变磁性转变，在 TiNiSi 态时本身的反铁磁耦合转变为铁磁，当磁场增加到饱和场 H_{sf}时，反铁磁相互作用完全转变为铁磁相互作用，最终转变为铁磁态。需要注意的是，这个饱和场随着温度的升高显著降低，这与正分的 MnNiGe 保持一致，进一步说明在其内部存在反铁磁耦合，但是温度增加会导致更强的铁磁耦合，所以温度升高使完成反铁磁到铁磁的转变场降低。

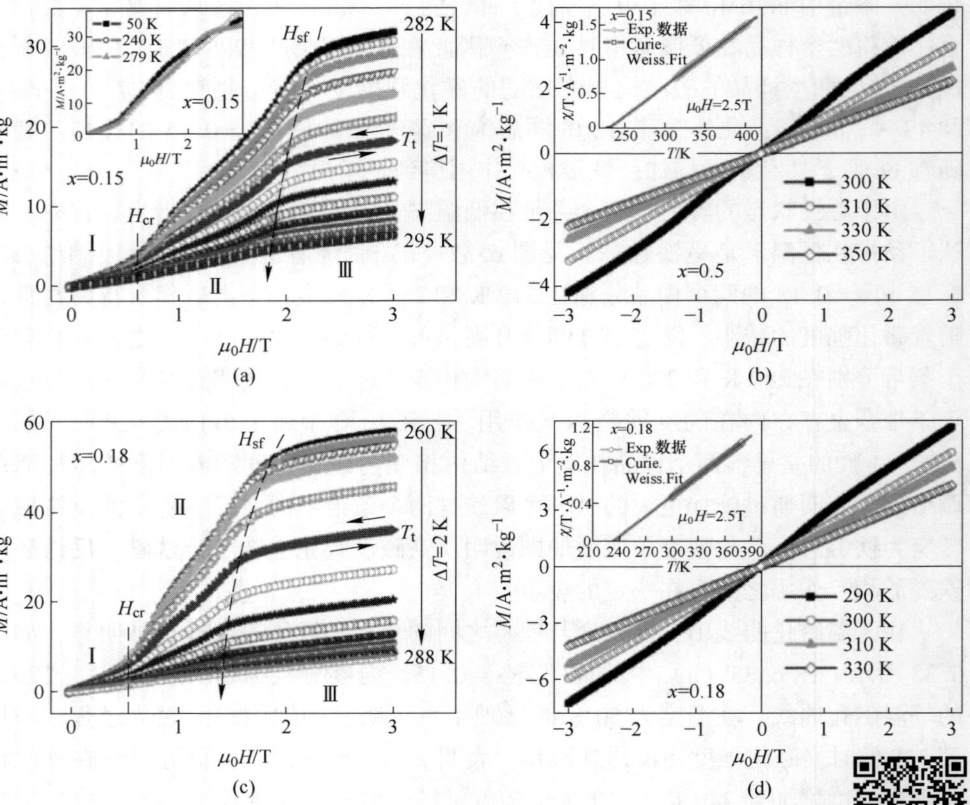

图 6.33　$MnNi_{1-x}Fe_xGe$ 合金条带的等温磁化曲线

彩图

当温度增加到 300 K，如图 6.33（b）所示，样品呈现出铁磁态，虽然很弱，但是能够看出已经没有变磁性相变的迹象，证明在这个温度下反铁磁态已经完全转变成铁磁态。继续增加温度，所有温度下磁化强度均随着磁场线性增加。$x=0.15$ 的样品磁化率随着温度变化的曲线如图 6.33（b）中插图所示，磁化率随着温度的增加而线性增加，这与居里外斯定律相符合，所有的结果都表明样品在高温区域已经呈顺磁态。由居里外斯定律拟合得到的居里常数和顺磁居里温度值分别为 113.25 K 和 227 K。

x 为 0.18 时样品的等温磁化曲线如图 6.33（c）所示，这与 $x=0.15$ 的样品类似，不同的是，由于 Fe 原子掺杂量的增多，$MnNi_{0.82}Fe_{0.18}Ge$ 合金的铁磁相互作用加强，所以其饱和磁化强度变大，饱和场 H_{sf} 变小。例如 $x=0.15$ 和 $x=0.18$ 的两个样品在磁结构相变温度 T_t 下测量的饱和磁化强度和饱和场分别为 18.2 A · m²/kg，2.1 T 和 36.1 A · m²/kg，1.6 T。与 $x=0.15$ 的样品相似，$x=0.18$ 的样品在 290 K 时呈较弱的铁磁态，表明此温度下样品反铁磁态已经完全转变成铁磁态，继续升高温度样品呈顺磁态，如图 6.33（d）所示。

除此之外，在两个样品的等温磁化曲线中几乎都没有观察到磁滞，说明它们拥有优异的磁可逆性。与此同时，在反铁磁转变成铁磁后，当磁场增加到 3 T，两个样品中均没有观察到场诱导的从顺磁 Ni_2In 相到铁磁 TiNiSi 相的变磁性马氏体相变，这与 MnCoGe 基合金很相似，表明增加磁场不是一种触发 MnNiGe 基合金马氏体相变的有效的方法[35]。

通过麦克斯韦关系计算，分别计算了各个样品在不同磁场下的磁熵变值。$MnNi_{1-x}Fe_xGe$（x=0.15,0.18）合金的磁熵变随温度变化曲线如图 6.34 所示，由于在两个条带中获得了剧烈的铁磁 TiNiSi 结构到顺磁 Ni_2In 结构的磁结构相变，因此在室温下获得了较大的等温磁熵变峰值。从图 6.34 中可以观察到当磁场变化为 0~3 T，x=0.15 和 x=0.18 两个样品分别在 287 K 和 270 K 得到的最大磁熵变值为 4.7 J/(kg · K) 和 9.1 J/(kg · K)，这些值可以和很多 MnNi(Co)Ge 基合金和一些著名的磁热效应材料相媲美甚至更大，例如在 5 T 外磁场下，$MnNiGe_{0.91}Al_{0.09}$ 合金的磁熵变峰值为 17.6 J/(kg · K)[17]，$MnNi_{0.77}Fe_{0.23}Ge$ 合金的磁熵变峰值为 19 J/(kg · K)[19]，$Mn_{0.82}Cr_{0.18}CoGe$ 合金的磁熵变峰值为 15.6 J/(kg · K)[11]。制备的这些条带样品的优异的磁可逆性和负的磁熵变预示着它们适用于磁制冷的实际应用。

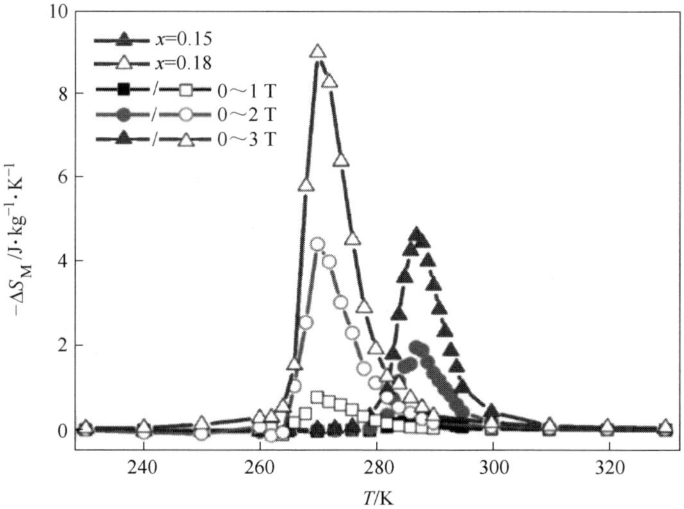

图 6.34 $MnNi_{1-x}Fe_xGe$ 合金条带的等温磁熵变曲线

为了进一步地细化研究，又针对升降温次序测试了等温磁化曲线[36]。如图 6.35（a）和（b）所示，当在加热过程中测量 $M(H)$ 曲线时，这两种退火合金条带的临界场（H_{cr}）和饱和场（H_{sf}）之间发生了反铁磁态到铁磁态的转换和竞

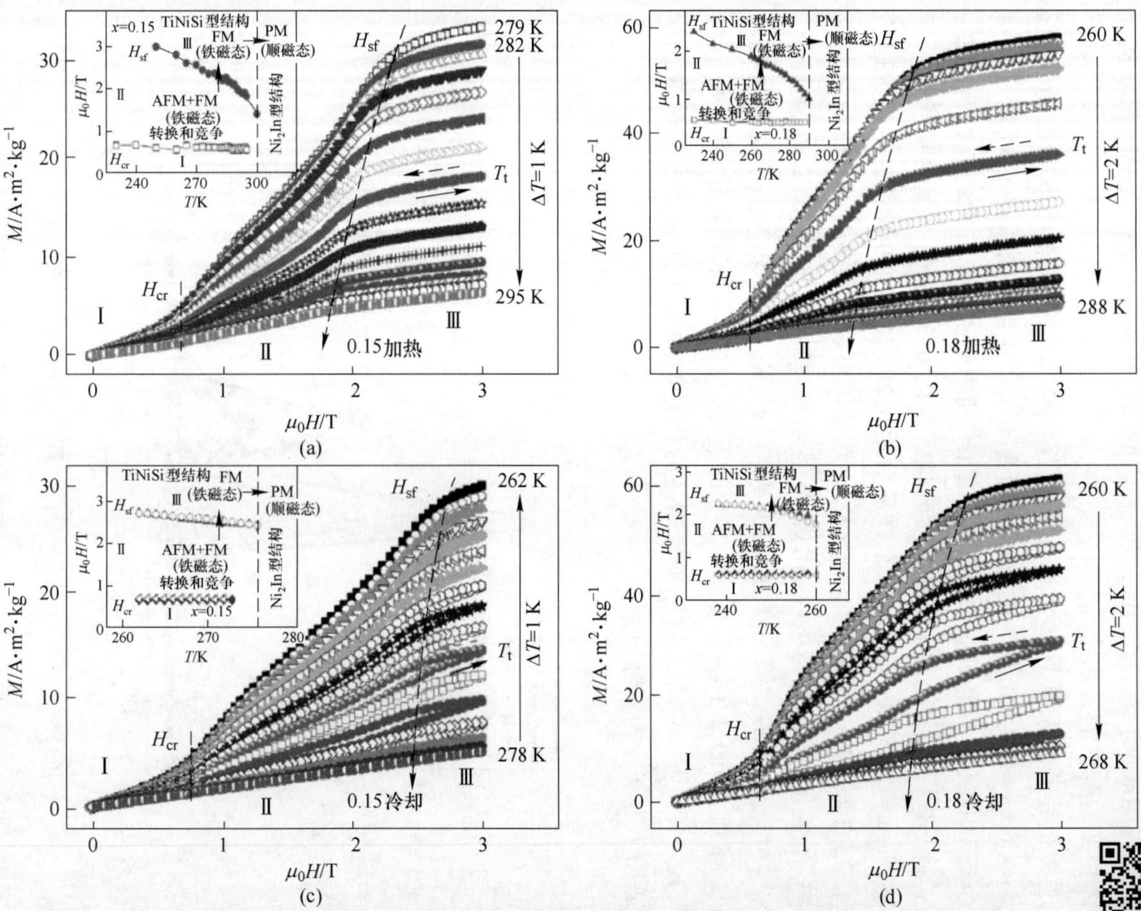

图6.35　$MnNi_{1-x}Fe_xGe$合金条带在T_t附近通过磁场上升和磁场下降过程测量的等温磁化曲线

(a) x=0.15,加热；(b) x=0.18,加热；(c) x=0.15,冷却；(d) x=0.18,冷却

彩图

争。内部铁磁交换耦合应该是由 MnNiGe 基化合物中的 Fe 取代引起的本征反铁磁相互作用建立的，这导致 H_{cr}和 H_{sf}之间的类变磁行为。H_{sf}随着温度的升高而降低，这可能是由更多的 FM 耦合引起的。当外加磁场大于 H_{sf}时，仅由温度引起的铁磁到顺磁转变发生，并且在整个过程中几乎观察到零磁滞[37]。

图 6.35（c）和（d）显示的是在冷却过程中测量的 $M(H)$ 曲线，其表现出与加热过程中测量的磁化行为非常相似。然而，在 T_t附近的冷却运行下测量的磁化和退磁过程之间观察到明显的磁滞，特别是 $x=0.18$ 的合金条带。同时，代表反铁磁态到铁磁态转换和竞争过程的磁场区间相比这两个退火合金条带变得非常宽，即 H_{sf}在 T_t周围增大很多。同时，H_{sf}显示出明显缓慢的下降趋势，且随着温度的升高仍然会下降，如图 6.35（c）和（d）及其插图所示。T_t附近的 $M(H)$ 曲线，尤其是磁化时的曲线，相对难以饱和。

磁滞的存在不可避免地影响磁热性质。在升温和冷却过程中 $MnNi_{1-x}Fe_xGe$（$x=0.15$，0.18）合金在 $H=0\sim3$ T 变化下磁熵变曲线随温度的变化如图 6.36 所示。在升温过程中，这两个合金条带获得的最大磁熵变值分别为约 4.7 J/(kg · K)、9.1 J/(kg · K)。相比之下，冷却后，这两个合金条带的最大磁熵变值变得略小，分别为约 3.4 J/(kg · K)、约 8.8 J/(kg · K)。

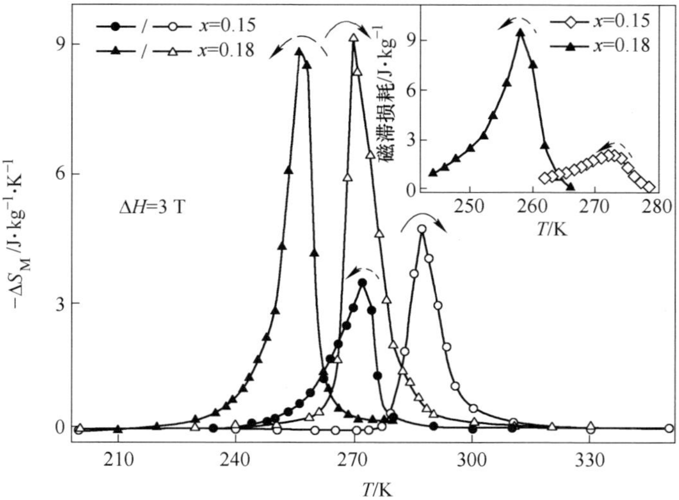

图 6.36 $MnNi_{1-x}Fe_xGe$ 合金条带在升温和降温下的等温磁熵变曲线

图 6.37 为场循环对这两个合金条带的反铁磁到铁磁状态之间的转换和竞争的影响。首先观察到第一和第三象限中近乎完美对称的 $M(H)$ 曲线两部分，与 $Ni_{45}Co_5Mn_{36.6}In_{13.4}$和 $Ni_{43}Co_7Mn_{39}Sn_{11}$合金的非常相似[38-39]。当对合金条带施加磁场并沿负方向磁化时，磁滞几乎消失。综上所述，当外加磁场从 H_{cr}增加到 H_{sf}时，Fe 替代 MnNiGe 基合金在第一个循环中，本征反铁磁状态逐渐转变为铁磁状

态。在第二个循环中，当磁场从 3 T 减小到 0 T 时，观察到明显的磁滞，这表明较高部分的磁场可以感应到铁磁马氏体状态，并且在退磁过程期间不可恢复。因此出现了磁滞现象，它代表了磁场向下和磁场向上过程之间的不可逆性。在第三个循环后的循环中，所有 M（H）曲线都将包含场诱导的马氏体。在整个等温过程中，母体马氏体相和铁磁马氏体相的体积分数不再发生变化，不依赖于施加磁场的方向。因此，$M(H)$ 曲线中不存在磁滞现象。第五个周期的 $M(H)$ 曲线与第二个周期的 $M(H)$ 曲线几乎重合，这更加清楚地说明了之前的讨论和分析，如图 6.37（a)(b）及其右下插图所示。

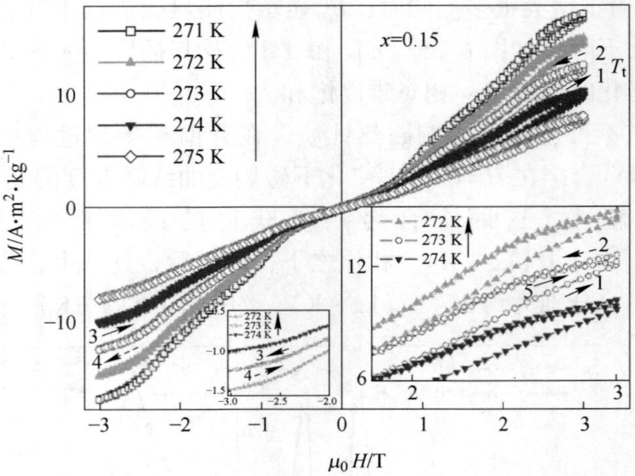

(a)

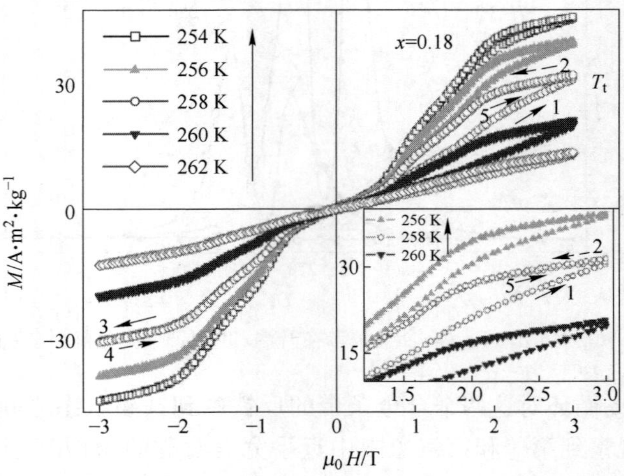

(b)

图 6.37　$x=0.15$（a）和 $x=0.18$（b）的条带冷却后在接近 T_t 的几个温度下测量的 $M(H)$ 环

6.4.1.2 Fe 掺杂 $Mn_{1-x}NiFe_xGe$

通过对 $MnNi_{1-x}Fe_xGe$ 合金退火条带磁性的研究发现该样品在低温时本应该的反铁磁态转变成了铁磁态，表明 Fe 原子的掺杂使得在 $MnNi_{1-x}Fe_xGe$ 合金的 TiNiSi 态建立了铁磁相互作用，使得铁磁态和反铁磁态之间相互竞争，通过磁场诱导反铁磁会向铁磁转变。当其完全转变成铁磁态后，通过温度诱导可以观察到从铁磁 TiNiSi 结构到顺磁 Ni_2In 的磁结构相变。除了 Fe 替代部分 Ni 以外，又对 Fe 替代 Mn 进行了相关研究，探究 Fe 原子的掺杂对 $Mn_{1-x}NiFe_xGe$ 合金条带的晶体结构、磁相变和磁热效应的影响。

通过过渡金属 Fe 元素取代制备了 $Mn_{0.96}Fe_{0.04}NiGe$ 合金退火条带（800 ℃，1 h）。图 6.38 是退火的 $Mn_{0.96}Fe_{0.04}NiGe$ 条带的断裂横截面（a）和自由面（b）的典型 SEM 图像。如图 6.38（a）所示，首先观察到沿断裂横截面生长的有序柱状晶粒，这进一步证明了通过用熔体快淬的速凝条带形成织构化。而自由面显示出存在等轴晶化晶粒，如图 6.38（b）所示。$Mn_{0.96}Fe_{0.04}NiGe$ 条带的晶粒尺寸分布是相对不均匀的，晶界相当清晰。此外，在颗粒表面上有一些突起。

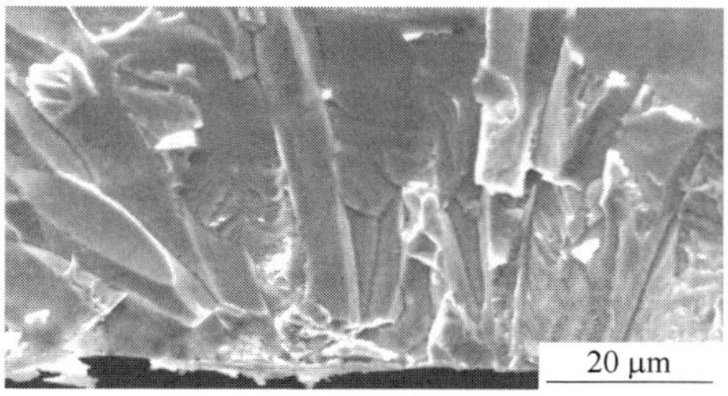

(a)

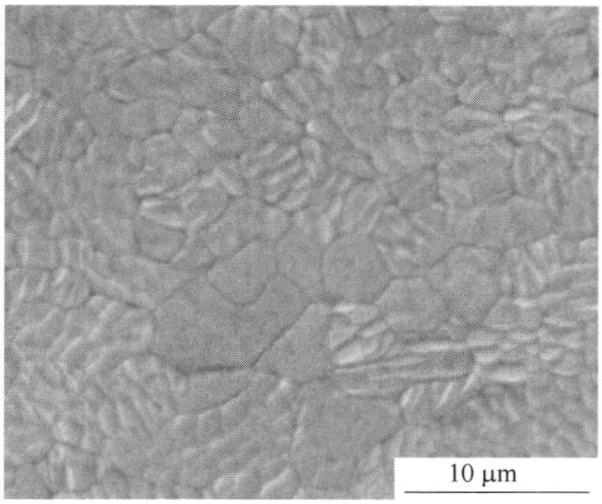

(b)

图 6.38 退火后 $Mn_{0.96}Fe_{0.04}NiGe$ 条带的断裂横截面（a）和自由面（b）的典型 SEM 图像

图 6.39 为 $Mn_{0.96}Fe_{0.04}NiGe$ 条带在室温下的 XRD 衍射图谱，主要是六角

Ni_2In 型结构和正交 TiNiSi 结构，表明在室温附近出现结构相变，这与 $MnNi_{1-x}Fe_xGe$(x=0.15,0.18)条带体系的结构相变类似。值得注意的是，少量的 Fe 取代 Mn 位而不是 Ni 位，可以将 MnNiGe 基合金的结构相变温度降低到接近室温。条带样品的晶体参数为 a=0.4084 nm 和 c=0.5400 nm，V=0.07801 nm^3。与退火态的 $MnNi_{1-x}Fe_xGe$ 条带相比，Fe 对 Mn 位的少量取代使 a 显著减小，c 显著增大，从而使 c/a 显著增大（约 1.322）。

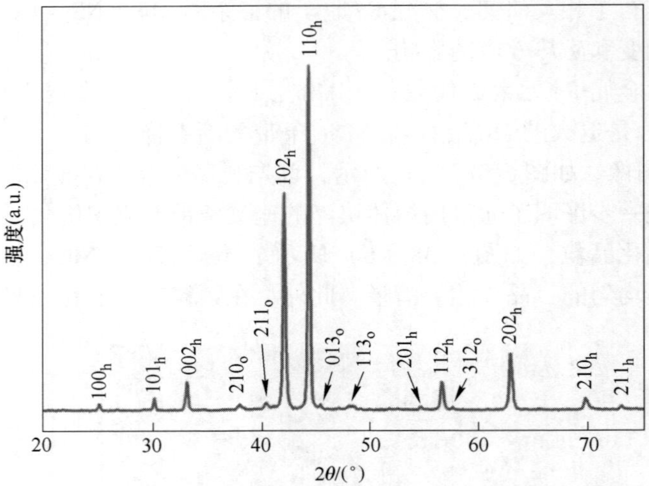

图 6.39　$Mn_{0.96}Fe_{0.04}NiGe$ 合金条带室温下的 XRD 衍射图谱

对 $Mn_{0.96}Fe_{0.04}NiGe$ 条带进行了性能、DSC 和磁性测量。如图 6.40 所示，升温和冷却 DSC 曲线中出现的当 T_{hys} 约为 34 K 时针状吸热/放热峰证明了 $Mn_{0.96}Fe_{0.04}NiGe$条带中具有一级相变的特征。结合 XRD 结果得到，$Mn_{0.96}Fe_{0.04}NiGe$ 条带中应该发生耦合导致磁结构相变，这与 $MnNi_{1-x}Fe_xGe$（x = 0.15, 0.18）条带类似。值得注意的是，$Mn_{0.96}Fe_{0.04}NiGe$ 条带的加热峰值温度约 304 K，即相变温度更接近室温，比 $MnNi_{1-x}Fe_xGe$ 条带更有利于实际应用。

为了进一步研究磁转变，特别是磁场对 $Mn_{0.96}Fe_{0.04}NiGe$ 条带磁结构转变的影响，在不同的外加磁场下进行了热磁测量。如图 6.41（a）所示，在 0.1 T 外加磁场下，随着温度的升高，$M(T)$ 曲线中的磁化强度在约 305 K 处呈现突然下降发生急剧的磁转变。如图 6.41（a）中插图所示，T_{hys} 约为 25 K 体现了这种磁转变一级相变的特征。转变温度（约 305 K）与 DSC 测量确定的温度（约 304 K）非常一致。如图 6.41（b）所示，当施加的磁场增加到 0.3 T 时，类磁转变出现一个下降。如图 6.41（c）所示，随着磁场增加到 1.0 T，类似磁转变的现象消失了，而且凹陷形成了一个宽阔的凸起。当磁场进一步增加到 2.5 T 时，凸起最终消失，在低温范围内观察到几乎完全平坦的 $M(T)$ 曲线，直到开

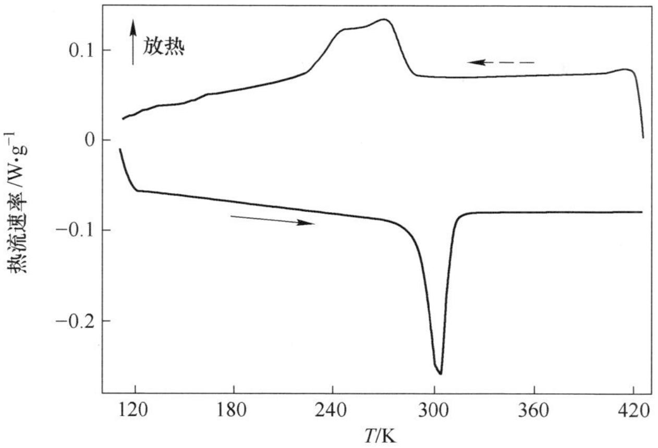

图 6.40 退火 $Mn_{0.96}Fe_{0.04}NiGe$ 合金条带在 10 K/min 速率下的升温和冷却 DSC 曲线

始发生仍然陡峭的磁转变。由上述可知，当外加磁场从 0.1 T 增加到 2.5 T 时，室温附近发生的磁性转变的陡度和转变温度几乎不受影响，而在相对较低的温度下出现的类磁性转变逐渐减弱并最终消失。

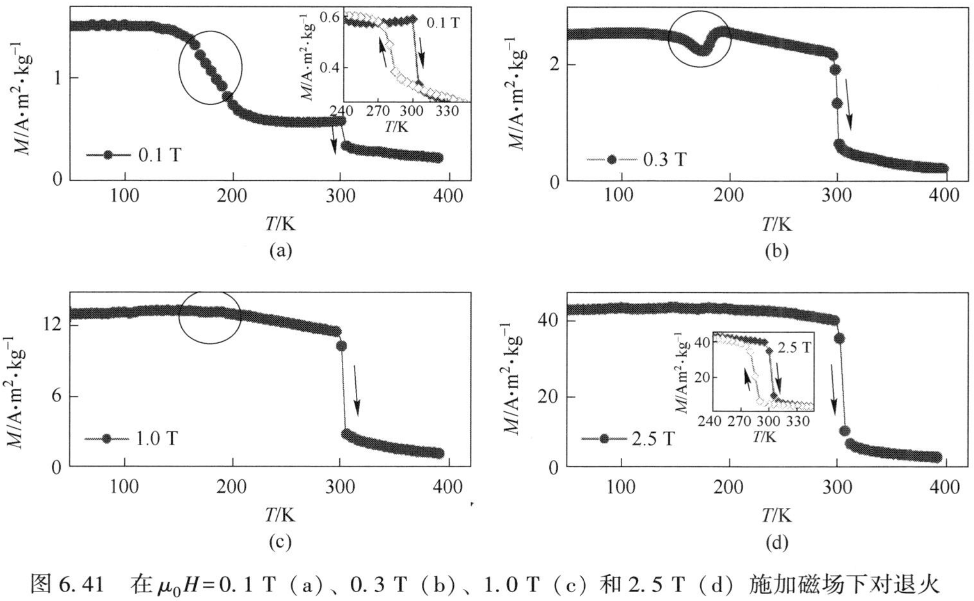

图 6.41 在 $\mu_0 H$=0.1 T（a）、0.3 T（b）、1.0 T（c）和 2.5 T（d）施加磁场下对退火 $Mn_{0.96}Fe_{0.04}NiGe$ 条带进行加热时测得的 $M(T)$ 曲线

［（a）和（d）中的插图表示加热和冷却时测量的 $M(T)$ 曲线］

如图 6.42（a）所示，反铁磁到铁磁转变的发生也可以通过 $M(H)$ 曲线呈现

的反铁磁到铁磁的转变和竞争过程来证明，使用环路法[18-19]测量了 $Mn_{0.96}Fe_{0.04}$NiGe条带的 $M(H)$ 曲线。从图 6.42（b）可以看出，$Mn_{0.96}Fe_{0.04}$NiGe 条带在 0~5 T 磁场变化下，获得了 11.3 J/(kg · K) 的大 $-\Delta S_M$ 峰值。

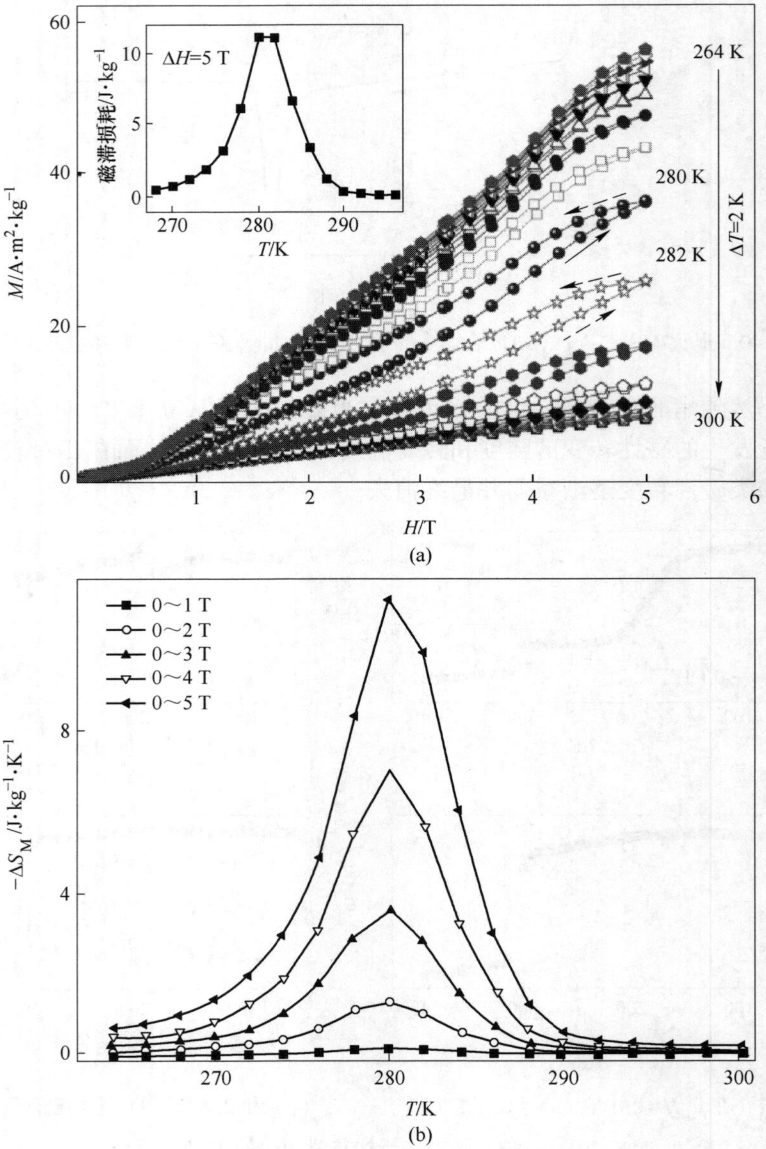

图 6.42　$Mn_{0.96}Fe_{0.04}$NiGe 条带采用环路法测得的 M（H）曲线和在磁场变化下的 $-\Delta S(T)$ 曲线

（a）$M(H)$ 曲线；（b）$-\Delta S(T)$ 曲线

为了探究不同比例 Fe 元素的掺杂对 MnNiGe 样品的影响，通过过渡金属 Fe 元素取代制备了 $Mn_{0.94}Fe_{0.06}NiGe$ 和 $Mn_{0.90}Fe_{0.08}Ni_{0.97}Ge_{1.05}$ 合金退火条带（800 ℃，1 h）[40]，以下将其分别称为 Fe6 和 Fe8。图 6.43 为 Fe6 条带的断裂横截面（a）、自由面（b）和 Fe8 条带的自由面的典型 SEM 图像。从图 6.43（a）来看，有序的柱状晶结构垂直于条带表面生长，表明这些速凝条带成为完美的织构。在图 6.43（b）（c）中，Fe6 和 Fe8 样品的自由面显示了颗粒状微观结构，晶界清晰。相对较大的晶粒聚集在中间，大量的小晶粒分布在显微照片的底部和顶部，包含小等轴颗粒的窄带状区域被较大的颗粒夹在中间，这些颗粒排列有序，形状狭长，形成一个分离的区域；两种尺寸显著不同的颗粒表明，这些带在室温下应该显示混合相。

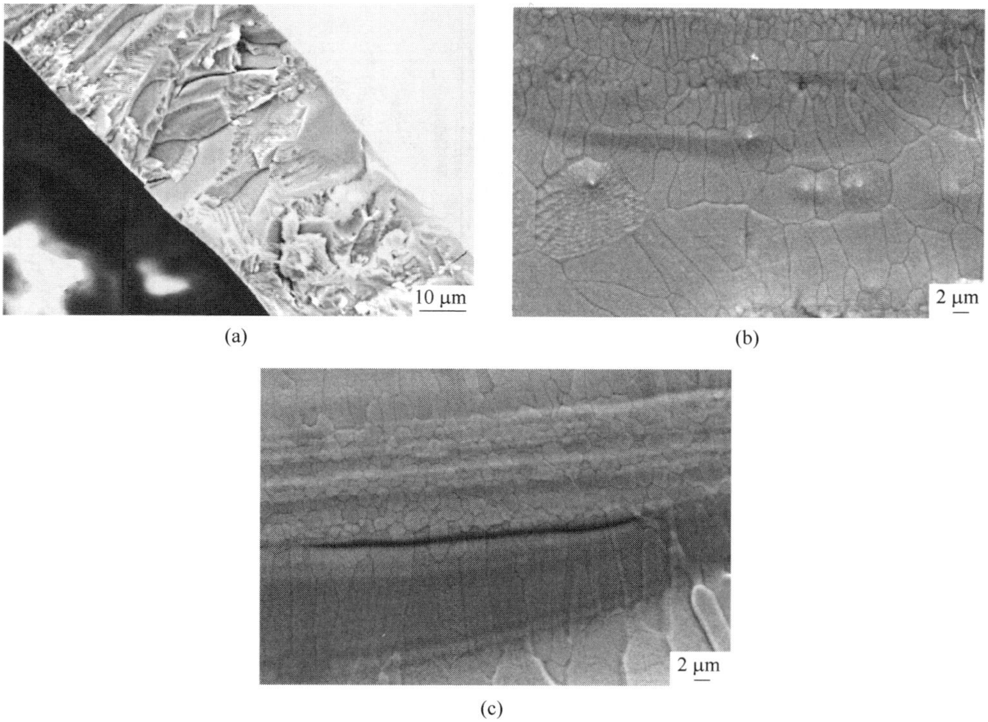

图 6.43　Fe6 条带的断裂横截面（a）、自由面（b）和 Fe8 条的自由面（c）的典型 SEM 图像

混合相可以通过室温下的 XRD 测量得到进一步证实。图 6.44 为 Fe6 和 Fe8 条带的 XRD 图谱。图 6.44（a）中显示了 Fe6 为正交 TiNiSi 型结构和六角 Ni_2In 型结构的混合物。其正交结构和六角结构的晶格参数分别为 $a=0.6025$（2）nm，$b=0.3761$（4）nm，$c=0.7090$（3）nm 和 $a=0.4092$（2）nm，$c=0.5466$（3）nm，所以混合物为两相共存并且主要相为正交 TiNiSi 型结构，表明结构发生转变且

T_{st}接近但高于室温。而对于 Fe8 样品，如图 6.44（b）所示，表明了 Fe8 为六角 Ni_2In 型结构，晶格参数 a = 0.4079（2）nm，c = 0.5380（2）nm。然而，从图 6.44（b）插图中的 XRD 图谱放大图来看，在主基体中明显检测到 TiNiSi 型结构，表明 Fe8 也应该发生结构相变，T_{st}略低于室温。

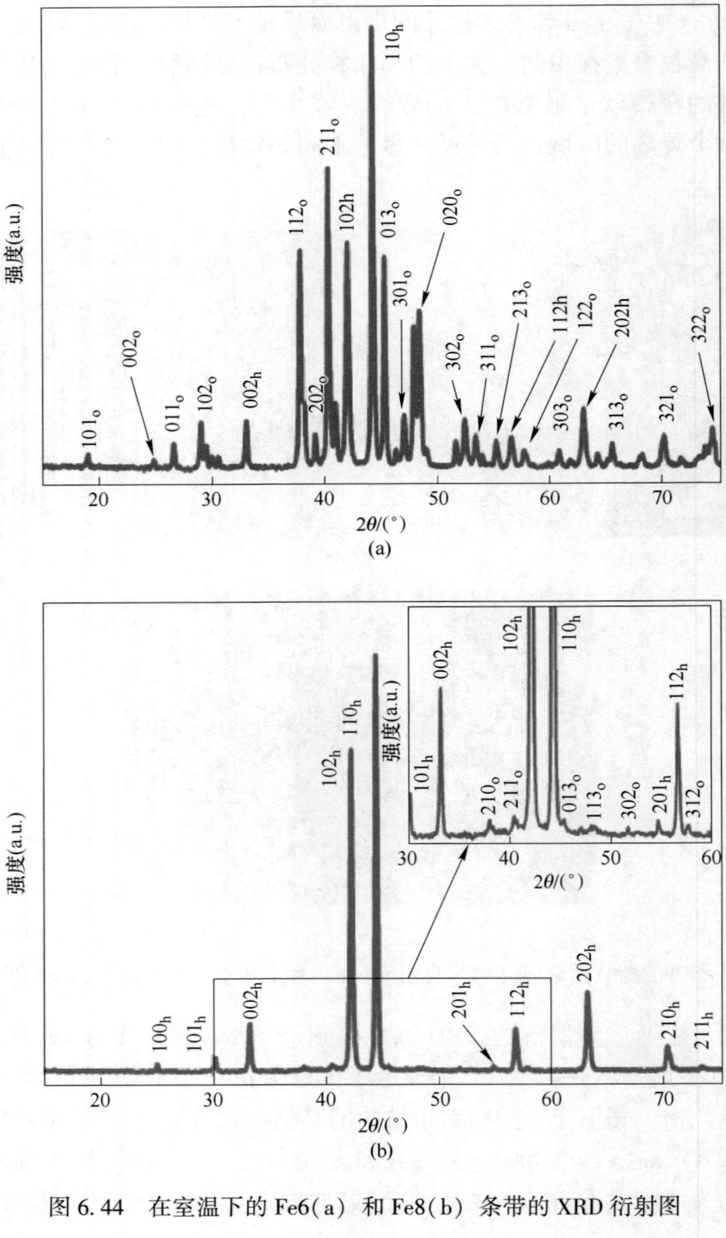

图 6.44　在室温下的 Fe6(a) 和 Fe8(b) 条带的 XRD 衍射图

为了确定结构和磁性转变，图 6.45（a）给出了 $B=0.3$ T 时 Fe6 和 Fe8 条带的 $M(T)$ 曲线。显然，这些条带分别在 T_{st}约 330 K 和约 274 K 处表现出单一的、尖锐的铁磁到顺磁的转变；热滞 T_{hys}证明了这种转变的一阶性质，表明发生了从铁磁 TiNiSi 型到顺磁 Ni_2In 型状态的紧密耦合导致磁结构相变[41-44]。如图 6.45（b）所示，当外加磁场增加到 $B=5$ T 时，观察到 $M(T)$ 曲线略微下降。随着温度的升高，在 T_{st}下发生铁磁到顺磁耦合导致的磁结构相变。

铁磁到顺磁耦合的磁结构相变表明，Fe 掺杂在这些条带的 TiNiSi 型状态中建立了铁磁相互作用，对抗固有的反铁磁耦合[45]。Fe 的掺杂导致其反铁磁排列的 Mn 磁矩转换为平行排列。因此，随着 Fe 掺杂的增加，会促进更多的反铁磁到铁磁的转换，这导致 Fe8 的 TiNiSi 型相中的磁矩大于 Fe6。同时，对于两种合金条带，在 $B=5$ T 时，由于 T_{st}的增加导致 T_{st}附近的 T_{hys}减少，这也应该归因于由磁场增加引起的更多的反铁磁到铁磁转换和铁磁状态的稳定。如图 6.45（c）所示，铁磁到顺磁耦合的磁结构相变也可以通过 DSC 曲线中的尖锐的吸热/放热峰及加热/冷却过程中的明显热滞来表现。T_{st}为加热过程时 DSC 曲线峰值对应的温度，Fe6 和 Fe8 的 T_{st}分别为 331 K 和 279 K，与磁性测量结果非常一致。

图 6.46（a）为在 T_t和 T_{st}附近的加热与磁场的上升和下降过程中 Fe6 条带的等温磁化强度 $M(H)$ 曲线。在 50 K 下的 $M(H)$ 曲线在 $B=6.5$ T 下具有 65.2 $A \cdot m^2/kg$的最大磁化强度，具有不可被观察到的磁滞。随着温度升高到 50 K以上，$M(H)$ 曲线变得相对容易饱和，饱和场（H_{sf}）显著下降。在 320 K 时，获得了典型的铁磁 $M(H)$ 曲线，其 H_{sf}为 3.0 T，M_s为 46.8 $A \cdot m^2/kg$。当磁场低于 H_{sf}时，发生了从反铁磁到铁磁状态的磁场诱导变磁性转变[46]。

利用麦克斯韦关系式系计算出了 Fe6 和 Fe8 合金条带的磁熵变，如图 6.46（b）所示。可以看出，两个合金条带在 T_{st}附近都表现出大的磁热效应，且最大磁熵变值分别为 68.7 J/(kg · K) 和 73.6 J/(kg · K)。出现大的磁熵变峰值是因为该合金在相变温度附近发生了剧烈的一级磁结构相变。此外，制冷能力（RC）作为评估磁热材料磁制冷性能的一个重要参数，通过对磁熵变曲线下的面积进行数值积分来计算。在磁场 $\Delta B=0\sim6.5$ 和 $\Delta B=0\sim5$ T 下的 Fe6 和 Fe8 合金条带其 RC 分别为 69 J/kg 和 56 J/kg，252 J/kg 和 176 J/kg，表明在制冷循环中具有较大的热转换能力。

6.4.1.3 Fe 掺杂 $Mn_{1.13}Ni_{1.03}Fe_{0.23}Ge_{0.61}$

在上述工作的基础上，还制备了 $Mn_{1.13}Ni_{1.03}Fe_{0.23}Ge_{0.61}$条带样品，其具有铁磁性和双磁相变的特性[44]。图 6.47 所示为快淬 $Mn_{1.13}Ni_{1.03}Fe_{0.23}Ge_{0.61}$条带自由面和断面的 SEM 图。从图 6.47（a）中可以看出快淬条带的晶粒尺寸较大，平均晶粒尺寸约为 1.95 μm，从图 6.47（b）可以看到垂直于带状面生长的有序柱状

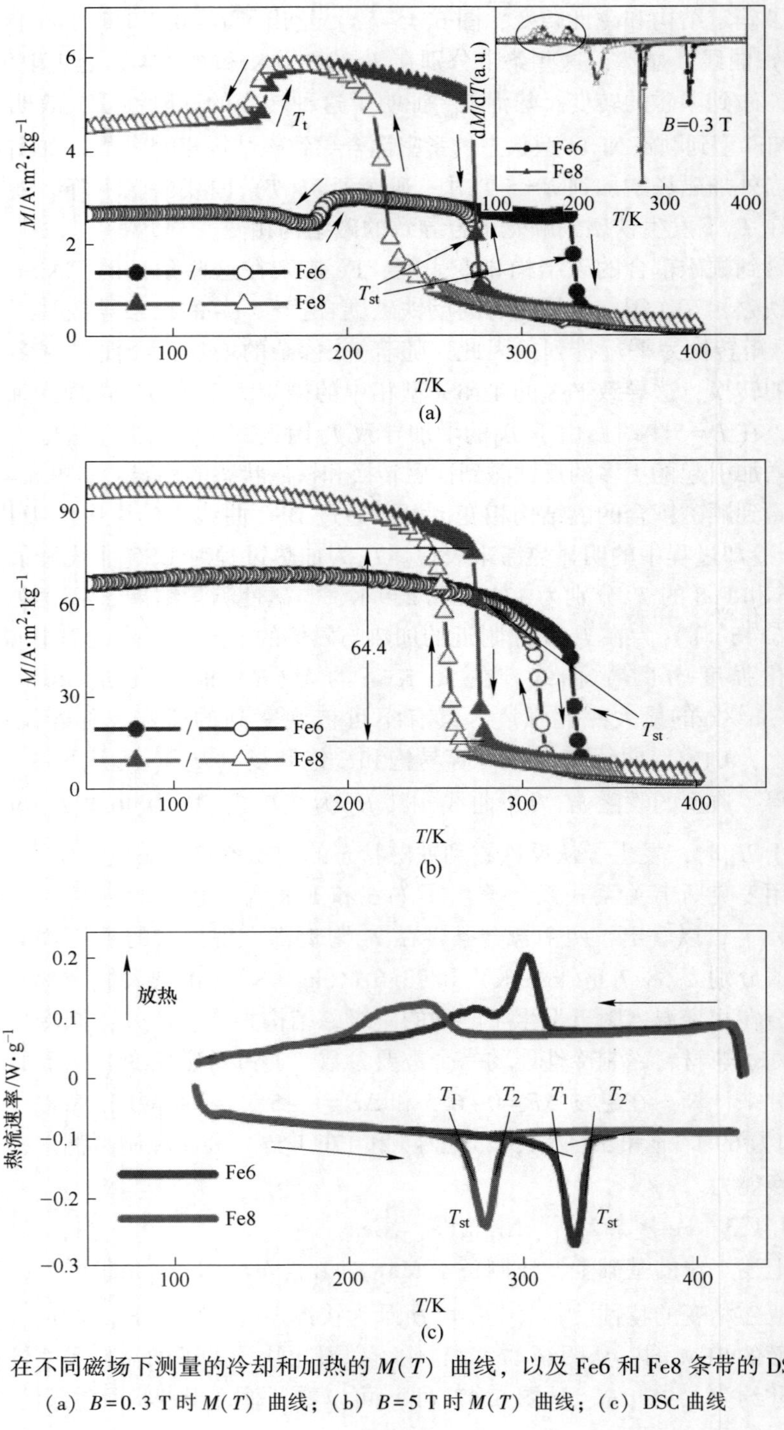

图 6.45　在不同磁场下测量的冷却和加热的 $M(T)$ 曲线，以及 Fe6 和 Fe8 条带的 DSC 曲线

(a) $B=0.3$ T 时 $M(T)$ 曲线；(b) $B=5$ T 时 $M(T)$ 曲线；(c) DSC 曲线

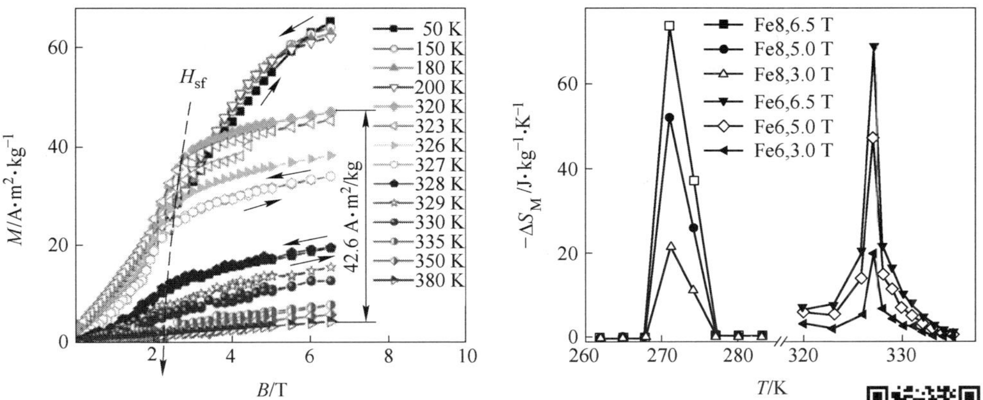

(a) (b)

彩图

图 6.46 Fe6 条带在等温磁化强度 $M(H)$ 曲线（a）和 Fe6 和 Fe8 条带磁场变化下的 $-\Delta S_M(T)$ 曲线（b）

晶粒具有清晰的晶界，表明晶粒定向生长。通过 EDS 元素分析，确定了条带的平均元素化学成分为 $Mn_{1.13}Ni_{1.03}Fe_{0.23}Ge_{0.61}$。

(a) (b)

图 6.47 快淬 $Mn_{1.13}Ni_{1.03}Fe_{0.23}Ge_{0.61}$ 条带的典型 SEM 图

（a）自由面；（b）断裂截面

如图 6.48 所示，快速淬火的 $Mn_{1.13}Ni_{1.03}Fe_{0.23}Ge_{0.61}$ 条带结晶为六角 Ni_2In 型（空间群 $P6_3/mmc$）结构，晶格参数 $a=0.41524$ nm，$c=0.54064$ nm。这一点与之前的 Mn-Ni-Ge 基样品的结果保持一致，说明条带的结构转变可能已经在室温下完成了。此外，XRD 图显示快淬条带几乎为单相 $Mn_{1.13}Ni_{1.03}Fe_{0.23}Ge_{0.61}$。

图 6.49（a）为在 $B=0.1$ T 下，在 150～330 K 内 $Mn_{1.13}Ni_{1.03}Fe_{0.23}Ge_{0.61}$ 条带的磁化强度随温度的变化。对于这些条带样品，在冷却时，首先观察到从 PM

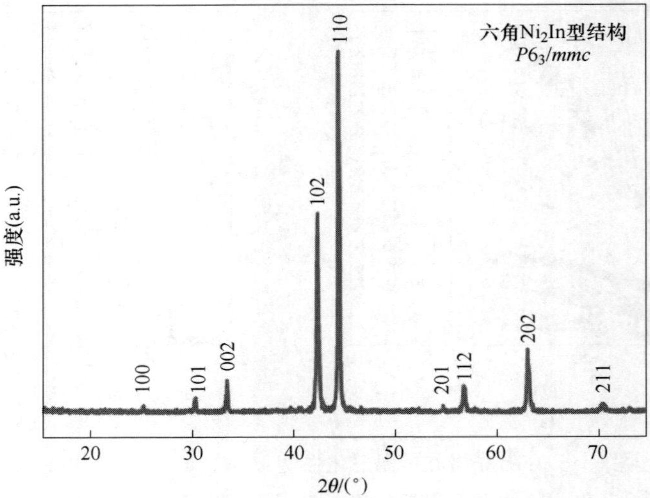

图 6.48　快淬 $Mn_{1.13}Ni_{1.03}Fe_{0.23}Ge_{0.61}$ 条带室温下的 XRD 谱图

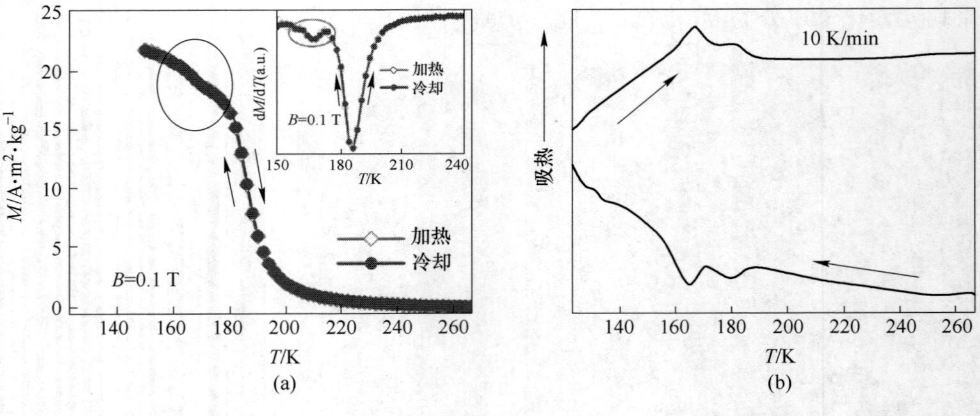

图 6.49　$Mn_{1.13}Ni_{1.03}Fe_{0.23}Ge_{0.61}$ 快淬条带的热磁曲线和 DSC 曲线

(a) 热磁曲线；(b) DSC 曲线

到 FM 状态的磁性转变，这导致了磁化强度的突然跳跃。转变温度 T_C 为 186 K。此外，零热滞证明其为二级转变。温度的降低引起了 T_t(166 K) 的第二次磁化跳变，对应于从铁磁态到铁磁态的另一次磁转变。注意，在后期磁转变中观察到约 2 K 的热滞后，表明该相变具有一阶特征。在许多 MnNi(Co)Ge 基体系中，如 $MnNi_{0.7}Fe_{0.3}Ge$[19]、$Mn_{0.8}Co_{0.2}NiGe$[40]、$Mn_{0.955}CoGe$[24] 中都观察到两种铁磁态之间的第一级磁转变，主要为 FM 马氏体和 FM 奥氏体之间发生马氏体转变并伴随着单母相的二级相变。伴随 FM-FM 马氏体相变发生的磁化强度的跳跃可能与正交 TiNiSi 相中较大的磁矩和较高的 T_C 有关，这与较大的 Mn-Mn 原子间距导致的较窄的三维带宽和多数能带和少数能带导致的较大的交换分裂是一致的[41,46]。值得注意的是，最近在 MnCoGe 条带中也报道了正交 TiNiSi 型比六角 Ni_2In 型结构更大的磁矩和更高的 T_C[33]。在快淬的 $Mn_{1.13}Ni_{1.03}Fe_{0.23}Ge_{0.61}$ 带状合金中观察到铁磁有序态和两次连续的磁转变，这是在 MnNiGe 基合金条带中首次观察到的。

如图 6.50 所示，在 150 K 测得的磁滞回线显示了 $Mn_{1.13}Ni_{1.03}Fe_{0.23}Ge_{0.61}$ 条带中呈现的 FM 有序，而在 370 K 下测得的 HL 显示了 PM 状态。在 $B=1.0$ T 磁场下，150 K 时磁化曲线的饱和磁化强度约为 52 A · m²/kg。图 6.50 的插图是在低磁场区 150 K 和 370 K 时测量的放大后的 HL。可以看出，在 150 K 时测得的 HL 几乎没有磁滞现象，表明条带具有良好的磁可逆性。结果表明，$Mn_{1.13}Ni_{1.03}Fe_{0.23}Ge_{0.61}$ 带状材料非常容易被磁化和消磁，这将有利于磁性制冷的实际应用。

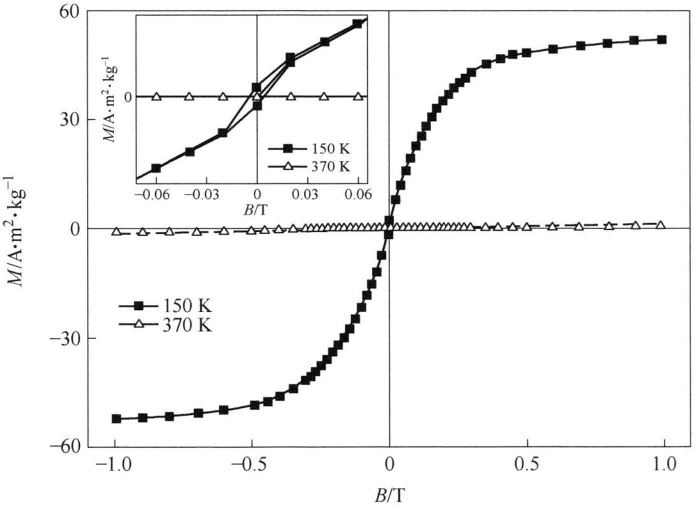

图 6.50 快淬 $Mn_{1.13}Ni_{1.03}Fe_{0.23}Ge_{0.61}$ 条带的磁滞回线

在化学计量 MnNiGe 化合物中，Ni-6Mn 的局部原子构型形式及这些构型中 Mn 原子之间的特定交换相互作用导致了螺旋 AF 结构。需要指出的是，这种螺旋 AF 结构是不稳定的，例如，在高外加磁场的作用下，它可以变成倾斜的 FM 结构[19,39]。在 Mn-Ni-Fe-Ge 体系中，磁性铁原子的引入可以形成一些 Fe-6Mn 局部构型，而不是部分 Ni-6Mn 构型[19]。根据 Liu 等人的价电子局域化函数计算和磁组态分析，相稳定性的提高和磁结构的转换分别归因于 Fe 的引入增强了共价键和 Fe-6Mn 的局部原子组态[19]。Fe 在低温马氏体相内部建立 FM 耦合，使 AF

耦合的 Mn 磁矩变为平行排列，$Mn_{1.13}Ni_{1.03}Fe_{0.23}Ge_{0.61}$条带中可能发生低温马氏体相中 AF 态向 FM 态的转变和高温奥氏体相的稳定化[19]。另外，根据价电子定位函数计算，Fe 原子的引入可以在 Mn-Ni-Fe-Ge 体系中诱导 Fe-Ge 和 Ni-Ge 层的交替序列。同时，Fe 取代可能导致 Fe-Ge 层两侧 Mn 原子之间的距离显著减小。因此，在 Mn-Ni-Fe-Ge 体系中，相邻的 Fe 和 Ge 原子之间及相邻的 Mn 和 Mn 原子之间的共价键可以得到加强，这是高温 Ni_2In 型相稳定的原因。这一结果导致 Mn-Ni-Fe-Ge 体系中 T_t的降低，甚至可能低于母相的 T_C。此外，众所周知，化学计量的变化还可以通过稳定高温母相来降低 Mn-Ni(Co)-Ge 基体系中的 T_t。因此，在 $Mn_{1.13}Ni_{1.03}Fe_{0.23}Ge_{0.61}$条带中，$T_t$的减小和随后的双连续磁转变可能归因于 Fe 的引入和化学计量的变化。

计算了磁场中条带样品在 T_t和 T_C周围的磁熵变$-\Delta S_M$。如图 6.51 所示，在 170 K 和 186 K 附近，条带呈现出两个连续的$-\Delta S_M$ 峰，分别对应于两个连续的磁相变。众所周知，连续出现两个相同符号的$-\Delta S_M$ 峰可以扩大工作温度范围。对于 $Mn_{1.13}Ni_{1.03}Fe_{0.23}Ge_{0.61}$条带，具有相同符号的两个连续的$-\Delta S_M$ 峰有部分重叠，从而产生了宽的制冷剂温度间隔（约 30 K），如图 6.51 中阴影部分所示。

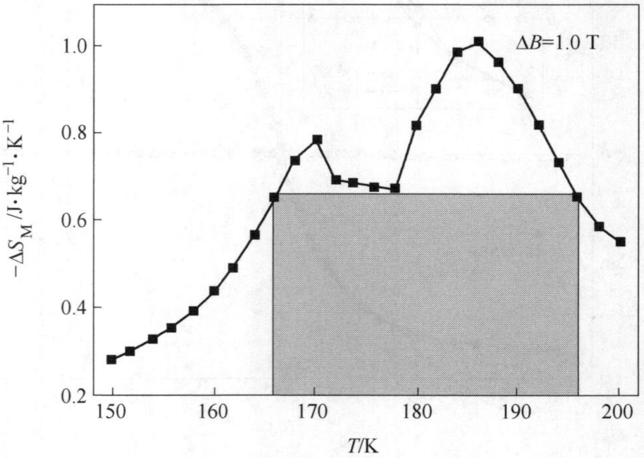

图 6.51 快淬 $Mn_{1.13}Ni_{1.03}Fe_{0.23}Ge_{0.61}$条带的磁熵变

6.4.2 Si 掺杂 $Mn_{0.45}Fe_{0.55}NiGe$ 合金条带

一级相变 MnNiGe 基合金作为新型磁结构相变材料具有很好的应用前景。如前面所说，通过掺杂 Fe 可以降低 MnNiGe 基合金的相变温度，同时由于 Fe 的加入形成铁磁相，在低温使 TiNiSi 相的反铁磁态翻转成铁磁态，TiNiSi 相铁磁态与 Ni_2In 相铁磁态的居里温度有温度差，在这个温度窗口可以进行调控获得铁磁 TiNiSi 相到顺磁 Ni_2In 相的结构相变，获得大的磁热效应。此外，Wei 等人在

$Mn_{1-y}Fe_yNiGe$ 合金的基础上通过掺杂 Si 拓宽了温度窗口（提高铁磁 TiNiSi 相的居里温度），同时提高饱和磁化强度[20]。但是 MnNiGe 基合金样品存在易碎的问题，因此同样利用电弧熔炼和熔体快淬的方法制备条带，利用相图，找出了在室温附近发生相变的成分：$Mn_{0.45}Fe_{0.55}NiGe_{0.25}Si_{0.75}$。由于条带样品经过一次急冷的过程，大大减少了退火时间，节约了能源，有利于实际应用。通过改变甩带速度来调控磁相变，在室温附近获得大的磁热效应[22]。

通过 SEM 观察两种甩带速度下的 $Mn_{0.45}Fe_{0.55}NiGe_{0.25}Si_{0.75}$ 合金条带自由面和断面，如图 6.52 所示。图 6.52（a）是甩带速度为 10 m/s 的合金条带的自由面图，可以看出同时存在大晶粒和小晶粒，其中小晶粒占绝大部分比例，并且大小比较均匀，大晶粒比例较少且分布比较均匀，且由中心点出发边界分布许多柱状小晶粒，将大晶粒包围；当甩带速度增加到 20 m/s 时，大晶粒比例明显增加，且尺寸变小，说明增加甩带速度会促使小晶粒合并成为大晶粒。图 6.52（c）（d）分别是甩带速度为 10 m/s 和 20 m/s 合金条带的断面图，可以看到很多垂直于表面生长的柱状结构。

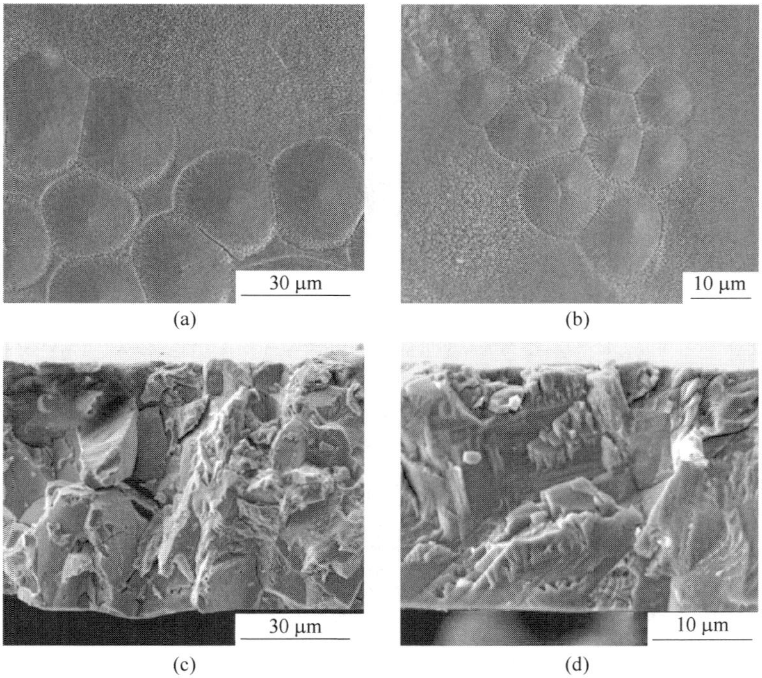

图 6.52 不同甩带速度下 $Mn_{0.45}Fe_{0.55}NiGe_{0.25}Si_{0.75}$ 合金条带 SEM 图

（a）10 m/s，自由面；（b）20 m/s，自由面；（c）10 m/s，断面；（d）20 m/s，断面

为了确定 $Mn_{0.45}Fe_{0.55}NiGe_{0.25}Si_{0.75}$ 合金条带样品的晶体结构，如图 6.53 所

示，测量了不同甩带速度下的退火合金条带室温下的 XRD 衍射图谱。可以看出，不同甩带速度制备的 $Mn_{0.45}Fe_{0.55}NiGe_{0.25}Si_{0.75}$ 合金条带在室温下都是正交 TiNiSi 型结构（空间群是 *Pnma*）和六角 Ni_2In 型结构（空间群是 $P6_3/mmc$）的混合相。正分 MnNiGe 合金的结构相变温度约为 470 K，其六角 Ni_2In 结构在低于 470 K 时无法稳定存在，说明 Fe、Si 元素有利于六角 Ni_2In 结构在 470 K 以下的稳定。由 XRD 结果可知，两个合金条带的 TiNiSi 相比例均较多，说明了两个条带样品的相变温度在室温附近并稍高于室温。通过比较两种甩带速度的正交 TiNiSi 型结构和六角 Ni_2In 型结构最高峰的峰强可知，甩带速度较高的合金条带其六角 Ni_2In 结构占比更多，说明其结构相变温度更低，表明了甩带速度的增加可以降低合金条带的结构相变温度。

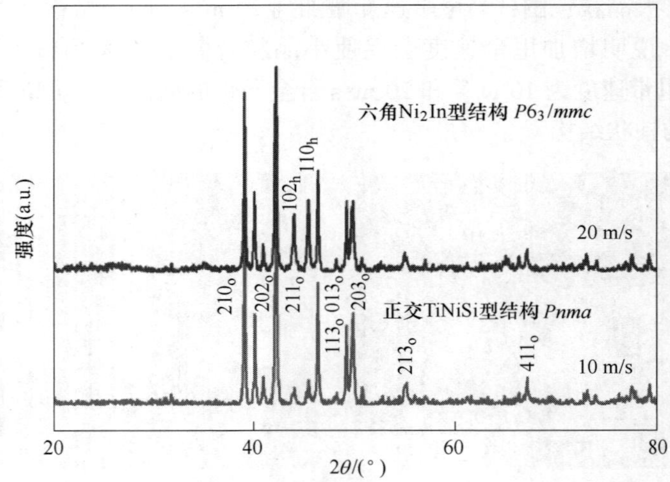

图 6.53　不同甩带速度下 $Mn_{0.45}Fe_{0.55}NiGe_{0.25}Si_{0.75}$ 合金条带室温下的 XRD 图谱

如图 6.54 所示，测量了两个甩带速度下的 $Mn_{0.45}Fe_{0.55}NiGe_{0.25}Si_{0.75}$ 合金条带分别在 0.1 T 和 5 T 的磁场下的升降温热磁曲线，温度区间为 50~400 K。从图 6.54（a）中可以看出 10 m/s 甩带速度的合金条带在低温下表现为铁磁态，随着温度升高，在相变温度 T_t 发生了一个剧烈的从铁磁 TiNiSi 相到顺磁 Ni_2In 相的磁结构相变，伴随着 42.5 K 的热滞，说明了其一级相变的性质；从图 6.54（a）中的插图可以得到升温磁结构相变温度为 380.9 K，同时可以发现在外加较小磁场(0.1 T)时，就能够得到较大的磁化强度，磁化强度的变化量 ΔM 达到 42 A · m^2/kg。当外加磁场由 0.1 T 增加到 5 T 时，如图 6.54（b）所示，相变类型没有发生变化，但是相变温度增加到 382.2 K，同时热滞降低到了 37.3 K。当甩带速度增加到 20 m/s 时，在 0.1 T 磁场下同样会随着温度的降低发生一个顺磁 Ni_2In 相到铁磁 TiNiSi 相的马氏体相变，但是相变温度会降低到 360.5 K，热滞降低到35.6 K，

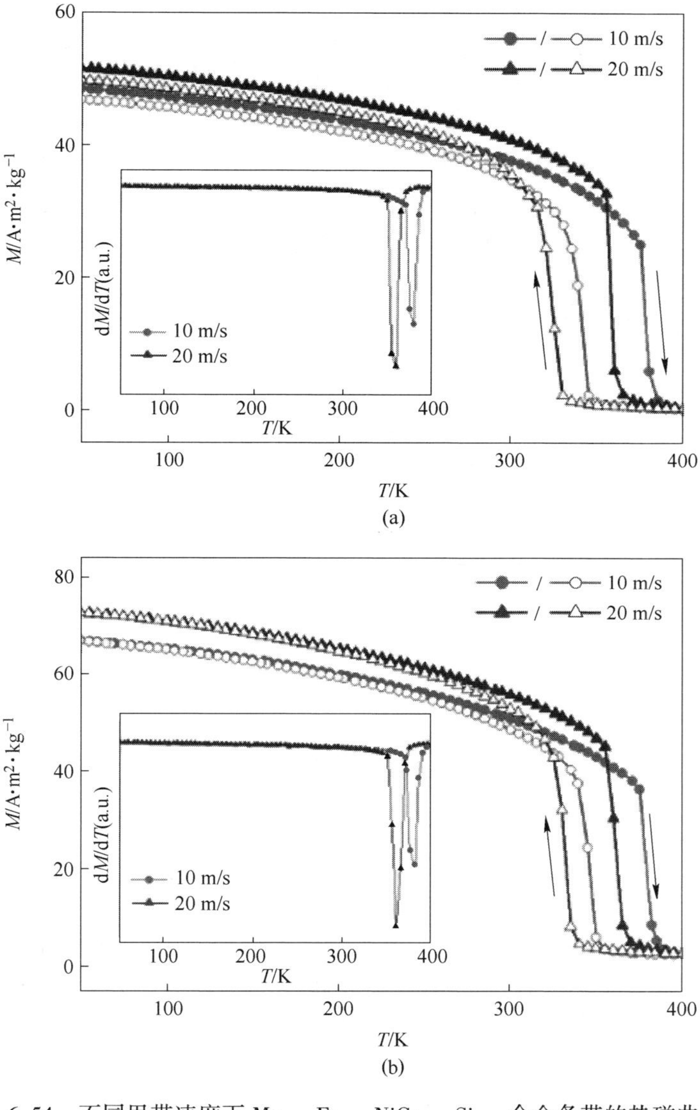

图 6.54　不同甩带速度下 $Mn_{0.45}Fe_{0.55}NiGe_{0.25}Si_{0.75}$ 合金条带的热磁曲线

（a）H=0.1 T；（b）H=5 T

比 5 T 磁场下的还要低。当磁场增加到 5 T 时，相变温度和热滞分别降低为 359.5 K 和 29.6 K。通过比较可以发现甩带速度为 20 m/s 时的相变温度更低，这意味着增加甩带速度可以调控相变温度向低温偏移。实际上，通过掺杂 Fe 和 Si 两种元素降低 MnNiGe 合金的相变温度，同时在低温实现反铁磁到铁磁的翻转的主要原因为 Fe 原子的掺杂诱使 Mn 原子的反铁磁相互作用转变成铁磁相互作用[19]；其中 Fe-6Mn 取代了部分 Ni-6Mn 原子组态，在低温下建立起铁磁相互作用，同时由于 MnNiSi 与 MnNiGe 为等结构体，且 MnNiSi 在低温为铁磁相，居里温度比 MnNiGe 高，因此通过 Si 对 Ge 的取代，增强了合金低温下的铁磁相互作用。

在测量温区为 250~423 K，升降温速率都为 10 K/min，测试了两个甩带速度下的 $Mn_{0.45}Fe_{0.55}NiGe_{0.25}Si_{0.75}$合金条带在升降温过程中的 DSC 曲线，如图 6.55 所示。可以看出，两个条带的升降温曲线都存在明显的吸放热峰，并且伴随热滞的产生，说明在该温区发生了一级相变，结构相变与磁相变发生了耦合；同时甩带速度为 20 m/s 的合金条带的相变温度更低，这个结果和热磁曲线保持一致。

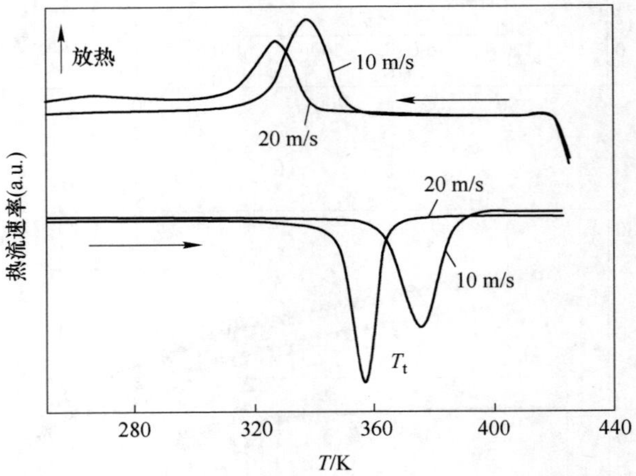

图 6.55　不同甩带速度 $Mn_{0.45}Fe_{0.55}NiGe_{0.25}Si_{0.75}$合金条带的 DSC 曲线

为了进一步研究两个甩带速度下 $Mn_{0.45}Fe_{0.55}NiGe_{0.25}Si_{0.75}$合金条带的磁性能，按照 loop process 的测量方式，在相变温度附近选取一系列温度，测量了两个样品的等温磁化曲线，测量分为升场和降场两个部分，如图 6.56 所示。从图 6.56 中可以看出，两个合金样品的磁化行为相似，即在低温时，磁化强度随着磁场的增加急剧增大，迅速达到饱和，表现为明显的铁磁态，说明合金条带的主相为 TiNiSi 相。而在高温时，却表现为明显的顺磁态，说明主相为 Ni_2In 相。在相变点附近，随着温度的升高，磁化强度渐渐降低，发生了从铁磁到顺磁的转变，与热磁曲线结果一致。同时从两个样品的等温磁化曲线中几乎没有发现磁滞和磁场诱导变磁性相变，这种现象与 MnCoGe 基合金相似。

在测量了磁性的基础上，用麦克斯韦关系计算出两个甩带速度下 $Mn_{0.45}Fe_{0.55}NiGe_{0.25}Si_{0.75}$合金条带在 5 T 磁场下的磁熵变，如图 6.57 所示。与 MnCoGe 基合金相同，其磁熵变值均为负值，属于传统的磁热效应。由于两个甩带速度的条带发生了剧烈的从顺磁 Ni_2In 相到铁磁 TiNiSi 相的磁结构相变，因此

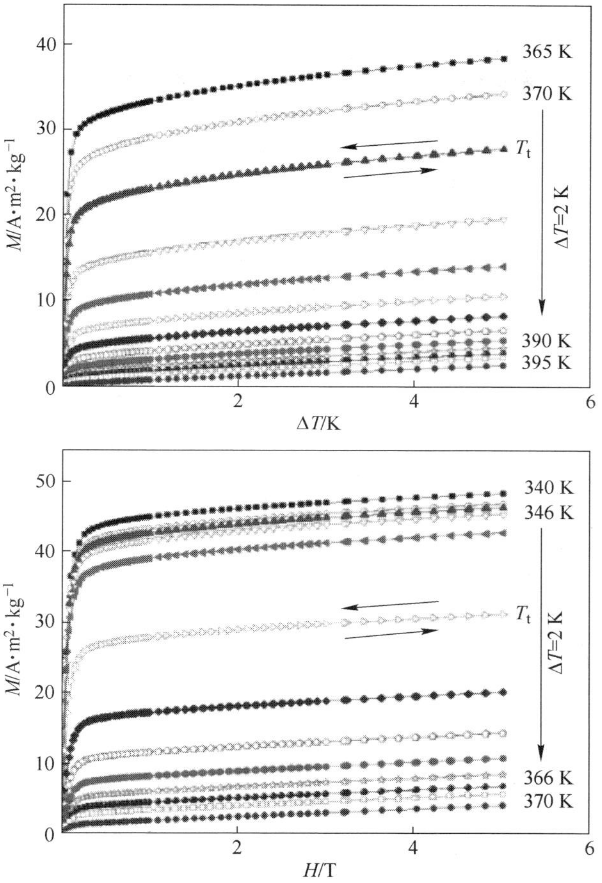

图 6.56 不同甩带速度下 $Mn_{0.45}Fe_{0.55}NiGe_{0.25}Si_{0.75}$ 合金条带的等温磁化曲线

获得了较大的磁熵变峰值，可以看出当磁场的变化为 0~5 T，速度为 10 m/s 和 20 m/s 的合金条带分别在 372 K 和 354 K 得到最大的磁熵变值 17.2 J/(kg · K) 和 27.4 J/(kg · K)，这个值可以跟许多众所周知的一级相变材料相比，如 $MnNi_{0.77}Fe_{0.23}Ge$[19]、$MnCoGeB_x$[10]、$MnFeP_{0.45}As_{0.55}$[9] 等。可以发现将甩带速度由 10 m/s 增加到 20 m/s 时，相变温度会明显下降，同时最大磁熵变值也增加，说明调节甩带速度是调控相变的一种有效手段。

根据磁熵变曲线计算出了两种甩带速度合金条带的磁制冷能力（RC）。在外加磁场为 5 T 下，速度为 10 m/s 和 20 m/s 的合金条带的制冷能力分别为 103.9 J/(kg · K) 和 125.3 J/(kg · K)。根据数值积分的方法计算出不同温度升降磁场下的磁滞损耗，如图 6.58 所示，可以发现磁滞损耗非常的小，几乎可以忽略不计。

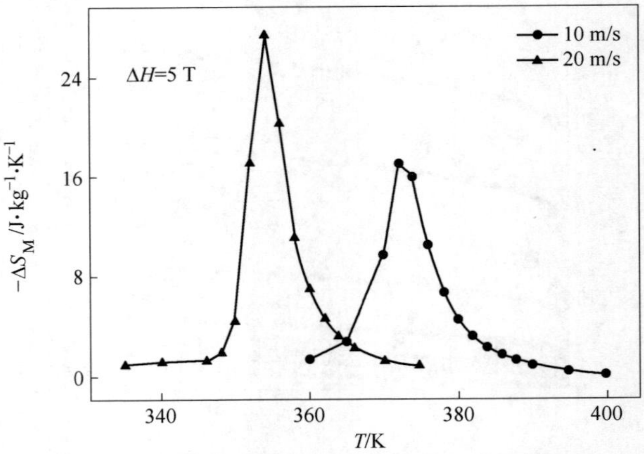

图 6.57　不同甩带速度下 $Mn_{0.45}Fe_{0.55}NiGe_{0.25}Si_{0.75}$ 合金条带的磁熵变

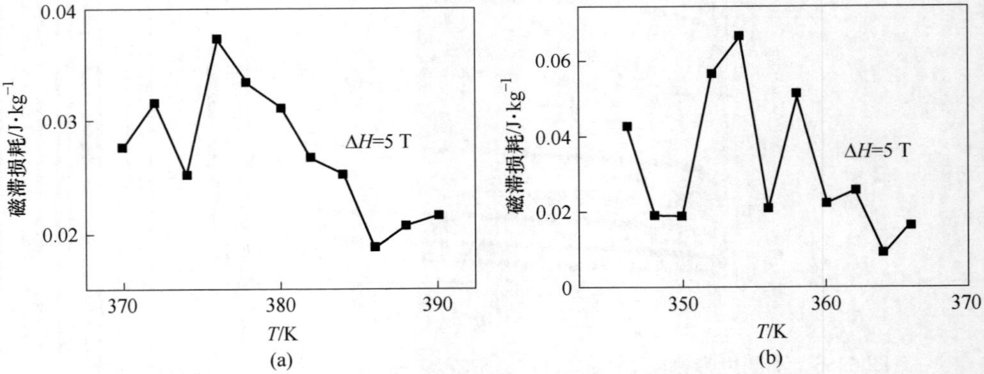

图 6.58　不同甩带速度 $Mn_{0.45}Fe_{0.55}NiGe_{0.25}Si_{0.75}$ 合金条带的磁滞损耗

(a) 10 m/s；(b) 20 m/s

6.4.3　Fe 掺杂 MnNiGe 基棒材合金

相比于块体合金，棒材在制作的过程中由于已经经过了一次快速冷却的过程，因此只需要较短的时间退火即可成相，大大地减少了退火所需要的时间，这样做能节约能源，成本也易于控制，有利于实际应用。关于 MnNiGe 基合金的研究主要集中在块体和薄带，对棒材的研究几乎没有。熔体快淬和铜模喷铸等快速凝固技术常被用来制作永磁薄带和棒材材料[42-43]，其中铜模喷铸是通过一个较为简单的过程来获得合金棒材。通过 Fe 取代 Ni 以获得第二类磁结构相变，用铜模喷铸的方法制备 MnNiGe 基合金棒材；通过改变退火时间和棒材直径对磁相变进行调控。

在研究合金条带的基础上，用铜模喷铸的方法制备 $MnNi_{0.85}Fe_{0.15}Ge$ 合金棒材，其直径分别为 2.0 mm 和 4.8 mm，然后密封在石英管内，在真空状态下直径 2 mm 棒材分别退火 24 h 和 100 h，直径 4.8 mm 的棒材退火 24 h，退火温度均为 800 ℃。通过扫描电镜，观察了 $MnNi_{0.85}Fe_{0.15}Ge$ 合金棒材侧面的组织形貌图，如图 6.59 所示。从图中可以观察到较大的晶粒，同时晶粒内部可以观察到疑似板条状马氏体相，晶粒外部平滑部分为奥氏体相。为了进一步研究其组织，对相同样品做了 TEM，如图 6.60 所示。对图 6.60（a）中圆圈部分做了选区衍射，可以发现明显的六角结构，说明这个区域为 Ni_2In 相，对图 6.60（c）中圆圈部分做了选区衍射，可以发现明显的正交结构，说明这个区域为 TiNiSi 相。

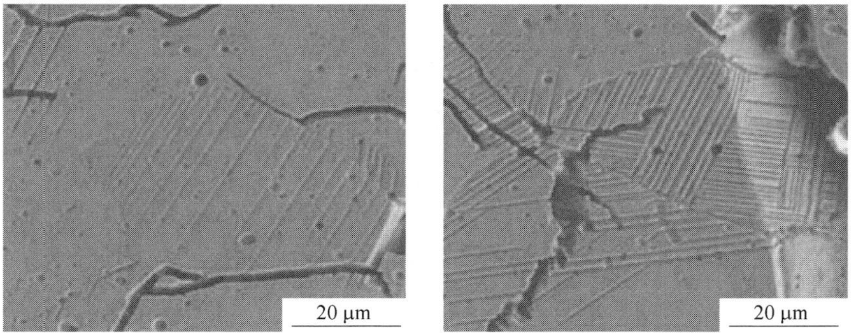

图 6.59　直径为 4.8 mm 的棒材侧面形貌图

图 6.61 所示为 $MnNi_{0.85}Fe_{0.15}Ge$ 合金棒材室温下的 XRD 图。从图中可以看出，$MnNi_{0.85}Fe_{0.15}Ge$ 合金棒材在室温下主要是六角 Ni_2In 型结构（空间群 $P6_3/mmc$），表明 Fe 的取代在室温下稳定了 Ni_2In 相，原因为 Fe 的原子半径比 Ni 的原子半径大，导致晶格发生畸变，因此产生一种“化学压力”，也改变了 Mn-Mn 原子间距，同时由于 Fe 的取代增强了内部共价键，稳定了 Ni_2In 相，导致了结构相变温度降低。放大 XRD 图谱，如图 6.61 的插图所示，内部存在少量正交 TiNiSi 相，说明结构相变温度稍低于室温。

图 6.62 是直径为 2.0 mm（a）和 4.8 mm（b）时不同退火温度的 $MnNi_{0.85}Fe_{0.15}Ge$ 合金棒材在外加磁场为 1 T 下的热磁曲线，温度测量范围是 50～400 K。插图为 $MnNi_{0.85}Fe_{0.15}Ge$ 合金棒材升温的 dM/dT-T 图，从图中可以看出不同直径和退火时间的 $MnNi_{0.85}Fe_{0.15}Ge$ 合金棒材在 1 T 磁场下，随着温度的降低均实现顺磁 Ni_2In 相到铁磁 TiNiSi 相的马氏体相变，伴随着热滞的存在，说明发生的是一级相变，获得了第二类磁结构相变。从图 6.62（a）中的插图可以得到直径为 2 mm 的棒材未退火时的磁结构相变温度 T_t 为 266.09 K，经过 24 h 退火后的磁结构相

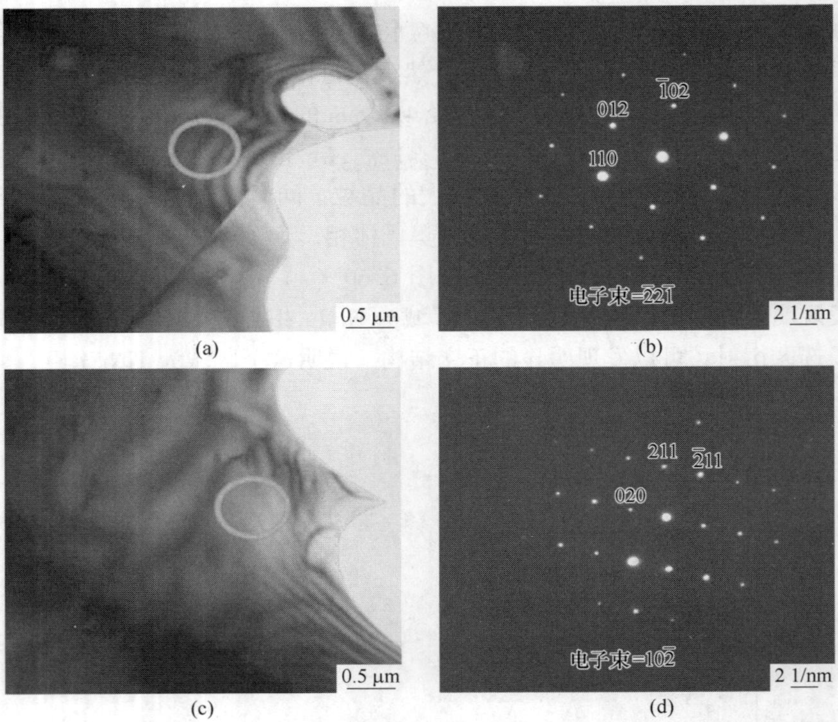

图 6.60　直径为 4.8 mm 的棒材侧面 TEM（a）（c）和衍射图（b）（d）

变温度 T_t 为 295.05 K；当退火时间增加到 100 h，其磁结构相变温度 T_t 为 295.02 K。说明退火升高了相变温度，这是因为通过铜模喷铸的棒材经过一次急冷的过程，内部存在大量缺陷和内应力，同时样品中的原子并非处于能量最低的平衡态，即并没有处于最稳定的位置；而退火处理可以有效减少甚至消除内部缺陷和内应力，其内应力可被视为马氏体相变的一种“驱动力”，内应力的减少所缺失的能量由温度提供，从而导致了马氏体相变温度的升高。此外，退火处理后，棒材会经历一个应力与结构的弛豫过程，原子之间的位置发生改变，进而改变了 Mn-Mn 原子间距，而 Mn 基合金交换能大小的变化与 Mn-Mn 原子间距有关，所以其马氏体相变温度升高。但是退火时间对相变温度影响不大，这是由于棒材经历了由液相到固相的快速相变，只需要很短的时间就可以成相；可以发现直径为 4.8 mm 的棒材和直径为 2 mm 的棒材有相似的现象，如图 6.62（b）的插图所示。未退火的磁结构相变温度为 275.67 K，经过 24 h 退火后的磁结构相变温度 T_t 为 290.04 K，相变温度升高了 14.37 K。对比图 6.62（a）和（b）两个图可以发现，当退火时间不变，棒材直径从 2.0 mm 增加到 4.8 mm 时，均发生了从高温顺磁 Ni_2In 相到低温铁磁 TiNiSi 相的马氏体相变，但相变温度由295.05 K降低

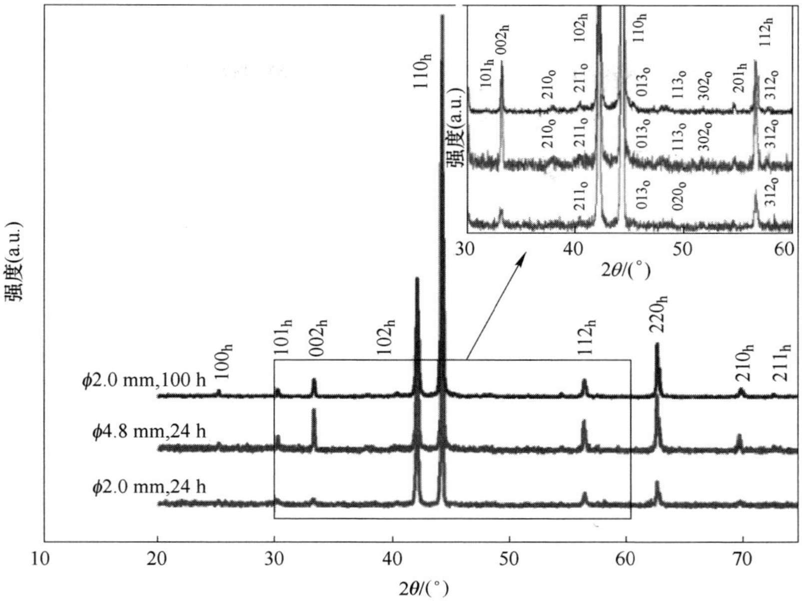

图 6.61　$MnNi_{0.85}Fe_{0.15}Ge$ 合金棒材室温下的 XRD 图谱

到 290.04 K，降低了 5.01 K。这是因为随着合金棒材直径的增加，其表面和内部的冷却速度差更大，造成的温度梯度也越大，容易产生更大的内应力，而合金棒材中的内应力是驱使马氏体相变发生的一种“驱动力”，直径较大的样品往往需要更长的退火时间才能消除内应力，而较小直径的棒材合金样品所剩内应力比较大直径的要少，因此较小直径所需要的外力更大，需要更高的温度才能发生相变。同时发现直径为 4.8 mm 的棒材低温的磁化强度更大，根据报道可知，$MnNi_{0.85}Fe_{0.15}Ge$ 合金条带在低温 TiNiSi 相存在铁磁和反铁磁态共存的现象，铁磁和反铁磁之间存在竞争关系；直径为 4.8 mm 的棒材其低温 TiNiSi 相中铁磁态相比较多一些，磁化强度也更高，证明了直径对相变的调控有很大的影响。

图 6.63 为 $MnNi_{0.85}Fe_{0.15}Ge$ 合金棒材的等温磁化曲线，S1 表示直径 2.0 mm，退火 24 h，S2 表示直径 4.8 mm，退火 24 h，S3 表示直径 2 mm，退火 100 h。从图中可以看出，3 个样品表现了相似的磁化行为，即在一个较低的外加磁场作用下，磁化强度随着磁场的增强呈线性增加，当增加到特定磁场后急剧增加，然后达到饱和状态。退火 24 h（直径 2 mm 和 4.8 mm）和退火 100 h（直径 2 mm）棒材的饱和磁化强度分别为 66.18 $A \cdot m^2/kg$、68.81 $A \cdot m^2/kg$ 和 67.21 $A \cdot m^2/kg$，相差不大，说明制备工艺对成分固定的 $MnNi_{0.85}Fe_{0.15}Ge$ 合金的饱和磁化强度影响较小。在 250 K 温度下，样品处于 TiNiSi 相，磁化强度随磁场的增加近似地线性增加，表现为典型的反铁磁特征，但很快达到饱和，表现为铁磁特征，说明在

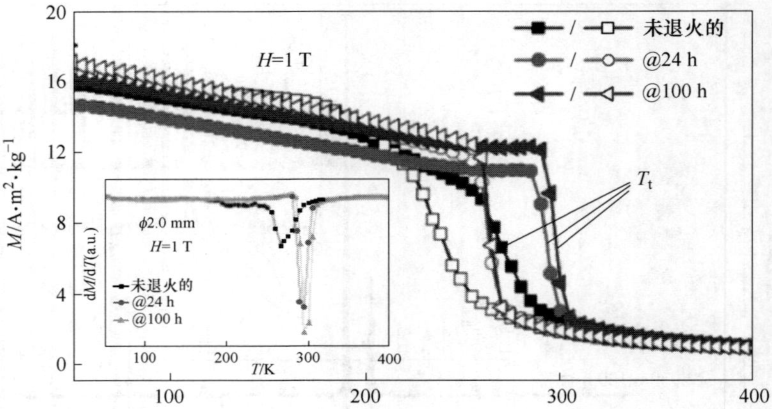

(a)

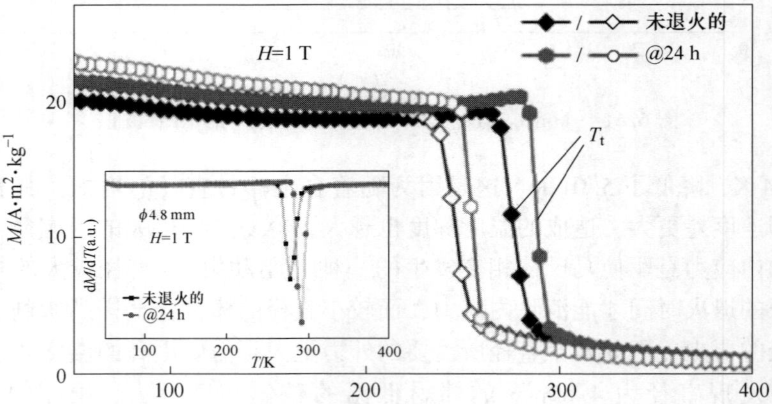

(b)

图 6.62　$MnNi_{0.85}Fe_{0.15}Ge$ 合金棒材的热磁曲线

（a）ϕ2.0 mm；（b）ϕ4.8 mm

TiNiSi 相中存在铁磁和反铁磁共存的现象，这是由于磁结构相变一般为一级相变，在相变过程中新核需要经过形核和长大，其比例在不断地增加。在 290 K 的温度下，磁化强度随磁场的增加缓慢增加，直到 5 T 也没有达到饱和，呈现为典型的顺磁行为，说明发生的是从铁磁到顺磁的磁结构相变。同时 3 个样品在相变温度点附近都存在磁滞，说明发生的是一个一级相变。

根据等温磁化曲线的结果，利用麦克斯韦关系计算了 $MnNi_{0.85}Fe_{0.15}Ge$ 合金棒材在不同外加磁场下的磁熵变，如图 6.64 所示。$MnNi_{0.85}Fe_{0.15}Ge$ 合金棒材在相变点附近随着温度的增加，磁化强度会随之剧烈下降，与第一类 MnNiGe 基合

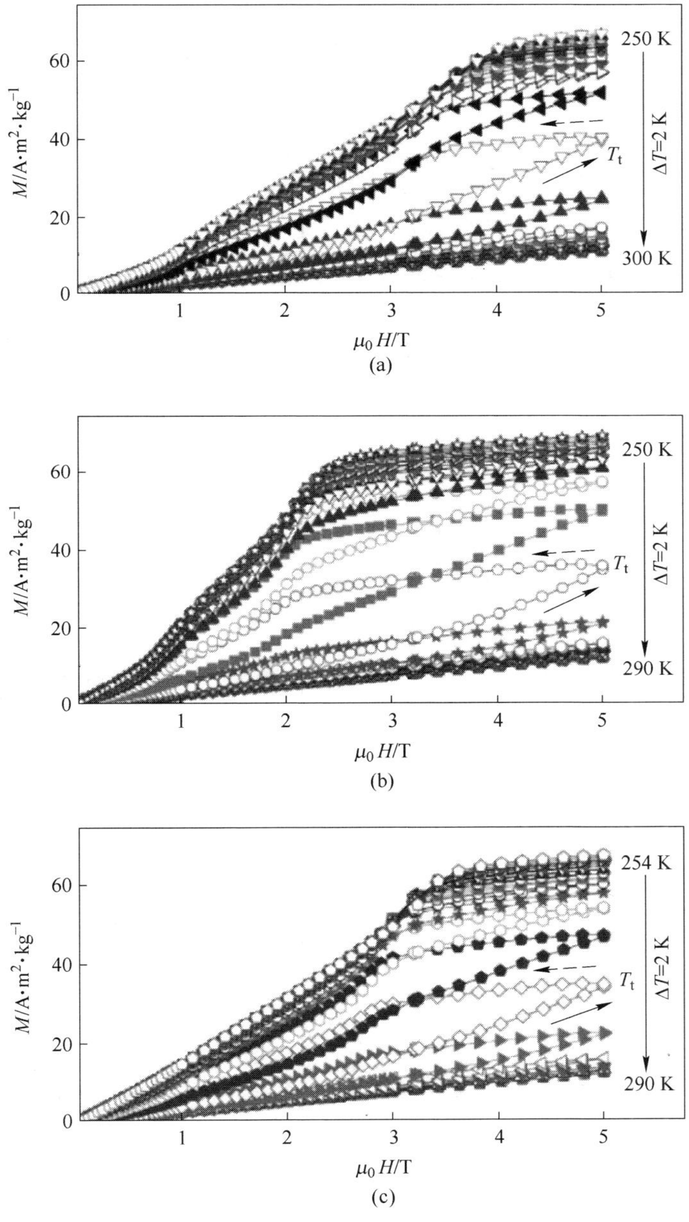

图 6.63 $MnNi_{0.85}Fe_{0.15}Ge$ 合金棒材的等温磁化曲线

(a) S1：ϕ2.0 mm，退火 24 h；(b) S2：ϕ4.8 mm，退火 24 h；(c) S3：ϕ2.0 mm，退火 100 h

金相比其磁熵变值为负数，在绝热情况下，体系温度随外加磁场的增加而升高。从图中可以看出，在 5 T 磁场下，直径为 2.0 mm，退火 24 h 和 100 h 棒材的最大

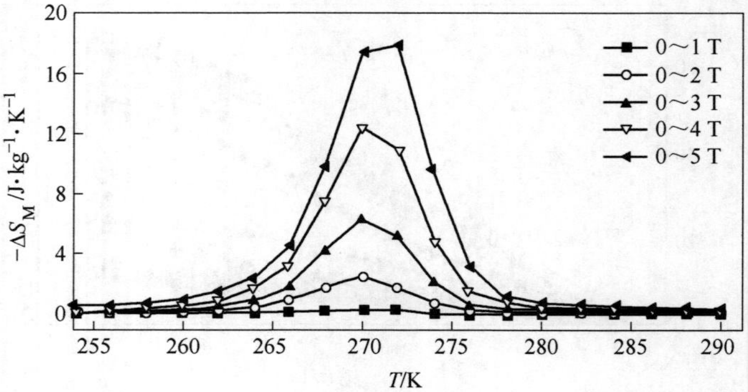

(a)

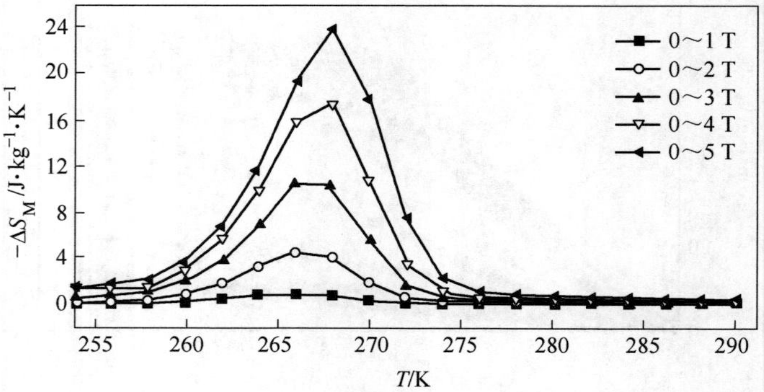

(b)

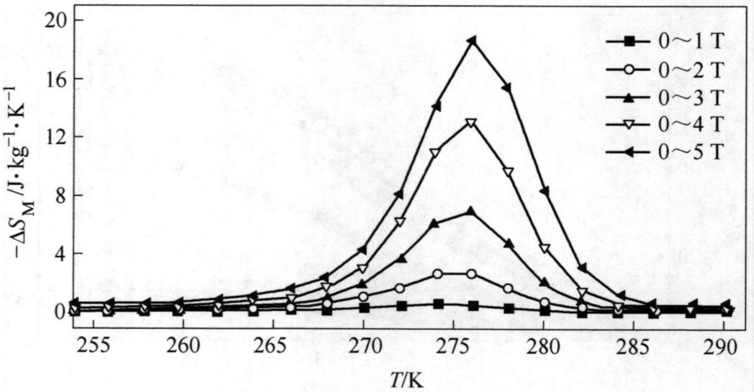

(c)

图 6.64　$MnNi_{0.85}Fe_{0.15}Ge$ 合金棒材不同磁场下的磁熵变曲线

(a) S1：ϕ2.0 mm，退火 24 h；(b) S2：ϕ4.8 mm，退火 24 h；(c) S3：ϕ2.0 mm，退火 100 h

磁熵变分别为 17.89 J/(kg · K) 和 18.61 J/(kg · K)，而直径 4.8 mm，退火24 h 棒材的最大磁熵变为 23.87 J/(kg · K)。这些值可与很多著名的磁热效应材料相比拟，甚至更大。$MnNi_{0.85}Fe_{0.15}Ge$ 合金棒材拥有较高的有效制冷能力，同时直径为 4.8 mm 的棒材比直径为 2 mm 的棒材性能更优，有利于其实际应用。

在磁熵变的基础上根据公式，计算出 $MnNi_{0.85}Fe_{0.15}Ge$ 合金棒材的制冷能力(RC)。在 5 T 磁场下，直径 2.0 mm，退火 24 h 和 100 h 棒材的制冷能力分别为 96.91 J/kg 和 107.37 J/kg；直径 4.8 mm，退火 24 h 棒材的制冷能力为 129.73 J/kg。此外，根据数值分析的方法计算出不同温度升降磁场下的磁滞损耗，如图 6.65 所示；在 5 T 磁场下，直径 2.0 mm，退火 24 h 和 100 h 棒材的磁滞损耗分别为 73.04 J/kg 和 80.51 J/kg，直径 4.8 mm，退火 24 h 棒材的制冷能力为 87.12 J/kg。$MnNi_{0.85}Fe_{0.15}Ge$ 合金棒材拥有较高的有效制冷能力，直径为4.8 mm 的棒材比直径 2 mm 的性能更优，有利于实际应用。

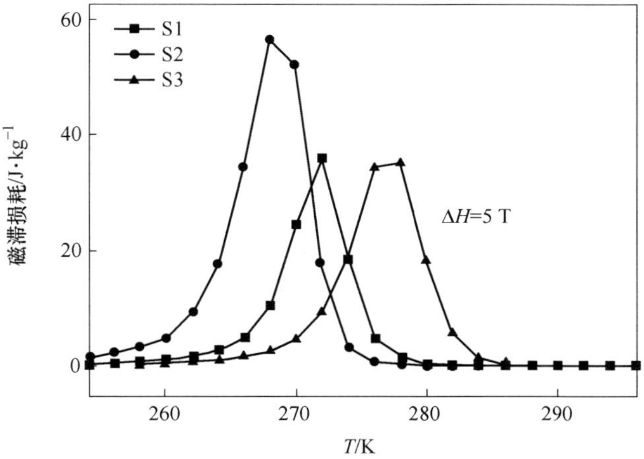

图 6.65 $MnNi_{0.85}Fe_{0.15}Ge$ 合金棒材的磁滞损耗

S1—ϕ2.0 mm，退火 24 h；S2—ϕ4.8 mm，退火 24 h；S3—ϕ2.0 mm，退火 100 h

为了进一步地细化研究，探究外加磁场对这些样品中磁结构相变的影响，又针对不同磁场测试了热磁曲线。并且通过 DSC 曲线进一步证实了这些样品为一级相变。图 6.66 为 S1、S2 和 S3 样品的 DSC 曲线。在升降温过程中出现的吸热峰、放热峰和明显的热滞可以确认这三种棒状化合物中是否存在重合的磁结构相变。根据 DSC 曲线，通过公式计算在零磁场中，S1、S2 和 S3 样品在升温期间的 ΔS_T值分别为 47.3 J/(kg·K)、46.9J/(kg·K) 和 46.7 J/(kg·K)，在降温期间 ΔS_T 值分别为 56.0J/(kg·K)、52.2J/(kg·K) 和 53.8 J/(kg·K)。

如图 6.67 及其插图所示，当磁场从 0.3 T 增加 5 T 时，T_t从 290 K 到 295 K 增加了 5 K，$\Delta T/\Delta H \approx 1$ K/T，这意味着磁场诱导马氏体转变的发生[47]。通过使用克劳修斯-克拉佩龙方程[45,48-49]：

$$\Delta T = \frac{\Delta M}{\Delta S}\Delta H \tag{6.1}$$

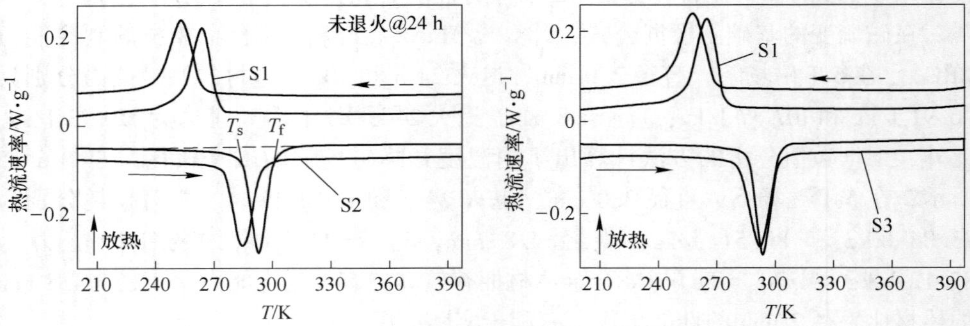

图 6.66　S1，S2 和 S3 的 DSC 曲线

S1—ϕ2.0 mm，退火 24 h；S2—ϕ4.8 mm，退火 24 h；S3—ϕ2.0 mm，退火 100 h

使用方程计算在 5 T 下 ΔM=48.9 A · m^2/kg，得到 $\Delta T\approx$4.9 K，与实验结果非常吻合，并且非常接近 MnCoGe 基合金[21,40,45]。并且 $\Delta T/\Delta H$ 比 Ni-Mn 基合金小得多，这意味着外加磁场相对难以驱动 MnNiGe 基体系中的马氏体相变。为了验证马氏体在低温范围内反铁磁性的存在，在 200 K 观察到了反铁磁到铁磁转变，即使在高达 5 T 的高外加磁场下也不能完全转化为铁磁性。

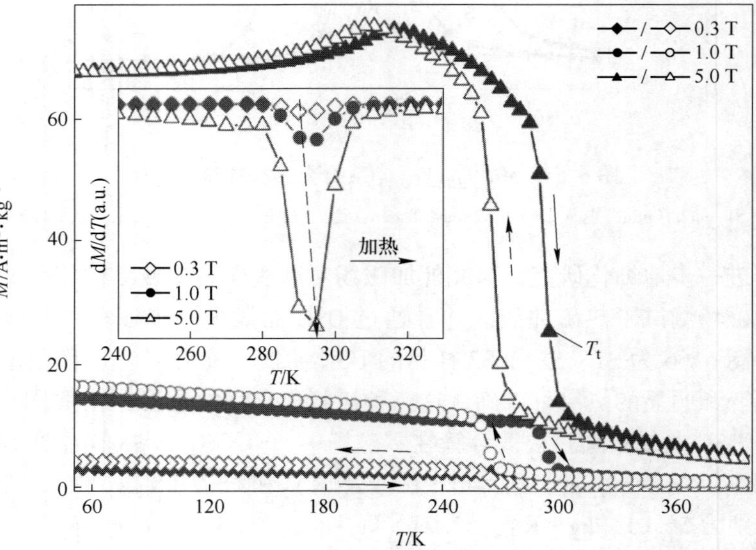

图 6.67　S1（ϕ2.0 mm，退火 24 h）在外加磁场 μ_0H=0.3，1.0 和 5 T 下的 $M(T)$ 曲线

综上所述，采用铜模喷铸法制备了棒状 Mn-Fe-Ni-Ge 基材料。三个样品在室温下实现了从高温顺磁性 Ni_2In 型奥氏体到低温铁磁性 TiNiSi 型马氏体的结构相变与大 MCE 的重合。有趣的是，随着直径的增加，磁性和磁热性能明显提高。

然而远远超出预期的是，棒状样品的退火时间延长 4 倍并没有显著提高磁热性能。以上说明棒状磁制冷剂的制备为磁制冷器件和材料设计开辟了新的领域。

6.5 本 章 小 结

通过熔体快淬的方法，制备了 $Mn_{1-x}Cu_xCoGe$、$Mn_{1-x}Cr_xCoGe$（$x=0.02$，0.03）、$MnV_{0.02}CoGe_{0.99}$、$MnNi_{1-x}Fe_xGe$（$x=0.15$，0.18）、$Mn_{0.96}Fe_{0.04}NiGe$、$Mn_{0.90}Fe_{0.08}Ni_{0.97}Ge_{1.05}$、$Mn_{1.13}Ni_{1.03}Fe_{0.23}Ge_{0.61}$、$Mn_{0.45}Fe_{0.55}NiGe_{0.25}Si_{0.75}$一系列合金退火条带，并研究了条带样品的磁性能和磁热性质。发现：

（1）随着 Cu 含量的增加，$Mn_{1-x}Cu_xCoGe$ 合金条带的结构相变温度降低，证明 Cu 元素的掺杂可以稳定 Ni_2In 相。此外，退火可以稳定 TiNiSi 相，通过对条带退火得到的快淬样品不存在的一级磁结构相变，从而得到了较大的低磁场磁熵变 $\Delta S_M=8.4$ J/(kg · K)，$\Delta H=1$ T。

（2）与 $Mn_{1-x}Cu_xCoGe$ 系列相似，Cr 的取代同样降低了合金的结构相变温度。$x=0.02$ 的 $Mn_{1-x}Cr_xCoGe$ 退火条带在室温附近实现了从低温 TiNiSi 铁磁态到高温 Ni_2In 顺磁态的一级磁结构相变，在变化磁场 $\Delta H=2$ T 下，获得了高达 9.7 J/(kg · K)的磁熵变峰值，而且其磁滞损耗很小。

（3）在 $MnV_{0.02}CoGe_{0.99}$条带中，随着磁场的变化发生了具有二级相变的铁磁相变。因此，在 $\Delta H=1$ T 的磁场下，这些条带获得了较大的磁制冷能力（RCP）和适度的磁熵变（$-\Delta S_M$）。这些条带材料在低磁场条件下具有可观的 MCE、优异的热/磁可逆性及相对经济的制备成本，有望成为未来磁制冷应用的候选材料。

（4）$MnNi_{1-x}Fe_xGe$ 合金退火条带样品在低温时本应该的反铁磁态转变成了铁磁态，表明 Fe 原子的掺杂使得在 $MnNi_{1-x}Fe_xGe$ 合金的 TiNiSi 态建立了铁磁相互作用，使得铁磁态和反铁磁态之间相互竞争，通过磁场诱导反铁磁会向铁磁转变。当其完全转变成铁磁态后，通过温度诱导可以观察到从铁磁 TiNiSi 结构到顺磁 Ni_2In 的磁结构相变。由于剧烈的磁结构相变，在外磁场变化 $\Delta H=3$ T 时，$x=0.15$ 和 $x=0.18$ 的两个样品分别在 287 K 和 270 K 得到的最大磁熵变值为 4.7 J/(kg · K)和 9.1 J/(kg · K)。

（5）$Mn_{0.96}NiFe_{0.04}Ge$、$Mn_{0.90}Ni_{0.97}Fe_{0.08}Ge_{1.05}$退火合金条带中，在 $Mn_{1-x}NiFe_xGe$ 合金的 TiNiSi 态建立了铁磁相互作用，这是由于反铁磁相互作用的不稳定性以及 Fe 原子掺杂导致的反铁磁和铁磁状态之间的相互竞争，通过磁场引起了一阶反铁磁向铁磁转变。当完成反铁磁向铁磁转变时，在这两个条带中实现了从铁磁 TiNiSi 结构到顺磁 Ni_2In 结构的结构相变，并且在室温附近具有大磁热效应。

（6）在 $Mn_{1.13}Ni_{1.03}Fe_{0.23}Ge_{0.61}$条带样品中实现了铁磁性和双磁性相变。

Fe-6Mn的局域结构是由内部磁性 Fe 原子的引入导致的，在低温马氏体中建立了铁磁耦合，这可能是 $Mn_{1.13}Ni_{1.03}Fe_{0.23}Ge_{0.61}$条带铁磁性的来源。铁原子的引入和化学计量的改变可能导致 T_t的减少，从而在这些条带中引起两个连续的磁相变。最后，两个连续的磁相变会产生两个具有相同符号的磁熵峰。

（7）在 $Mn_{0.45}Fe_{0.55}NiGe_{0.25}Si_{0.75}$合金条带中实现了第二类一级磁结构相变，实现低温 TiNiSi 相反铁磁到铁磁的翻转，伴随巨大的磁化强度突变。随着甩带速度的增加，相变温度得到降低，说明成功通过改变甩带速度来调控相变。在外加磁场为 5 T 时，速度为 10 m/s 和 20 m/s 的合金条带的制冷能力分别为 103.9 J/kg 和 125.3 J/kg，同时磁滞损耗非常的小，预示着其有利于磁制冷实际应用。

此外，通过铜模喷铸制备了不同直径和退火温度的 $MnNi_{0.85}Fe_{0.15}Ge$ 合金棒材，并研究了其微观结构和磁性行为。

通过观察直径为 4.8 mm 的 $MnNi_{0.85}Fe_{0.15}Ge$ 合金棒材侧面的 SEM 和 TEM，发现棒材内部存在疑似板条状马氏体，这种组织在其他 MnNiGe 基合金中鲜有报道。通过对 3 个 $MnNi_{0.85}Fe_{0.15}Ge$ 合金棒材的磁性测量，发现直径相同的样品退火后相变温度升高，说明退火可以稳定 TiNiSi 相；退火相同时间（24 h），直径为 4.8 mm 样品的相变温度更低，在相变温度附近磁化强度发生突变，因此获得了较大的磁熵变值。在 5 T 磁场下，直径 2.0 mm，退火 24 h 和 100 h 棒材的有效制冷能力分别为 73.04 J/kg 和 80.51 J/kg；直径 4.8 mm，退火 24 h 棒材的制冷能力为 87.12 J/kg。$MnNi_{0.85}Fe_{0.15}Ge$ 合金棒材拥有较高的有效制冷能力，同时直径为 4.8 mm 的棒材比直径 2 mm 的性能更优，有利于实际应用。

参考文献

[1] Pecharsky V K, Gschneidner Jr K A. Tunable magnetic regenerator alloys with a giant magnetocaloric effect for magnetic refrigeration from 20 K to 290 K [J]. Applied Physics Letters, 1997, 70 (24): 3299.

[2] Tegus O, Dagula O, Magnetic and magneto-caloric properties of $Tb_5Ge_2Si_2$ [J]. Journal of Applied Physics, 2002, 91 (10): 8534-8536.

[3] Levin E M, Pecharsky V K, Gschneidner Jr K A, et al. Magnetic field and temperature-induced first-order transition in $Gd_5(Si_{1.5}Ge_{2.5})$: a study of the electrical resistance behavior [J]. Journal of Magnetism and Magnetic Materials, 2000, 210 (1/2/3): 181-188.

[4] Morellon L, Blasco J, Algarabel P A, et al. Nature of the first-order antiferromagnetic-ferromagnetic transition in the Ge-rich magnetocaloric compounds $Gd_5(Si_xGe_{1-x})_4$ [J]. Physical Review B, 2000, 62 (2): 1022-1026.

[5] Sutou Y, Imano Y, Koeda N, et al. Magnetic and martensitic transformations of NiMnX (X= In, Sn, Sb) ferromagnetic shape memory alloys [J]. Applied Physics Letters, 2004, 85 (19): 4358-4360.

[6] Hernando B, Sánchez Llamazares J L, Prida V M, et al. Magnetocaloric effect in preferentially textured $Mn_{50}Ni_{40}In_{10}$ melt spun ribbons [J]. Applied Physics Letters, 2009, 94 (22): 222502.

[7] Hu F X, Shen B G, Sun J R, et al. Influence of negative lattice expansion and metamagnetic transition on magnetic entropy change in the compound $LaFe_{11.4}Si_{1.6}$ [J]. Applied Physics Letters, 2001, 78 (23): 3675-3677.

[8] Zhao J L, Shen J, Hu F X, et al. Reduction of magnetic hysteresis loss in $La_{0.5}Pr_{0.5}Fe_{11.4}Si_{1.6}H_x$ hydrides with large magnetocaloric effects [J]. Journal of Applied Physics, 2010, 107 (11): 113911.

[9] Tegus O, Brück E, Buschow K H J, et al. Transition-metal-based magnetic refrigerants for room-temperature applications [J]. Nature, 2002, 415 (6868): 150-152.

[10] Trung N T, Zhang L, Caron L, et al. Giant magnetocaloric effects by tailoring the phase transitions [J]. Applied Physics Letters, 2010, 96 (17): 172504.

[11] Trung N T, Biharie V, Zhang L, et al. From single to double-first-order magnetic phase transition in magnetocaloric $Mn_{1-x}Cr_xCoGe$ compounds [J]. Applied Physics Letters, 2010, 96 (16): 162507.

[12] Caron L, Miao X F, P Klaasse J C, et al. Tuning the giant inverse magnetocaloric effect in $Mn_{2-x}Cr_xSb$ compounds [J]. Condensed Matter, 2013, 103: 112404.

[13] Shiraishi H, Hori T, Kato H, et al. Magnetic properties of $(Ni_{1-x}Mn_x)_{1.9}Ge$ alloys [J]. Journal of Magnetism and Magnetic Materials, 1998, 177: 1417-1418.

[14] Zhang C L, Wang D H, Cao Q Q, et al. Magnetostructural phase transition and magnetocaloric effect in off-stoichiometric $Mn_{1.9-x}Ni_xGe$ alloys [J]. Applied Physics Letters, 2008, 93 (12): 122505-122507.

[15] Zhang C L, Wang D H, Cao Q Q, et al. The magnetostructural and magnetocaloric effect in Co-doped $MnNiGe_{1.05}$ alloys [J]. Journal of Physics D: Applied Physics, 2010, 43 (20): 205003-205007.

[16] Zhang C L, Han Z D, Qian B, et al. Magnetostructural transformation and magnetocaloric effect in $MnNiGe_{1-x}Ga_x$ alloys [J]. Journal of Applied Physics. 2013, 114: 153907.

[17] Zhang C L, Wang D H, Chen J, et al. Magnetic phase transitions and magnetocaloric effect in the Fe-doped MnNiGe alloys [J]. Chinese Physics B, 2011, 20 (9): 097501-097504.

[18] Samanta T, Dubenko I, Quetz A, et al. Magnetostructural phase transitions and magnetocaloric effects in $MnNiGe_{1-x}Al_x$ [J]. Applied Physics Letters, 2012, 100: 052404.

[19] Liu E K, Wang W h, Wei L F, et al. Stable magneto structural coupling with tunable magneto responsive effects in hexagonal ferromagnets [J].Nature Communications, 2012, 3 (5): 873.

[20] Wei Z Y, Liu E K, Li Y, et al. Unprecedentedly wide Curie-temperature windows as phase-transition design platform for tunable magneto-multifunctional materials [J]. Advanced Electronic Materials, 2015, 1500076.

[21] Sivachenko A P, Mityuk V I, Kamenev V I, et al. Magnetostrictive and magnetocaloric effects

in $Mn_{0.89}Cr_{0.11}NiGe$ [J]. Low Temperature Physics, 2013, 39: 1051-1054.

[22] 张林 . 不同方法制备 MnNiGe 基合金块体及条带磁相变调控及磁热性质研究 [D]. 南昌：南昌航空大学，2016.

[23] 侯东 . MnCo(Ni) Ge 基合金条带的制备和磁相变调控及其磁热性质研究 [D]. 南昌：南昌航空大学，2014.

[24] 苏媛 . Mn_2Sb 和 MnCoGe 基合金磁相变调控及磁热性质研究 [D]. 南昌：南昌航空大学，2015.

[25] Samanta T, Dubenko L, Quetz Abdiel, et al. Giant magnetocaloric effects near room temperature in $Mn_{1-x}Cu_xCoGe$ [J]. Applied Physics Letters, 2012, 101: 242405.

[26] Liu E K, Zhu W, Feng L, et al. Vacancy-tuned paramagnetic/ferromagnetic martensitic transformation in Mn-poor $Mn_{1-x}CoGe$ alloys [J]. Europhysics Letters, 2010, 91: 17003.

[27] Caron L, Trung N T, Brück E. Pressure-tuned magnetocaloric effect in $Mn_{0.93}Cr_{0.07}CoGe$ [J]. Physical Review B, 2011, 84: 020414.

[28] Tapas Samanta, Igor Dubenko1, Abdiel Quetz, et al. Large magnetocaloric effects over a wide temperature range in $MnCo_{1-x}Zn_xGe$ [J]. Journal of Applied Physics, 2013, 113: 17A922.

[29] Ma S C, Cao Q Q, Xuan H C, et al. Magnetic and magnetocaloric properties in melt-spun and annealed $Ni_{42.7}Mn_{40.8}Co_{5.2}Sn_{11.3}$ ribbons [J]. Journal of Alloys and Compounds, 2011, 509 (4): 1111-1114.

[30] Wang J T, Wang D S, Chen C, et al. Vacancy induced structural and magnetic transition in $MnCo_{1-x}Ge$ [J]. Applied Physics Letters, 2006, 89: 2625.

[31] Samanta T, Dubenko L, Quetz A, et al. Giant magnetocaloric effects near room temperature in $Mn_{1-x}Cu_xCoGe$ [J]. Applied Physics Letters, 2012, 101: 242405.

[32] Zhang C L, Zhu C, Chen J, et al. Magnetostructural transformation in $Mn_{1+x}Ni_{1-x}Ge$ and $Mn_{1-x}Ni_{1+x}Ge$ alloys [J]. Journal of Applied Physics, 2012, 112 (12): 123911.

[33] Ma S C, Liu Y H, Shih C W, et al. Microstructure and magnetic properties in melt-spun $MnV_{0.02}CoGe_{0.99}$ ribbons [J]. Journal of Magnetism and Magnetic Materials, 2014, 357: 41-44.

[34] Sánchez-Valdés C F, Sánchez Llamazares J L, Flores-Zúñiga H, et al. Magnetocaloric effect in melt-spun MnCoGe ribbons [J]. Scripta Materialia, 2013, 69 (3): 211-214.

[35] Xuan H C, Xie K X, Wang D H, et al. Effect of annealing on the martensitic transformation and magnetocaloric effect in $Ni_{44.1}Mn_{44.2}Sn_{11.7}$ ribbon [J]. Applied Physics Letters, 2008, 92 (24): 242506.

[36] Trung N T, Ou Z Q, Gortenmulder T J, et al. Tunable thermal hysteresis in MnFe(P, Ge) compounds [J]. Applied Physics Letters, 2009, 94 (10): 102513.

[37] Pecharsky V K, Gschneidner Jr K A, Giant magnetocaloric effect in $Gd_5(Si_2Ge_2)$ [J]. Physical Review Letters, 1997, 78 (23): 4494.

[38] Provenzano V, Shapiro A J, Shull R D, Reduction of hysteresis losses in the magnetic refrigerant $Gd_5Ge_2Si_2$ by the addition of iron [J]. Nature, 2004, 429 (6994): 853-857.

[39] Shen J, Wang F, Zhao J L, et al. Reduction in hysteresis losses and large magnetic entropy change in the B-doped La(Fe,Si)$_{13}$ compounds [J]. Journal of Applied Physics, 2010, 107 (9): 09A909.

[40] Ma S C, Su Y, Yang F, et al. Magnetic phase transition and magnetocaloric effect in Mn-Fe-Ni-Ge ribbons [J]. Applied Physics Letters, 2015, 629: 322-325.

[41] Wu R R, Bao L F, Hu F X, et al. Effect of substitution of In for Co on magneto structural coupling and magneto caloric effect in $MnCo_{1-x}In_xGe$ compounds [J]. Journal of Applied Physics, 2014, 115: 17A911.

[42] Ahmad Z, Yan M, Liu Z W, et al. $Fe_{69}B_{0.02}Nd_{4.2}Nb_{3.3}Y_{2.5}Zr_{0.8}$ magnets produced by injection casting [J]. Journal of Materials Science, 2013, 48: 1779-1786.

[43] Ahmad Z, Yan M, Tao S, et al. High coercivity (Nd_8Y_3)-$(Fe_{62}Nb_3Cr_1)$-B_{23} magnets produced by injection casting [J]. Journal of Magnetism and Magnetic Materials, 2013, 332: 1.

[44] Ma S C, Wu Y, Huang Y L, et al. Ferromagnetism and double magnetic phase transitions in rapidly solidified $Mn_{1.13}Ni_{1.03}Fe_{0.23}Ge_{0.61}$ ribbons [J]. Journal of Alloys and Compounds, 2014, 588: 316-320.

[45] Liu E K, Wang W H, Feng L, et al. Stable magnetostructural coupling with tunable magnetoresponsive effects in hexagonal ferromagnets [J]. Nature Communition, 2012, 3: 873.

[46] Wang J T, Wang D S, Chen C F, et al. Vacancy induced structural and magnetic transition in $MnCo_{1-x}Ge$ [J]. Applied Physics Letters, 2006, 89 (26): 262504.

[47] Kainuma R, Imano Y, Ito W, et al. Magnetic-field-induced shape recovery by reverse phase transformation [J]. Nature, 2006, 439: 957-960.

[48] Kainuma R, Imano Y, Ito W, et al. Magnetic-field-induced shape recovery by reverse phase transformation [J]. Nature, 2006, 439: 957960.

[49] Kainuma R, Imano Y, Ito W, et al. Metamagnetic shape memory effect in a Heusler-type $Ni_{43}Co_7Mn_{39}Sn_{11}$ polycrystalline alloy [J]. Applied Physics Letters, 2006, 88: 192513.

7 $Mn_{0.98}CoGe$ 合金的巨大负热膨胀

7.1 引 言

在高精度器件领域，材料的热膨胀是影响设备热稳定性的关键因素[1-2]。大多数材料在加热时膨胀，在冷却时收缩（即正热膨胀，PTE），很难找到具有理想线膨胀系数（CTE）的材料。具有负热膨胀（NTE）的材料在过去的几十年里一直是广泛研究的主题，因为它们在需要 CTE 精确控制的领域具有巨大潜力[3-17]。NTE 材料主要用作热膨胀抑制剂，制作定制的 CTE 复合材料[18-22]。在实际应用中，较大的 NTE 系数是至关重要的，这意味着少量的添加即可抑制基体的 CTE，但对其原始物理性质的影响很小。由于磁相变或电荷转变等原因，导致材料加热时大体积收缩[6-8,11,23]，因此通过扩展温度窗口来探索较大 NTE 系数材料是新的方向。例如，在 $LaFe_{10.5}CoSi_{1.5}$中，通过在 $La(Fe,Si)_{13}$基化合物中进行适当的化学掺杂，从而在 240～350 K 达到了较大的线膨胀系数（$\alpha_l=-26.1\times 10^{-6}\ K^{-1}$）[6]。除此之外，在反钙钛矿氮化物 $ANMn_3$（A：主族元素或 3d 元素）中通过化学掺杂得到了 α_l 量级可变的 NTE[11-16]，最后证明了反钙钛矿 $GaNMn_3$ 可以通过减小晶粒尺寸来有效地拓宽奈尔温度下的晶格收缩[17]。当平均晶粒尺寸减小到 3～4 μm，相应的 α_l 达到 $-76\times 10^{-6}\ K^{-1}$，NTE 温度窗口（$\Delta T$）高达 50 K[17]。当平均晶粒尺寸进一步减小到约 1 μm 时，样品在 221～324 K（ΔT= 103 K）的温度间隔下，显示了较大的 α_l（-30.1×10^{-6} K）[17]。与 $ANMn_3$化合物（体积变化 $\Delta V/V$ 小于 1.5%）相比[23]，MnM′X（M′=Co，Ni；X=Ge,Si 等）合金在从 TiNiSi 型正交相（*Pnma*）向 Ni_2In 型六角相（$P6_3/mmc$）的马氏体（MA）转变过程中，合金表现出较大的体积收缩（$\Delta V/V$=3.9%～4.4%）[24-26]。然而，很少有人关注拓宽这些化合物的 MA 转变来达到制定新的 NTE 材料的目的。最近，Zhao 等人报道，当这些化合物与少量环氧树脂结合时，ΔT 可以被很好地扩展[7]。例如，当 $Mn_{0.97}In_{0.03}CoGe$ 与 3%～4%（质量分数）的环氧树脂结合时，ΔT 达到 108 K（192～310 K），平均 α_l 约为 $-94.7\times 10^{-6}\ K$[7]，拓宽了通过高能球磨（BM）或通过覆盖 MA 相变的反复热循环（TC）所制备的细粉 Mn0.98CoGe 中的 NTE 温度窗口。根据 BM 或 TC 过程中 MA 相变过程中引入的应变，讨论了 MA 相变的演变和相关温度区间的扩展。

7.2 样品制备与表征

采用固相反应的方法制备了多晶 $Mn_{1-x}CoGe$（x = 0，0.02，0.03，0.04）[16,27]，77（液氮）~373 K（沸水）温度范围的 TC 过程分为以下步骤：将固相反应制备的样品密封在充满氩气的高真空石英管中，将放置样品的试管放入液氮中 3 min，然后迅速取出再放入沸水中 3 min。在 BM 过程中，首先将所制备的样品碎成粉末，然后在氩气气氛中用氧化锆球和酒精密封在不锈钢瓶中。氧化锆球，样品粉末和酒精的质量比为 5∶1∶0.6。BM 过程中使用高能行星球磨机（QM-IF），并以 200 r/min 的恒定速度进行 0.5 h、5 h、12 h 的球磨。在接下来的内容中，将经过 n 次 TC 处理或 n h BM 处理的样品分别记为 TC-n 和 BM-nh。使用 Philips X' pert PRO X 射线衍射仪并采用 Cu K_α 辐射，记录了 143~483 K 范围 X 射线粉末衍射。使用场发射扫描电子显微镜（FE-SEM，FEI-designed Sirion 200，Hillsboro，OR）来确定样品表面形貌。在超导量子干涉装置上进行了低温磁性测量。高温磁性测量是利用综合物性测量系统（PPMS）的振动样品磁强计（VSM）来进行测量的。

7.3 $Mn_{0.98}CoGe$ 的巨大负热膨胀

对 $Mn_{1-x}CoGe$（x=0，0.02，0.03，0.04）的室温粉末 XRD 进行了表征，如图 7.1 所示，$(hkl)_h$ 和 $(hkl)_o$[28] 分别表示六角 Ni_2In 型和正交 TiNiSi 型结构的 Miller 指数。在室温下，当 x=0 时，化合物以单正交相结晶；当 Mn 空位增加到 x=0.02（$Mn_{0.98}CoGe$）时，正交相和六角相共存，表明 MA 发生在室温附近；当 x=0.3 时，共存相变成单六角相。根据 XRD 结果，选择 $Mn_{0.98}CoGe$ 进行下一步的 TC 和 MA 处理。在升温过程中收集了经过 TC 或 BM 处理的 $Mn_{0.98}CoGe$ 变温 XRD，300 K 下的 XRD 图谱如图 7.2 所示。对于 TC-10 样品，它除了有非常少量的六角相外，主相是正交相。但在 BM-0.5 h 的样品中，六角相的衍射更加明显，并且随着 BM 强度的增加而增强。

从图 7.3 的 SEM 图中可以看出，BM-0.5 h（约 7.4 μm）的平均粒径接近 TC-10（8.2 μm）和 TC-110（6.2 μm）。在 BM-5 h 和 BM-12 h 时，平均粒径不断减小到约 3.9 μm 和约 2.2 μm。TC 和 BM 样品与温度相关的 XRD 曲线如图 7.4 所示，样品 TC-10 在 443 K 时只存在六角结构，当温度降低到 403 K 时，出现了少量的正交相。随着温度的进一步降低，在 403~303 K，正交相以牺牲六角相为代价而迅速增加。当温度达到 309 K 时，达到了平衡，并且主要存在正交相。BM-0.5 h 的样品，当温度降低到 383 K 时，正交相开始出现，当温度在

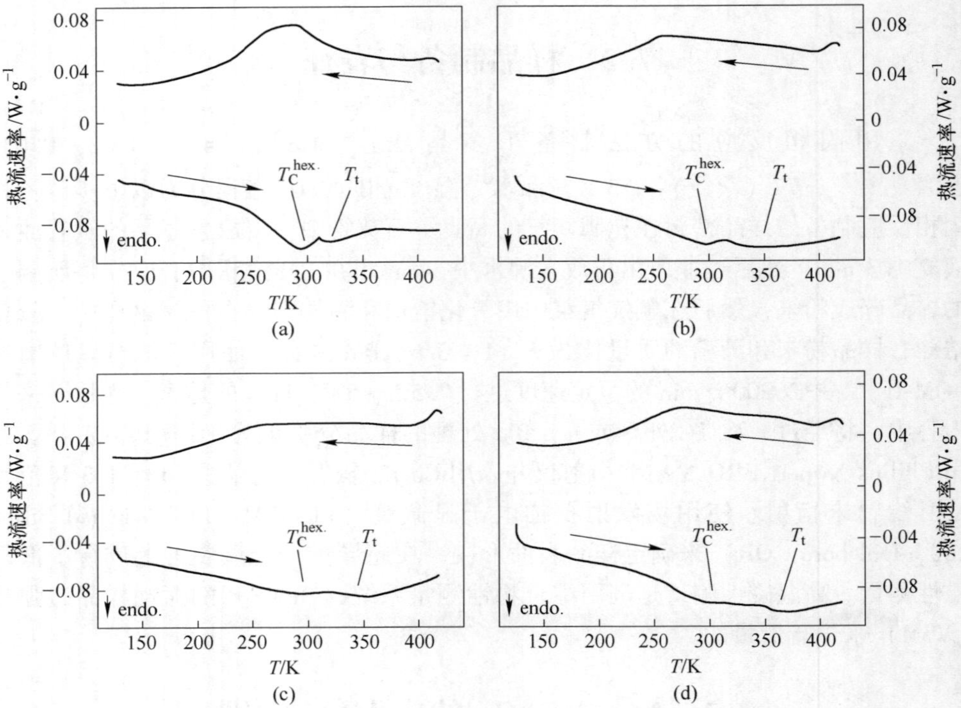

图 7.1　BM-0.5 h(a)、BM-3 h(b)、BM-4 h(c) 和 BM-12 h(d) 样品的温度依赖性热流（DSC）曲线[28]

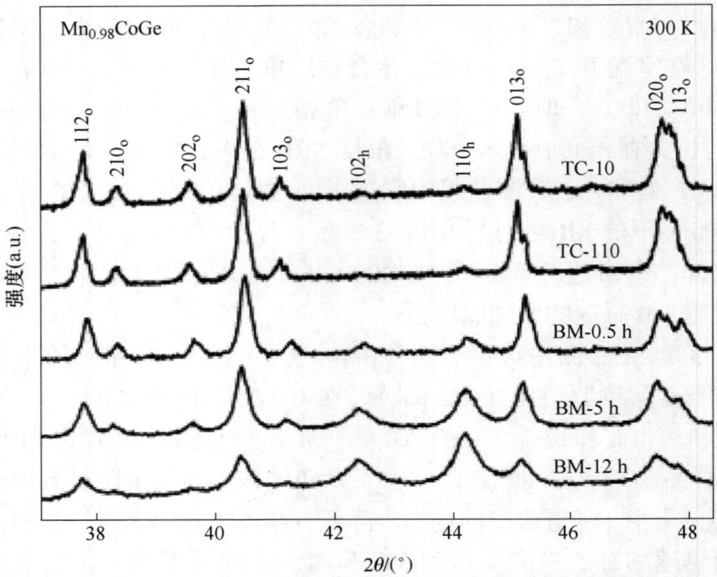

图 7.2　TC-10、TC-110、BM-0.5 h、BM-5 h 和 BM-12 h 样品的室温 XRD[28]

383~263 K时，正交相迅速增加；在较低的温度下，两个相的 XRD 强度几乎是相对不变的。随着 BM 时间的增加，在 458 K 时，BM-5 h 也出现了少量的正交相。除此之外，残余的六角相在 143 K 左右仍然存在。当 BM 时间增加到 12 h 时，438 K 处的正交相和 203 K 附近的残余六角相变得更加明显。

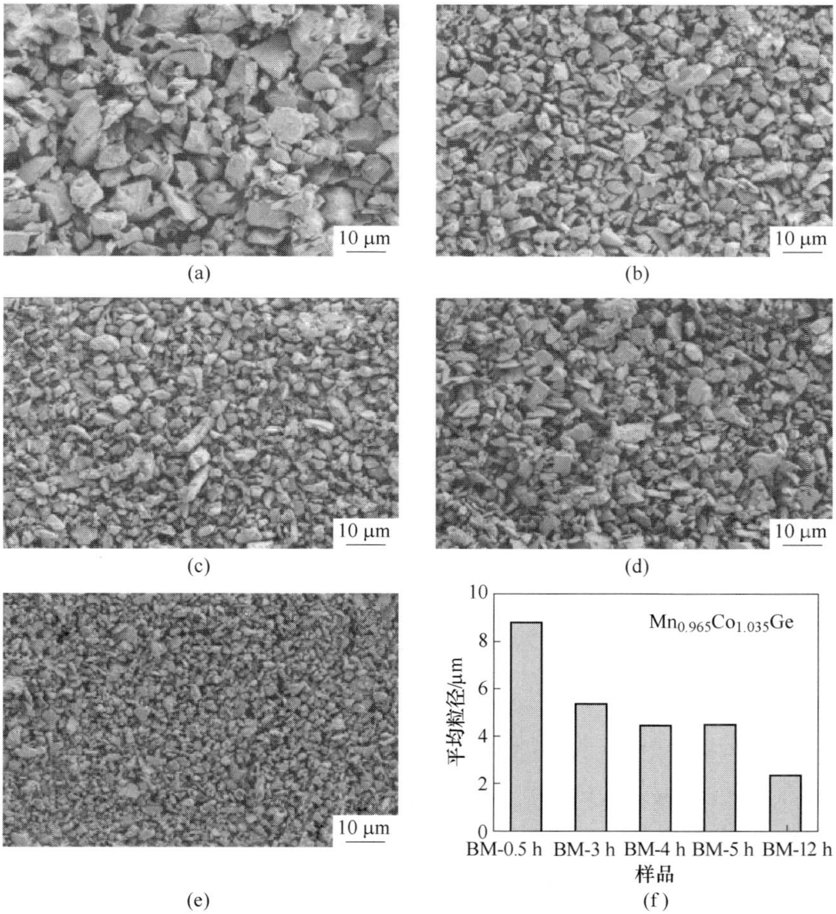

图 7.3 样品球磨 0.5 h（a）、3 h（b）、4 h（c）、5 h（d）、12 h（e）的 SEM 图像及样品在不同球磨时间下的平均粒径尺寸统计图（f）

通过对 XRD 结果进行分析获得了如图 7.5 所示的正交相和六角相的晶格参数，晶胞体积和相分数与温度的变化关系。从晶体学的角度来看，两相的晶格常数和晶胞体积遵循如下关系：$a_{orth.}=c_{hex.}$，$b_{orth.}=a_{hex.}$，$c_{orth.}=\sqrt{3}\,a_{hex.}$ 和 $V_{orth.}=2V_{hex.}$ [1]。在加热过程中，图 7.5 中的 4 个样品沿着 $a_{orth.}$ 的方向收缩，沿着 $b_{orth.}$ 的方向伸长，并且在 MA 相变［见图 7.5（a）~（d）］过程中沿着 $c_{orth.}$ 方向几乎保

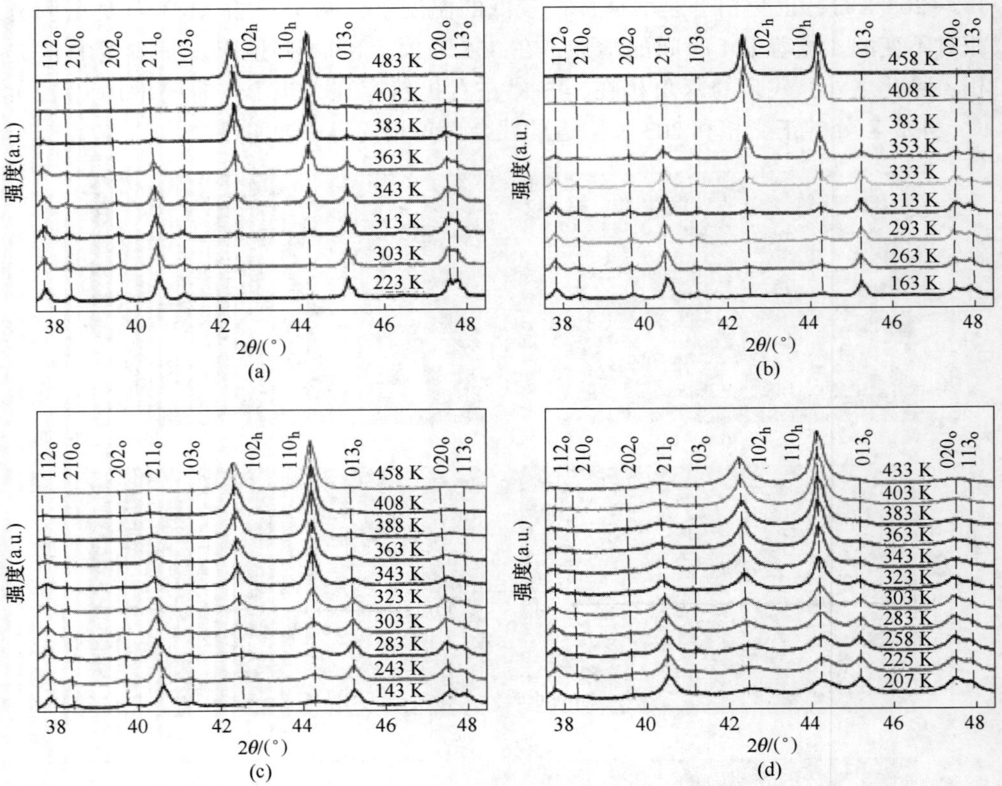

图 7.4　$Mn_{0.98}CoGe$ 样品 TC-10（a）、BM-0.5 h（b）、BM-5 h（c）和 BM-12 h（d）的 XRD 图[28]

持不变。因此在图 7.5（e）~（h）的样品中，正交相比六角相具有更大的晶胞体积。从图 7.5（i）可以看出，在 403~303 K 之间的 MA 转变过程中，TC-10 的六角相几乎完全转变为正交相。在图 7.5（j）中，两相之间的变化比为 98%，BM 处理 0.5 h 后，MA 转化的温度范围被扩大，变化比降至 93%，如图 7.5（j）所示。当 BM 时间增加到 5 h（BM-5 h）和 12 h（BM-12 h）时，MA 转变的温度范围被进一步扩大，变化比分别降低到 60%［见图 7.5（k）］和 36%［见图 7.5（l）］。根据相体积和相分数的细化值，计算了图 7.5（m）~（p）四个样品的体积体膨胀系数（α_V）。TC-10 h 的 $\Delta V/V$ 在 309~399 K（ΔT=90 K）表现出显著的 NTE 效应，对应的 α_V 约为 -423×10^{-6} K^{-1}。BM-0.5 h 样品的 ΔT 可达 135 K（258~393 K），α_V 值约为 -238×10^{-6} K^{-1}。当 BM 时间进一步增加到 5 h 和 12 h 时，ΔT 和 α_V 均减少。在 236~366 K（ΔT = 130 K）和 264 ~ 303 K（ΔT = 39 K）的温度范围内，BM-5 h 和 BM-12 h 的 α_V 分别约为 -135×10^{-6} K^{-1} 和 -93×10^{-6} K^{-1}。通常，对于多晶

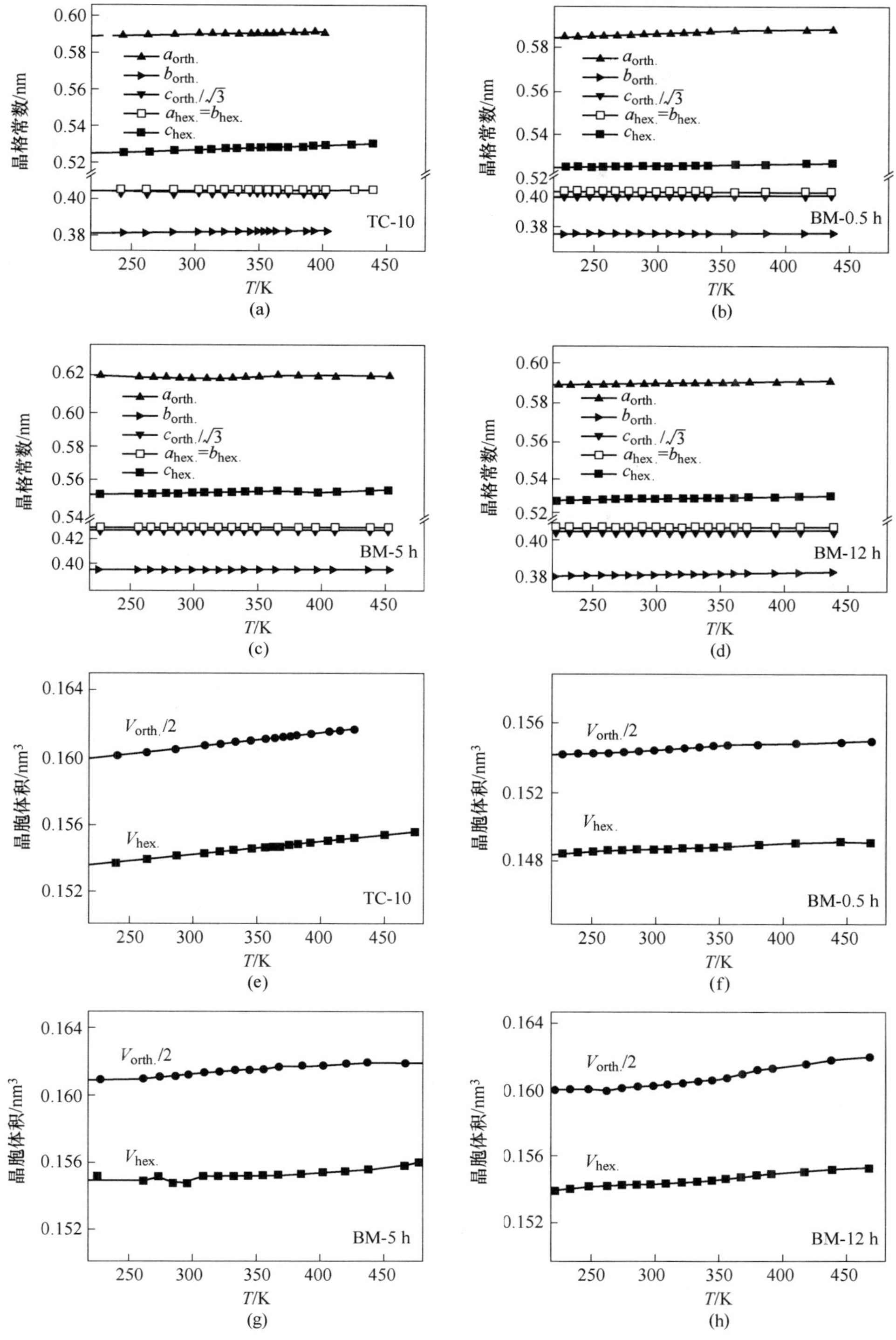
晶格常数/nm
$a_{orth.}$
$b_{orth.}$
$c_{orth.}/\sqrt{3}$
$a_{hex.}=b_{hex.}$
$c_{hex.}$
TC-10
BM-0.5 h
BM-5 h
BM-12 h
晶胞体积/nm³
$V_{orth.}/2$
$V_{hex.}$
T/K
(a)
(b)
(c)
(d)
(e)
(f)
(g)
(h)

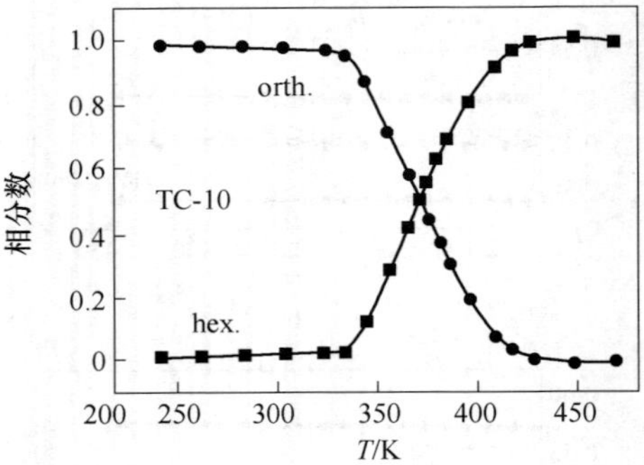

相分数
T/K
orth.
hex.
TC-10

(i)

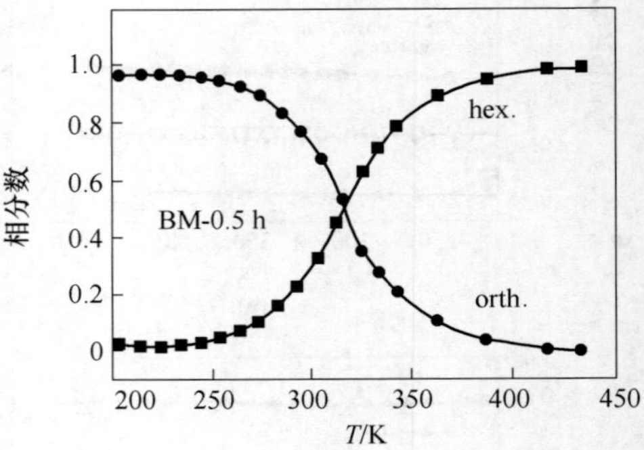

相分数
T/K
hex.
orth.
BM-0.5 h

(j)

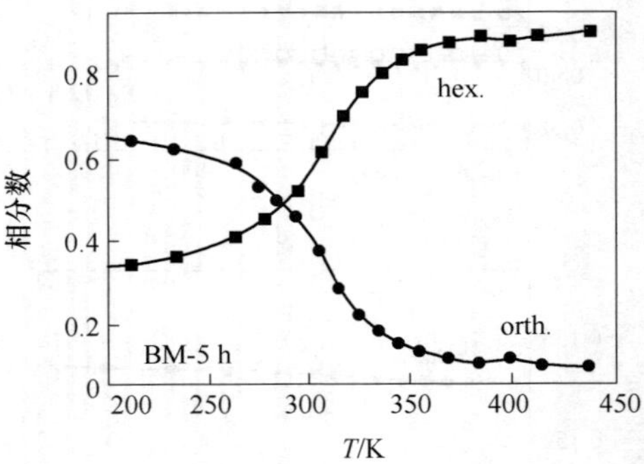

相分数
T/K
hex.
orth.
BM-5 h

(k)

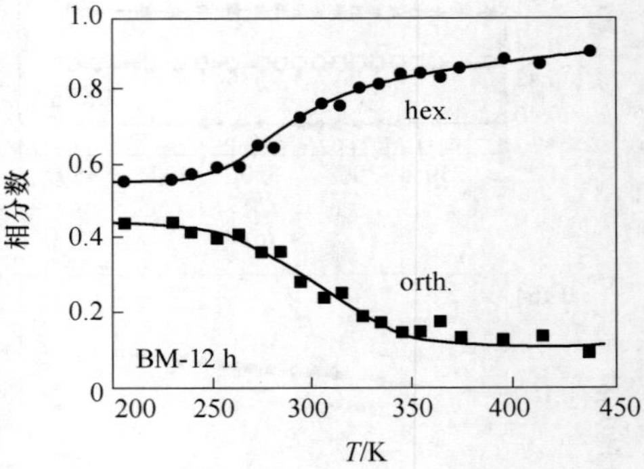

相分数
T/K
hex.
orth.
BM-12 h

(l)

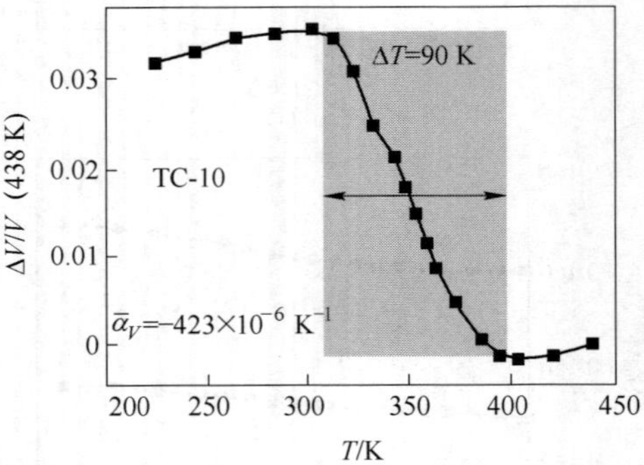

ΔV/V (438 K)
T/K
ΔT=90 K
TC-10
$\bar{\alpha}_V$=−423×10^{-6} K^{-1}

(m)

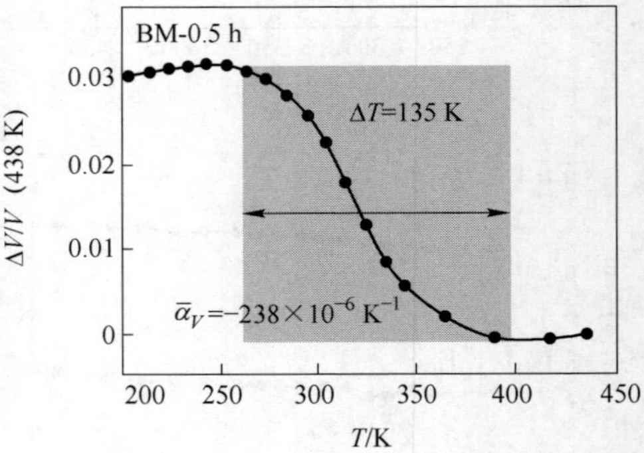

ΔV/V (438 K)
T/K
BM-0.5 h
ΔT=135 K
$\bar{\alpha}_V$=−238×10^{-6} K^{-1}

(n)

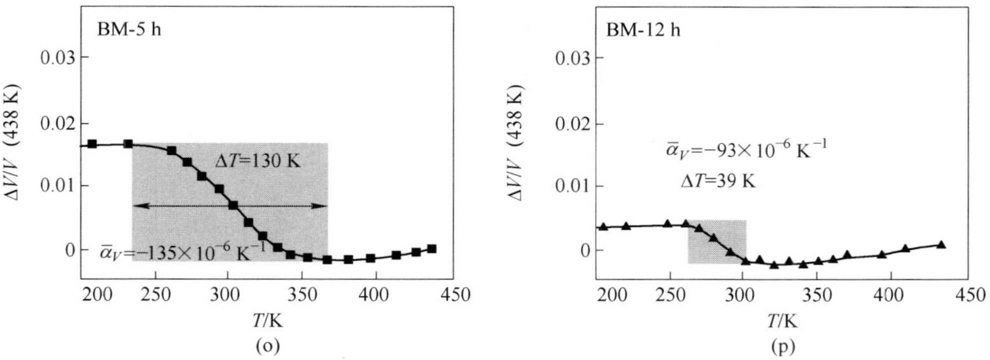

图 7.5 TC-10(a)、BM-0.5 h(b)、BM-5 h(c) 和 BM-12 h(d) 晶格参数随温度的变化；样品(e) TC-10、(f) BM-0.5 h、(g) BM-5 h 和 (h) BM-12 h 的晶胞体积与温度的变化关系；(i) T-10、(j) BM-0.5 h、(k) BM-5 h 和 (l) BM-12 h 样品的相分数随温度的变化；样品 (m) TC-10、(n) BM-0.5 h、(o) BM-5 h 和 (p) BM-12 h 的体积热膨胀系数随温度的变化；所有样品的 NTE 温度区域都被突出显示[28]

化合物，可以使用关系式 $\alpha_l \sim 1/3\alpha_V$ 来估计 α_l 和 α_V 之间的关系。因此样品 TC-10、BM-0.5 h、BM-5 h 和 BM-12 h 的 α_l 值分别为 -141×10^{-6} K^{-1}（$\Delta T=90$ K）、-79.6×10^{-6} K^{-1}（$\Delta T=135$ K）、-45×10^{-6} K^{-1}（$\Delta T=130$ K）和 -31×10^{-6} K^{-1}（$\Delta T=39$ K）。TC-10 样品的 NTE 温区和 α_l 的值都大于在几个吉帕下合成的典型 NTE 化合物 $Bi_{0.95}La_{0.05}NiO_3$（$\alpha_l=-137\times10^{-6}$ K^{-1}，在 320～380 K）[8]。除此之外，TC-10 样品的 α_l 值是普通金属（如铜约为 16×10^{-6} K^{-1}，钛约为 8.4×10^{-6} K^{-1}，铝约为 23×10^{-6} K^{-1}）的几倍[20]，甚至大于大多数聚合物（如聚酰亚胺为 40×10^{-6} K^{-1}，环氧树脂为 40×10^{-6}～80×10^{-6} K^{-1}）[18,22,29]。在实际应用中，首选粒径较小的 NTE 材料，它可以实现 NTE 填料和 PTE 基体之间的充分混合，以及实现一个大的 NTE/PTE 界面[22]。

为了进行 XRD 的测量，我们需要使用粉状样品，然而就算非常轻微的手工研磨也可以改变 MnM′X 化合物的 MA 转变，因此很难测量其随温度变化的 XRD[30]。然而，测量了炉冷后（不进行任何后续处理）制备样品的热磁曲线 $M(T)$，如图 7.6 所示。从图中可以看出对于制备的样品，ZFC-$M(T)$ 曲线有两个相变。在 303 K 下的低激发态是较纯的铁磁转变（T_C），发生在 314 K 的高温相变与 MA 相变紧密耦合，这被 ZFC 和 FC 曲线之间较大的热滞所证实［见图 7.6（a）插图］。而且从图 7.6（b）中可以看出，TC-10 样品的 MA 相变温度范围被拓宽至 83 K，与所制备样品 33 K 的 MA 相变温度范围形成对比。上述 $M(T)$ 曲线分析表明，经过 10 次 TC 处理后，MA 相变的温度窗口有所延长。此外，

TC-110 的 $M(T)$ 曲线与 TC-10 的 $M(T)$ 曲线重叠，说明当 TC 处理从 10 次增加到 110 次时，MA 转变的温度窗口没有被延长。与 TC-10 相比，TC-110 的两相转变比例略有下降，MA 转换温度窗口几乎保持不变，这与变温 XRD 数据一致。

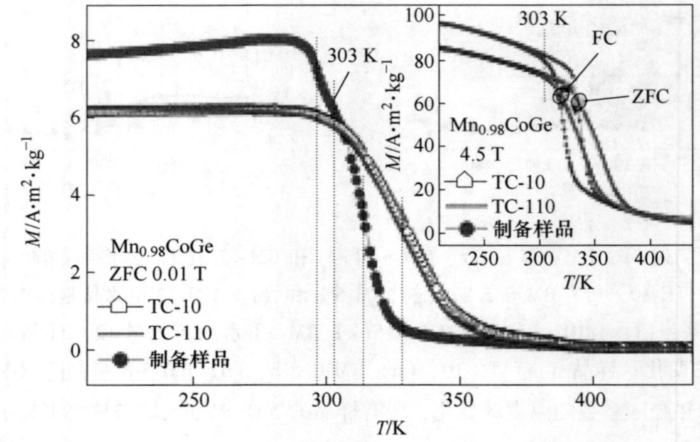

(a)

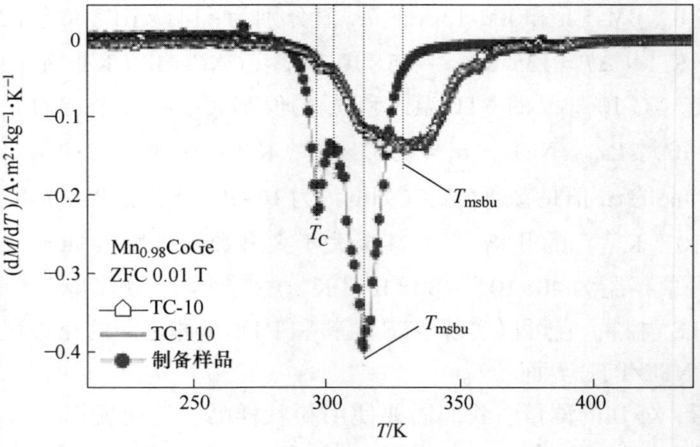

(b)

彩图

图 7.6　所制备的样品在热循环 10 次、100 次（a）及在 0.01 T 外加磁场下的 ZFC（零场冷却）模式下的热磁曲线 $M(T)$（b）

[（a）中插图显示了在 4.5 T 外加磁场下，ZFC 和 FC（场冷却）模式下测量的热磁曲线 $M(T)$]

对于 MnM′X 化合物，热膨胀的整体行为是由于 MA 相变导致非简谐晶格振动和晶格收缩综合作用而引起的 PTE[1]。一方面，BM 时间的增加扩大了 MA 相变的温度区间，从而扩大了整个 NTE 的温度窗口。另一方面，由于两相之间的变化比例减小，由 MA 相变引起的晶格收缩的幅度会随着 BM 强度的增加而减小。因此，加热后的晶格收缩会随着 BM 时间的增加而减小，并且比正常的 PTE 更差。整体的 NTE 温度窗口首先随着 BM 时间的增加而扩大，然后随着 BM 时间的进一步增加而减小。结果表明，通过调整 BM 时间，可以优化 MnM′X 化合物优良的 NTE 性能（同时具有较大的 ΔT 和 α_V）。MA 相变是一种无扩散相变，其确切的相变机制取决于材料体系，对于 MnM′X 合金，许多先前的报道表明 MA 相变对残余应变是较为敏感的[7,30-31]。例如，在环氧树脂黏合的 $MnCo_{0.98}Cr_{0.02}Ge$[7]，冷压制备的 $MnCoGe_{0.995}In_{0.005}$[31]，手工球磨制备的 $MnNi_{0.8}Fe_{0.2}Ge$ 颗粒[30]中发现 MA 相变温度窗口的拓宽，主要归因于模压或球磨过程中产生的残余应变。在高能 BM 加工过程中，由于塑性变形过度，可能会产生大量的残余应变[32]，此外，BM 样品中还存在位错，空位，堆垛层错和晶界等晶体缺陷，在这些缺陷的辅助下，残余应变会沿晶界积累，甚至渗透到晶粒内部[32]，导致 MA 相变的温度窗口大幅扩展。由于正交相和六角相之间较大的晶格错配度，通过 MA 相变的 TC 过程会在两相的不同晶粒之间带来较大的应变[30]；与 BM 不同的是，样品在 TC 处理过程中没有遭受任何外部压力，因此引入的应变弱于 BM 产生的应变。此外，由于没有大量的缺陷，TC 引入的残余应变很难在晶格中积累。通常，晶格应变和粒径的减小都会导致 XRD 峰的展宽[32]，尽管 TC-10，TC-110 和 BM-0.5 h 这三个样品有相似的晶粒尺寸，但是 TC-10 和 TC-110 的 XRD 峰，特别是在高角度时，比 BM-0.5 h 的要窄（见图 7.2 和图 7.7），结果再次表明，TC-10 和 TC-110 样品的晶格应变比 BM-0.5 h 更弱，因此 TC-10 和 TC-110 时 MA 相变的温度窗口比 BM-0.5 h 更窄。以上的讨论也表明，粒径的减小并不是引起 MA 相变温度窗口拓宽的主要原因。

TC 或轻微 BM 处理的细粉 NTE 样品具有拓宽了的温度窗口和较大的 NTE 系数，可以作为 PTE 填料形成复合材料的潜在应用。这些处理方法简单易得，并适用于在类似的材料体系中探索新的细粉状大 NTE 系数材料。尽管在技术上定性表征和分析高能 BM 诱导的晶体缺陷是具有挑战的[33]，但进一步的中子衍射和散射研究有望对宽化的 MA 相变作出更深入的了解。研究了 BM 和 TC 处理对 $Mn_{0.98}CoGe$ 化合物 NTE 的影响。经过 10 次 TC 处理后，ΔT 增加到 90 K（309~399 K），α_l 达到$-141\times10^{-6}\ K^{-1}$，$Mn_{0.98}CoGe$ 化合物的热膨胀系数在以往报道的 NTE 材料中位居前列；进一步增加 TC 处理时间对 MA 相变的影响不大，BM 处理扩大了 MA 相变的温度窗口，但降低了两阶段之间的变化比例。由于非简谐晶格振动引起的正常 PTE 和 MA 相变引起的 NTE 的联合效应，随着 BM 强度的进一步增加，样品整体的 NTE 窗口先扩大后缩小，在样品 BM 0.5 h 时，ΔT 达到 135 K（258~393 K），α_l 约为$-79.6\times10^{-6}\ K^{-1}$。BM 带来的应变被认为是导致 MA

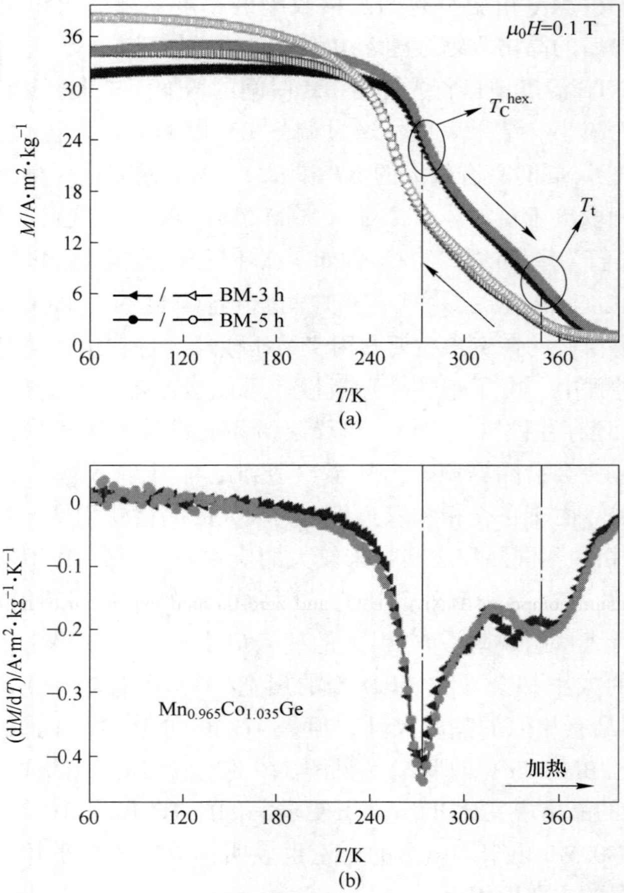

图 7.7 在 $\mu_0 H=0.1$ T，ZFC 和 FC 模式下的热磁 $M(T)$ 曲线（a）及 BM-3 h 和 BM-5 h 在 ZFC 模式下的 dM/dT（T）曲线[28]（b）

ZFC— 零场冷却；FC—场冷却

相变温度窗口拓宽的原因。研究结果表明，BM 和 TC 都可以有效地调整 MA 相变，从而优化 MnM′X 化合物的 NTE 性质。

参 考 文 献

[1] Chen J，Hu L，Deng J X，et al. Negative thermal expansion in functional materials：controllable thermal expansion by chemical modifications [J]. Chemical Society Reviews，2015，44：3522-3567.

[2] Kintaka K，Nishii J，Kawamoto Y，et al. Temperature sensitivity of Ge-B-SiO_2 waveguide Bragg gratings on a crystallized glass substrate [J]. Optics Letters，2002，27：1394-1396.

[3] Sakamoto A，Matano T，Takeuchi H，et al. Ceramic substrate with negative thermal expansion

for athermalization of fiber Bragg gratings [J]. IEICE Transactions on Electronics, 2000, E83-C: 1441-1446.

[4] Mary T A, J. Evans S O, Vogt T, et al. Negative thermal expansion from 0. 3 to 1050 Kelvin in ZrW_2O_8 [J]. Science, 1996, 272: 90-92.

[5] Greve B K, Martin K L, Lee P L, et al. Pronounced Negative Thermal Expansion from a Simple Structure: Cubic ScF_3 [J]. Journal of the American Chemical Society, 2010, 132: 15496-15498.

[6] Huang R J, Liu Y Y, Fan W, et al. Giant negative thermal expansion in $NaZn_{13}$-Type $La(Fe,Si,Co)_{13}$ compounds [J]. Journal of the American Chemical Society, 2013, 135: 11469-11472.

[7] Zhao Y Y, Hu F X, Bao L F, et al. Giant negative thermal expansion in bonded MuCoGe-based compounds with NiIn-type. hexagonal structure [J]. Journal of the American Chemical Society, 2015, 137: 1746-1749.

[8] Azuma M, Chen W T, Seki H, et al. Colossal negative thermal expansion in $BiNiO_3$ induced by intermetallic charge transfer [J]. Nature Communications, 2011, 2: 347.

[9] Nabetani K, Muramatsu Y, Oka K, et al. Suppression of temperature hysteresis in negative thermal expansion compound $BiNi_{1-x}Fe_xO_3$ and zero-thermal expansion composite [J]. Applied Physics Letters, 2015, 106: 061912.

[10] Yamada I, Tsuchida K, Ohgushi K, et al. Giant negative thermal expansion in the iron perovskite $SrCu_3Fe_4O_{12}$ [J]. Angewandte Chemie-International Edition, 2011, 50: 6579-6582.

[11] Takenaka K, Takagi H, Giant negative thermal expansion in Ge-doped anti-perovskite manganese nitrides [J]. Applied Physics Letters, 2005, 87: 261902.

[12] Takenaka K, Asano K, Misawa M, et al. Negative thermal expansion in Ge-free antiperovskite manganese nitrides: tin-doping effect [J]. Applied Physics Letters, 2008, 92: 011927.

[13] Huang R J, Li L F, Cai F S, et al. Low-temperature negative thermal expansion of the antiperovskite manganese nitride Mn_3CuN codoped with Ge and Si [J]. Applied Physics Letters, 2008, 93: 081902.

[14] Song X Y, Sun Z H, Huang Q Z, et al. Adjustable zero thermal expansion in antiperovskite manganese nitride [J]. Advanced Materials, 2011, 23: 4690.

[15] Wang C, Chu L H, Yao Q R, et al. Tuning the range, magnitude, and sign of the thermal expansion in intermetallic $Mn_3(Zn,M)_xN$ (M = Ag, Ge) [J]. Physical Review B, 2012, 85: 220103.

[16] Lin J C, Tong P, Tong W, et al. Tunable negative thermal expansion related with the gradual evolution of antiferromagnetic ordering in antiperovskite manganese nitrides $Ag_{1-x}NMn_{3+x}$ ($0 \leqslant x \leqslant 0.6$) [J]. Applied Physics Letters, 2015, 106: 082405.

[17] Lin J C, Tong P, Zhou X J, et al. Giant negative thermal expansion covering room temperature in nanocrystalline GaN_xMn_3 [J]. Applied Physics Letters, 2015, 107: 131902.

[18] Takenaka K, Ichigo M. Thermal expansion adjustable polymer matrix composites with giant negative thermal expansion filler [J]. Composites Science and Technology, 2014, 104: 47-51.

[19] Takenaka K. Negative thermal expansion materials: technological key for control of thermal expansion [J]. Science and Technology of Advanced Materials, 2012, 13: 013001.

[20] Takenaka K, Hamada T, Kasugai D, et al. Tailoring thermal expansion in metal matrix composites blended by antiperovskite manganese nitrides exhibiting giant negative thermal expansion [J]. Journal Applied Physics, 2012, 112: 083517.

[21] Huang R J, Chen Z, Chu X X, et al. Preparation and thermal properties of epoxy composites filled with negative thermal expansion nanoparticles modified by a plasma treatment [J]. Journal of Composite Materials, 2011, 45: 1675-1682.

[22] Sullivan L M, Lukehart C M. Zirconium tungstate (ZrW_2O_8) /polyimide nanocomposites exhibiting reduced coefficient of thermal expansion [J]. Chemistry of Materials, 2005, 17: 2136-2141.

[23] Takenaka K, Ichigo M, Hamada T, et al. Magnetovolume effects in manganese nitrides with antiperovskite structure [J]. Science and Technology of Advanced Materials, 2014, 15: 015009.

[24] Koyama K, Sakai M, Kanomata T, et al. Field-induced martensitic transformation in new ferromagnetic shape memory compound $Mn_{1.07}Co_{0.92}Ge$ [J]. Journal Applied Physics, 2004, 43: 8036-8039.

[25] Kanomata T, Ishigaki H, Suzuki T, et al. Magneto-volume effect of $MnCo_{1-x}Ge$ ($0 \leqslant x \leqslant 0.2$) [J]. Journal of Magnetism and Magnetic Materials, 1995, 140-144: 131-132.

[26] Johnson V. Diffusionless orthorhombic to hexagonal transitions in ternary silicides and germanides [J]. Inorganic Chemistry, 1975, 14: 1117-1120.

[27] Choudhury D, Suzuki T, Kokura Y, et al. Tuning structural instability toward enhanced magnetocaloric effect around room temperature in $MnCo_{1-x}Zn_xGe$ [J]. Scientific Reports, 2014, 4: 7544.

[28] Lin J C, Tong P, Zhang K, et al. Colossal negative thermal expansion with an extended temperature interval covering room temperature in fine-powdered Mn0. 98CoGe [J]. Applied Physics Letters, 2016, 109: 241903.

[29] Chu X X, Wu Z X, Huang C J, et al. ZrW_2O_8-doped epoxy as low thermal expansion insulating materials for superconducting feeder system [J]. Cryogenics, 2012, 52: 638-641.

[30] Wu R R, Shen F R, Hu F X, et al. Tuning structural instability toward enhanced magnetocaloric effect around room temperature in $MnCo_{1-x}Zn_xGe$ [J]. Scientific Reports, 2016, 6: 20993.

[31] Liu Y, Shen F R, Zhang M, et al. Stress modulated martensitic transition and magnetocaloric effect in hexagonal Ni_2In-type $MnCoGe_{1-x}In_x$ alloys [J]. Journal of Alloys and Compounds, 2015, 649: 1048-1052.

[32] Suryanarayana C, Mechanical alloying and milling [J]. Progress in Materials Science, 2001, 46: 1-184.

[33] Sepelak V, Begin-Colin S, Caer G Le, Transformations in oxides induced by high-energy ball-milling [J]. Dalton Transactions, 2012, 41: 11927-11948.